Grundlagen der Wirtschaftspolitik

Von
Dr. Bernd-Thomas Ramb
Professor für Volkswirtschaftslehre

R. Oldenbourg Verlag München Wien

Für

Thomas-Daniel Ramb

CIP-Kurztitelaufnahme der Deutschen Bibliothek

Ramb, Bernd-Thomas:
Grundlagen der Wirtschaftspolitik / von Bernd-Thomas Ramb. – München ; Wien : Oldenbourg, 1987.
ISBN 3-486-20280-4

Gesamtherstellung: R. Oldenbourg Graphische Betriebe GmbH, München

ISBN 3-486-20280-4

Inhaltsverzeichnis

Vorwort

Zum Thema Wirtschaftspolitik existiert eine Fülle wissenschaftlicher Abhandlungen. Der Entschluß, eine weitere hinzuzufügen, wird daher unvermeidlich die Frage nach den Gründen aufwerfen. Die Antwort soll nicht vorenthalten werden - schon deshalb nicht, weil sie für die hier gewählte Art der Behandlung des Themas Wirtschaftspolitik ausschlaggebend ist. Das zentrale Motiv für die vorliegende Abhandlung ist die in den letzten Jahren verstärkt vorgetragene Kritik am wissenschaftlichen Fortschritt der Wirtschaftswissenschaft, die sich vornehmlich auf die mangelhaften Anwendungsmöglichkeiten - insbesondere auf dem Gebiet der Wirtschaftspolitik - bezieht. Diese Kritik kommt nicht nur von Laien oder fachfremden Wissenschaftlern, sondern auch von renommierten Fachvertretern, die vorzugsweise anläßlich großer Fachtagungen Grußadressen und Eröffnungsreden benutzen, um ihren Unmut über das unerfreuliche Ansehen ihres Faches zu artikulieren. Will man diese allseitige Kritik nicht nur als eine der zahlreichen Krisen der Ökonomie abqualifizieren, die - nach Joan Robinson - "aufgrund des großen Beharrungsvermögens und der Bewährung in früheren Auseinandersetzungen" bald überwunden und vergessen ist, oder sich in den Elfenbeinturm des theoretischen Puristen zurückziehen, dem alle Anwendungsfragen fremd, von sekundärer Bedeutung oder schlicht unwissenschaftlich sind, muß dieser kritischen Entwicklung in konsequenter Weise begegnet werden.

Was ist nun aber die Ursache dieses - insbesondere für die Wirtschaftswissenschaft - unbefriedigenden und erklärungsbedürftigen Zustands? Ist die Wirtschaftswissenschaft nicht in der Lage, den Bereich der wirtschaftspolitischen Möglichkeiten eindeutig und allgemeinverbindlich sowie allgemeinverständlich aufzuzeigen? Bleibt angesichts von Fehlschlägen wirtschaftspolitischer Maßnahmen, die - wie Friedrich August von Hayek sich in seiner Nobelpreisrede beklagte - "die meisten Ökonomen empfohlen haben und die zu verfolgen sie die Regierungen sogar ausdrücklich gedrängt haben", nur das Eingeständnis, daß die Wissenschaftler in wirtschaftspolitischen Fragen mit ihrem Latein am Ende sind? Handeln Politiker richtig, wenn sie wissenschaftliche Gutachten wirtschaftspolitischer Sachverständiger ungelesen in den Papierkorb werfen und dies - sich dieser Handlungsweise rühmend - auch noch öffentlich ankündigen, wie das ein ehemaliger Bundeskanzler getan hat? Nun, "die Nationalökonomie wäre eine traurige Angelegenheit, wenn sie, da sie eine empirische Wissenschaft ist, keine Handhabe zur Meisterung der Wirklichkeit böte", so Oskar Morgenstern 1934 in seinem Buch 'Die Grenzen der Wirtschaftspolitik'. Der Titel dieses Buches kennzeichnet gleichzeitig das Kernproblem der Wissenschaft von der Wirtschaftspolitik. Offensichtlich bestehen trotz der oben erwähnten Literaturfülle noch in sehr großen Kreisen der aktiv und passiv an der Wirtschaftspolitik Beteiligten sehr falsche Vorstellungen über das Machbare und seine Voraussetzungen.

Um der häufig mit Unverständnis verbundenen Kritik an der Wirtschaftspolitik begegnen zu können, ist eine grundsätzliche und umfassende Betrachtung der wirtschaftspolitischen Möglichkeiten erforderlich. Allein über eine an die Wurzeln führende Darlegung der wirtschaftspolitischen Grundlagen wird deutlich, welche Grenzen und Möglichkeiten in der Wirtschaftspolitik existieren. Diese Sicht ist nicht neu und mehrfach in der bestehenden Literatur zur Wirtschaftspolitik angesprochen. Das vorliegende Buch ist daher seltener als Alternative und häufiger als Ergänzung bewährter wirtschaftspolitischer Darstellungen zu sehen. Allerdings werden - wie aus der Dreiteilung des Inhalts in Struktur, Grenzen und Möglichkeiten der Wirtschaftspolitik bereits unmittelbar erkennbar wird - die Akzente und Gewichte zugunsten einer tieferen analytischen Abhandlung der Grundlagen verschoben, um die Rigorosität der wirtschaftspolitischen Bindungen zu verdeutlichen. Damit geht zwangsläufig ein höherer Grad der Abstraktion einher, der für eine exakte und kompakte Abhandlung des Stoffes jedoch unabdingbar ist.

Damit dem an rein deskriptive und exemplifizierende Darstellungen gewohnten Leser die Lektüre erleichtert wird, sind einige didaktische Unterstützungen vorgenommen worden. So ist in jedem Abschnitt ein Kernsatz hervorgehoben, der Überschrift und Zusammenfassung zugleich beinhaltet und ein leichteres Repetieren oder Überfliegen des Stoffes ermöglichen soll. Insbesondere bei der Charakterisierung der Struktur der Wirtschaftspolitik sind zahlreiche Abbildungen eingefügt, die eine zusammenfassende Übersicht darstellen. Das Personen- und Sachregister - letzteres bewußt knapp gehalten - bieten Nachschlage- und Orientierungsmöglichkeiten.

Es ist mit Recht eine gute Tradition, im Vorwort eines Buches jene zu erwähnen, die direkt oder indirekt an der Entstehung und Verfeinerung mitgewirkt haben. Allen voran steht mein akademischer Mentor Professor Artur Woll, dem ich für Inspiration und - häufig vehement geführte - Diskussionen zu großem Dank verpflichtet bin. Der von ihm nicht nur propagierte, sondern auch praktizierte Gedanke der Freiheit hat nicht unwesentlich zur Entstehung des Buches beigetragen und darüber hinaus bewirkt, daß auch Auffassungen, die mit seinen Ansichten nicht übereinstimmen - und gerade bei einem hohen Maße an grundsätzlichem Konsens um so schärfer zutage treten -, dem Eigensinn des Schülers folgend beibehalten und hier dargelegt wurden. Professor Walter Buhr habe ich wichtige Anregungen und wertvolle Details zu verdanken. Den Professoren Ronald Clapham und Karl-Hans Hartwig, meinen früheren Kollegen Dr. Hans-Georg Blang, Dr. Bernd Faulwasser und Privatdozent Dr. Klaus Schöler sowie den Siegener Studenten, die meine Vorlesung zu diesem Buch besuchten, danke ich für zahlreiche große und kleine Anmerkungen und Hilfestellungen. An letzter und doch erster Stelle der Liste meiner Dankesschuld stehen meine Frau und meine vier Kinder. Allzuhäufig mußten sie einen anwesenden und doch abwesenden Ehemann und Vater ertragen.

Bernd-Thomas Ramb

I. Einleitung

1. Definition des Begriffs Wirtschaftspolitik

Wirtschaftspolitik ist ein Gebiet, das nicht nur aus der Sicht der praktischen Erfahrungen, sondern auch innerhalb der wirtschaftswissenschaftlichen Analyse **durch eine Vielzahl von Widersprüchlichkeiten gekennzeichnet ist**. Zum einen besteht in der Öffentlichkeit - sowohl seitens der verantwortlichen Politiker wie auch innerhalb der betroffenen Bevölkerungskreise - eine in der Regel kontroverse und häufig naiv anmutende Einschätzung der wirtschaftspolitischen Möglichkeiten, die durch die desolaten Ergebnisse wirtschaftspolitischer Aktivitäten nicht nur erklärbar ist, sondern sie mehr noch verursacht hat. Aus diesem Grund wird dann in fast regelmäßigen Abständen heftige Kritik an einem scheinbar mangelhaften Leistungsvermögen der ökonomischen Theorien geübt. Diese Kritik ist nicht ganz unberechtigt, denn die zweite Ursache der Widersprüche in der Wirtschaftspolitik liegt in den kontroversen wirtschaftswissenschaftlichen Äußerungen zur Wirtschaftspolitik. Um diese zu verstehen, ist es notwendig, die Grundlagen der Wirtschaftspolitik - die Struktur, die Grenzen und die sich daraus ergebenden Möglichkeiten - zu verdeutlichen. Diese Betrachtung klärt nicht nur manchen Widerspruch im theoretischen Unterbau der Wirtschaftspolitik auf, sondern bietet auch in der politischen Praxis eine entscheidende Orientierungshilfe bei der Beurteilung des wirtschaftspolitischen Aktionsradius und seiner Voraussetzungen.

Ausgangspunkt einer jeden grundlegenden Betrachtung muß notwendigerweise eine konkrete Beschreibung des betrachteten Objekts sein. Für das Objekt der Wirtschaftspolitik ergibt sich dabei die Schwierigkeit, daß keine einheitlich akzeptierte Abgrenzung des Begriffs Wirtschaftspolitik existiert. Nicht zuletzt die Fülle der Literatur zu diesem Gebiet und die Vielzahl der in ihr enthaltenen Definitionen, die fast der Anzahl der Autoren entspricht, sind dafür ein Beleg. Teilweise lassen sich die unterschiedlichen Definitionsvarianten dadurch erklären, daß der Begriff Wirtschaftspolitik historisch nachvollziehbaren und situations- oder zweckgebundenen Wandlungen unterlegen ist.

In der Diktion der klassischen Ökonomen ist der Begriff Wirtschaftspolitik unbekannt. Statt dessen wird die "Politische Ökonomie" in Anlehnung an den von den englischen Ökonomen benutzten Begriff *Political Economy* definiert und theoretisch analysiert. Bei vielen Klassikern, wie David Ricardo [1772-1823], John Stuard Mill [1806-1873] und William Stanley Jevons [1835-1882], ist diese Bezeichnung direkter Bestandteil des Titels ihrer Hauptwerke. Eine andere, äquivalente Bezeichnung ist der deutsche Begriff "Nationalökonomie", der genau das konkrete Objekt der *Political Economy* erfaßt: die Natur des Wohlstands einer Nation. Die Politische Ökonomie läßt sich daher definieren als die wirtschaftswissenschaftliche Untersuchung des Wohlstands einer Nation und der Gesetze seiner Produktion und Verteilung,[1] - oder einfach die Beantwortung der von Adam Smith [1723-1790] als ersten erkannten grundsätzlichen Frage, "wie der Wohlstand und der Reichtum des Volkes und des Staates erhöht werden kann".[2]

Mit der Wandlung der von den klassischen Ökonomen betriebenen **Suche nach der Ökonomik des nationalen Wohlstands**, der nach ihrer Ansicht in erster Linie allein aufgrund ökonomischer Sachverhalte eintreten konnte, **zu einer Suche nach der Politik des nationalen Wohlstands**, d.h. mit welchen politischen Maßnahmen nationaler Wohlstand geschaffen werden könnte, **geht die Wandlung zum Begriff Wirtschaftspolitik einher**. Als Hauptinitiator dieser Wandlung kann Karl Marx [1818-1883] angesehen werden, der mit seinen ökonomischen Betrachtungen als erster die elementare Bedeutung der gesellschaftspolitischen Organisation für die Ökonomie eines Landes einem breiteren Publikum eröffnete und das Primat der - in seinem Falle revolutionären - Politik über die ökonomischen Fragen postulierte. Die Auffassung der Wirtschaftspolitik als "Ökonomiepolitik" hat sich in diesem Jahrhundert immer stärker durchgesetzt. Auch im englischsprachigen Raum steht heutzutage in der Literatur die Bezeichnung *Economic Policy* - häufig gleichgesetzt mit *Applied Economics* - im Vordergrund. Dagegen hat der Begriff der Politischen Ökonomie eine inhaltliche Wandlung zur "Neuen Politischen Ökonomie" vollzogen.

---

1 J.S.MILL, Principles of Political Economy, a.a.O., 1.

2 A.SMITH, Der Wohlstand der Nationen, a.a.O., 347.

Bei dieser Betrachtungsweise wird der ökonomische Aspekt der Politik im instrumentellen Sinne, d.h. die Verwendbarkeit ökonomischer Prinzipien zur Verfolgung allgemeiner politischer Ziele, untersucht. Für die eigentliche Wirtschaftspolitik ist dies zwar kein unbedeutender Aspekt, aber auch nur ein Teilaspekt der grundsätzlichen Problematik. Der Begriff Wirtschaftspolitik ist daher als der umfassende anzusehen, der sowohl die Probleme der Politischen Ökonomie, wie auch die Probleme der Gesellschaftspolitik und schließlich die der ökonomischen Politik behandeln muß.

Während in der neueren englischsprachigen Literatur konkrete Definitionen selten vorzufinden sind, liegen in der deutschen Literatur zahlreiche Definitionsvarianten der Wirtschaftspolitik vor. **Zum einen bestehen relativ ausführliche Definitionen der Wirtschaftspolitik**, die häufig konkrete Inhaltsbeschreibungen enthalten. In der Definition von Giersch umfaßt der Begriff Wirtschaftspolitik "die Gesamtheit aller Bestrebungen, Handlungen und Maßnahmen, die darauf abzielen, den Ablauf des Wirtschaftsgeschehens in einem Gebiet oder Bereich zu ordnen, zu beeinflussen oder unmittelbar festzulegen".[1] Den Träger der Wirtschaftpolitik konkreter heraustellend formuliert Schiller: "Unter Wirtschaftspolitik verstehen wir die gestaltenden Maßnahmen, die der Staat oder von ihm abgeleitete oder faktisch zuständige Einrichtungen im Hinblick auf Wirtschaftsprozeß, Wirtschaftsstruktur und Wirtschaftsordnung treffen... Die in Frage stehenden Maßnahmen können sich auf die gesamte Volkswirtschaft (und die Beziehung zwischen Nationalwirtschaften) oder auf einzelne Branchen und Sektoren richten."[2] Mehr politik- und zielorientiert definieren Kirschen u.a.: "Unter 'Politik' verstehen wir ... alle Maßnahmen des Staates im Verfolg gewisser Grundwerte. Manchmal sind diese Grundziele der Staatspolitik in einem einzigen Ausdruck zusammengefaßt, wie etwa in so weit gefaßten Begriffen wie 'das Gemeinwohl des Landes' oder die 'Wohlfahrt der Bevölkerung'... Alle diese Werte haben mehr oder weniger wirtschaftliche Bedeutung... Wirtschaftspolitik ist daher der ökonomische Aspekt der Staatspolitik schlechthin; sie ist der bewußte Eingriff der Regierung in den Wirtschaftsablauf,

---

[1] H. GIERSCH, Allgemeine Wirtschaftspolitik, a.a.O., 17.

[2] K. SCHILLER, Der Ökonom und die Gesellschaft, a.a.O., 63.

um bestimmte Werte einer Verwirklichung näher zu bringen."[1] Die Unterscheidung von gemeinsamen und individuellen Handlungen greift die Definition von Schachtschabel auf: "Dem Begriff der allgemeinen Politik entsprechend ist Wirtschaftspolitik generell die voluntaristische Gestaltung und Ordnung der Wirtschaft als dem materiellen Bereich des menschlichen Daseins. Sie ist speziell jedes gemeinsame oder individuelle Handeln, durch das die Wirtschaft, der Wirtschaftsprozeß sowie die wirtschaftlichen Pläne und Entscheidungen der Wirtschaftssubjekte ziel- und zweckgerichtet beeinflußt werden."[2]

Auf der anderen Seite bestehen bewußt knappe Definitionen der Wirtschaftspolitik, die der möglichen Gefahr einer einengenden Interpretation des Begriffs entgegenwirken. Relativ kurz und allgemein formuliert ist die Definition von Gäfgen: "Die Wirtschaftspolitik als wissenschaftliche Disziplin befaßt sich mit der gewollten Beeinflussung und Gestaltung des wirtschaftlichen Geschehens, das somit zum Objekt des wirtschaftlichen Handelns wird."[3] Noch kürzer, jedoch allein auf den rein instrumentellen Aspekt beschränkt definiert Tinbergen: "Wirtschaftspolitik bedeutet bewußte Variation von Mitteln, um bestimmte Ziele zu erreichen."[4] Pütz versteht unter Wirtschaftspolitik "einen Teilbereich der Gesamtpolitik, ... welche Einfluß nimmt auf die Wirtschaftsordnung und den Wirtschaftsablauf" und sieht als definitorische Ergänzung deren Hauptproblem in der Frage "nach den geeignetsten Mitteln für die optimale Verwirklichung eines oder mehrerer Ziele".[5] Vom "verbreiteten Sprachverständnis", nach dem der Begriff Wirtschaftspolitik die "staatlichen Aktivitäten auf wirtschaftlichem Gebiet" bezeichnet, geht Woll aus, um dann die Definition der Wirtschaftspolitik ebenfalls indirekt durch eine Basisfrage zu ergänzen: "Wie lassen sich vorgegebene Ziele erreichen und was sind die Folgen staatlicher Eingriffe?"[6]

---

1 E.S.KIRSCHEN u.a., International vergleichende Wirtschaftspolitik, a.a.O., 3-4.

2 H.G.SCHACHTSCHABEL, Wirtschaftspolitische Konzeptionen, a.a.O., 11.

3 G.GÄFGEN, Allgemeine Wirtschaftspolitik, a.a.O., 117.

4 J.TINBERGEN, Wirtschaftspolitik, a.a.O., 14.

5 TH.PÜTZ, Grundlagen der theoretischen Wirtschaftspolitik, a.a.O., 4-5.

6 A.WOLL, Wirtschaftspolitik, a.a.O., 4-5.

Die Reihen der kurzen oder ausführlichen Definitionen sind mit den angeführten Beispielen noch nicht abgeschlossen, ihre Fortsetzung würde jedoch kaum zwei übereinstimmende Versionen hervorbringen. Die vorgestellten Definitionen können dabei insofern als repräsentativ angesehen werden, als sie das Spektrum der Formulierungsvarianten weitgehend abdecken. **Neben einigen übereinstimmenden Elementen sind große Unterschiede in den Definitionen feststellbar**. Die Übereinstimmungen lassen sich dahingehend zusammenfassen, daß in der Wirtschaftspolitik Maßnahmen getroffen werden, die bestimmte Wirkungen auf das wirtschaftliche Geschehen erzielen sollen. Es herrschen jedoch unterschiedliche Auffassungen darüber, welcher Art die wirtschaftspolitischen Maßnahmen sein können, bzw. in welcher Weise das wirtschaftliche Geschehen beeinflußt werden soll. Betreffen die wirtschaftspolitischen Maßnahmen die Wirtschaftsordnung oder die Wirtschaftsstruktur oder soll der Wirtschaftsprozeß, bzw. der Wirtschaftsablauf beeinflußt werden? Während für einige Ökonomen, insbesondere für Walter Eucken, wirtschaftspolitische Probleme ausschließlich ordnungspolitischen Charakter besitzen und somit nur durch eine entsprechende Gestaltung der Wirtschaftsordnung zu lösen sind,[1] konzentrieren sich andere allein auf den Wirtschaftsprozeß und die Möglichkeiten, den wirtschaftlichen Ablauf zu beeinflussen. Eine dritte Gruppe bezieht die Gestaltung der Wirtschaftstruktur mit in den möglichen Maßnahmenkatalog der Wirtschaftspolitik ein und versucht, über die Veränderung regionaler oder sektoraler Rahmenbedingungen auf das wirtschaftliche Geschehen einzuwirken. Mit anderer Akzentuierung werden die wirtschaftspolitischen Maßnahmen und Wirkungen in quantitativ und qualitativ unterschieden, denen Tinbergen als dritte Variante die "politischen Reformen" angegliedert hat.

Die unterschiedlichen Auffassungen zu den Einsatzmöglichkeiten der Wirtschaftspolitik lassen eine grundsätzliche Unterteilung der Wirtschaftspolitk, etwa in Ordnungspolitik, Prozeßpolitik und Strukturpolitik oder in qualitative und quantitative Wirtschaftspolitik, **als sinnvoll erscheinen**. In der Tat folgen viele Ökonomen dieser Auffassung. Eine solche Unterteilung der Wirtschaftspolitik ist jedoch - insbesondere wenn sie die Mög-

---

[1] W. EUCKEN, Grundsätze der Wirtschaftspolitik, a.a.O., 11.

lichkeit einer separaten Betrachtung und Praktizierung der wirtschaftspolitischen Ausrichtungen in Aussicht stellt - problematisch. Es bestehen erhebliche Schwierigkeiten bei der Abgrenzung dieser spezialisierten Wirtschaftspolitiken untereinander. So kann eine Strukturpolitik Auswirkungen auf den Wirtschaftsablauf besitzen oder einem schwerwiegenden Eingriff in die Wirtschaftsordnung gleichkommen. Ordnungspolitik wiederum kann Strukturveränderungen hervorrufen oder den Wirtschaftsprozeß beeinflussen, während bei der Prozeßpolitik Deformationen der Wirtschaftsordnung oder Struktureffekte nicht auszuschließen sind. Generell kann angenommen werden, daß eine qualitative Wirtschaftspolitik ohne quantitative Auswirkungen ebenso unwahrscheinlich ist wie eine quantitative Maßnahme ohne qualitative Veränderungen. Die Unterscheidung der Wirtschaftspolitik in Prozeß-, Ordnungs- und Strukturpolitik oder in quantitative und qualitative Wirtschaftspolitik ist jedoch nicht nur ungenau. Sie kann auch, insbesondere bei isolierter Betrachtung der einzelnen Politikrichtungen, unnötigerweise einschränkend sein. Im Hinblick auf eine Betrachtung der Fundamente der Wirtschaftspolitik muß sie sogar als möglicherweise irreführend eingestuft werden.

Um eine **grundsätzliche Definition der Wirtschaftspolitik** zu gewinnen, ist es zweckmäßig, die anfangs erwähnte Kritik an den mangelhaften wirtschaftspolitischen Umsetzungsmöglichkeiten wirtschaftstheoretischer Erkenntnisse aufzugreifen. Diese Kritik basiert in ihrem Kern auf der Einschätzung gewisser wirtschaftlicher Zustände, die als unbefriedigend empfunden werden und deren Änderung durch wirtschaftspolitische Maßnahmen bewirkt werden soll. Im Vordergrund der wirtschaftswissenschaftlichen Analyse der Wirtschaftspolitik muß demnach prinzipiell die Suche nach Erkenntnissen über Maßnahme-Wirkung-Zusammenhänge stehen. Soll darüberhinaus vermieden werden, daß die Grundlagenbetrachtung der Wirtschaftspolitik durch eine zusätzliche Präzisierung des Begriffs eingeschränkt wird, muß sich die Definition der Wirtschaftspolitik auf die Beschreibung des inhaltlichen Kerns konzentrieren:

> **Unter Wirtschaftspolitik ist generell jede politische Maßnahme zu verstehen, die wirtschaftliche Wirkungen besitzt.**

2. Abgrenzung der wirtschaftspolitischen Analyse

Mit der weitgefaßten Definition der Wirtschaftspolitik wird unmittelbar die Frage der Abgrenzung des Analyserahmens berührt. Sie ist ebenfalls aus der Sicht einer grundlegenden Betrachtung zu beantworten. **Der Begriff Wirtschaftspolitik beinhaltet** gemäß seiner Wortzusammensetzung **einen wirtschaftlichen und einen politischen Aspekt**. Für beide bestehen eigenständige Wissenschaftsgebiete, die Wirtschaftswissenschaft und die Politikwissenschaft. Die Wissenschaft der Wirtschaftspolitik enthält demnach zunächst den Überschneidungsbereich dieser beiden Wissenschaften. Sie grenzt einerseits die Betrachtung rein wirtschaftstheoretischer Sachverhalte durch die Berücksichtigung politischer Aspekte ein, andererseits bildet sie nur einen Teilbereich der Politik - wenn auch einen Hauptbetrachtungsbereich.[1]

Diese Abgrenzung stellt zwar einen notwendigen Inhalt, aber noch keine hinreichende Erfassung des Analyserahmens dar. Erstens ist die Frage zu überprüfen, **inwieweit die Theorie der Wirtschaftspolitik allgemeinpolitische Aspekte einbeziehen muß**. Nach dem hier verfolgten Konzept einer kritikorientierten Grundlagenanalyse ergeben sich keine einschränkenden Anhaltspunkte. Die Politikwissenschaft zählt ebenso wie die Wirtschaftswissenschaft zum Bereich der Sozialwissenschaften und damit zu den empirischen Wissenschaften. Da die Kritik am Leistungsvermögen der Wirtschaftswissenschaft in ihrem Kern eine Kritik an den Sozialwissenschaften ist, trifft sie in gleicher Weise die Politikwissenschaft. Eine grundlegende Betrachtung der wirtschaftspolitischen Möglichkeiten kann daher an einer kritischen Analyse der allgemeinpolitischen Aspekte nicht vorübergehen, zumal sich gerade die Politikwissenschaft als "praktische Wissenschaft" versteht, deren Ergebnisse auf die politische Praxis einwirken und das politische Handeln mitbestimmen sollen.[2] Damit besteht ein direkter Bezug zu der hier gewählten Definition der Wirtschaftspolitik.

---

1 W. RÖHRICH, Politik als Wissenschaft, a.a.O., 10.

2 R. BECK, Politikwissenschaft. a.a.O., 655.

Eine möglichst weitgehende Einbeziehung allgemeinpolitischer Aspekte ist jedoch nicht nur aus Gründen der Kritikbegegnung geboten, sie **verhindert auch eine einschränkende Betrachtung der Wirtschaftspolitik**. In der traditionellen Darstellung der Theorie der Wirtschaftspolitik überwiegt die Annahme eines gegebenen oder gedachten, jedoch fixierten politischen Rahmens. Die Erörterung der wirtschaftspolitischen Möglichkeiten erfolgt unter der idealisierten Voraussetzung einer bestimmten - zumeist einer freiheitlichen oder einer sozialistischen - Staats- und Gesellschaftsform. Für eine fundamental ausgerichtete Analyse der Wirtschaftspolitik bedeutet dies jedoch eine erhebliche Einschränkung. Die Festlegung oder Veränderung der staatlichen Organisation und der Gesellschaftsordnung stellen unbestimmte Variable in der Theorie der Wirtschaftspolitik dar, deren Einfluß mit zu analysieren ist. Ebenso ist eine einschränkende Betrachtung des Politikbegriffs selbst abzulehnen. Politische Maßnahmen umfassen zwar primär die Handlungen des "Staates", d.h. der Parlamente, Regierungen und Verwaltungen, politisches Handeln beinhaltet aber auch die Gesamtheit der Handlungen von Personengruppen oder Einzelpersonen innerhalb des betrachteten Gesellschaftsrahmens.[1] Für die allgemeinpolitische Abgrenzung des Analyserahmens muß daher gelten: Eine fundamentale Analyse der Wirtschaftspolitik muß die allgemeinpolitischen Bedingungen in weitester Form als Variable mit einbeziehen.

Neben der Ausweitung des allgemeinpolitischen Bezugs der wirtschaftspolitischen Analyse ist zweitens eine Erweiterung des Analyserahmens innerhalb des rein wirtschaftswissenschaftlichen Bereichs **um methodologische Betrachtungen notwendig**. Die in der Definition der Wirtschaftspolitik angesprochenen Maßnahme-Wirkung-Zusammenhänge erfordern, sofern sie theoretisch erarbeitet werden sollen, entsprechende wirtschaftswissenschaftliche Theorien, die wiederum einer konkreten Form der Begründung - einer Methode, mit der dieses Wissen geschaffen wird - bedürfen. Ebenso gilt in umgekehrter Richtung, daß jede praktizierte Wirtschaftspolitik in irgendeiner Form theoretisch begründet ist und dadurch auf die Anwendung einer bestimmten Methodologie zurückgeführt werden kann. Zwischen Wirtschaftspolitik und Methodologie besteht daher in praktischer wie theoretischer Sicht

[1] Th. PÜTZ, Grundlagen der theoretischen Wirtschaftspolitik, a.a.O., 4.

eine eindeutige Verbindung, so daß die methodologische Frage und die hinter ihr stehende wissenschaftstheoretische Analyse einen substantiellen Bestandteil der wirtschaftspolitischen Grundlagen bilden.

Die Behandlung methodologischer Fragen wird häufig - gerade in der Wirtschaftswissenschaft - **strikt abgelehnt**. Eucken bezeichnet das "Emporwuchern methodologischer Reflexionen" als ein "Krankheitszeichen für jede Wissenschaft".[1] Richtig daran ist, daß methodologische Betrachtungen dann verstärkt auftreten, wenn Wissenschaften "krank" in dem Sinne sind, daß sie einer besonders kritischen Einstellung begegnen, wie dies in den Sozialwissenschaften der Fall ist. Karl Popper hat jedoch gezeigt, daß das Methodologieproblem allgemein für sämtliche empirischen Wissenschaften, also auch für die in der öffentlichen Diskussion weniger kritisierten Naturwissenschaften von Bedeutung ist.[2] Eucken hat ebenfalls recht mit seiner Aussage, daß "durch Methodologie allein noch nie eine kranke Wissenschaft geheilt" worden ist.[3] Methodologische Betrachtungen besitzen jedoch nicht vorrangig - um in der medizinischen Terminologie zu bleiben - therapeutische Funktionen, sondern dienen in erster Linie der Krankheitsdiagnose. Wird die Kritik an dem mangelhaften Leistungsvermögen der Wirtschaftspolitik als Krankheit der Wirtschaftswissenschaft interpretiert, ist gerade die Euckensche Argumentation ein weiterer Grund, methodologische Betrachtungen in den Analyserahmen der wirtschaftspolitischen Grundlagen einzubeziehen.

Die Abgrenzung - genauer: Ausweitung - des Analyserahmens der wirtschaftspolitischen Grundlagen durch die Einbeziehung der allgemeinpolitischen und methodologischen Aspekte bedeutet eine quantitative Erweiterung der Analyse. Zwei weitere Aspekte beziehen sich auf die qualitative Gestaltung. Der erste berücksichtigt die Tatsache, daß die Darstellung der Grundlagen der Wirtschaftspolitik eine radikale, d.h. an die Wurzeln (lat. *radices*) führende, Betrachtung erfordert. **Die Grundlagenanalyse beinhaltet** durch diese radikale Sicht **einen hohen Grad der Ab-**

---

1 W. EUCKEN, Die Grundlagen der Nationalökonomie, a.a.O, Vorwort zur 1.A.

2 K.R. POPPER, Logik der Forschung, a.a.O., 22ff.

3 W. EUCKEN, ebenda.

straktion von den konkreten wirtschaftspolitischen Problemen. Die Abhandlung spezieller wirtschaftspolitischer Einzelprobleme verbietet sich in einer Analyse wirtschaftspolitischer Grundlagen jedoch nicht nur aus thematischen Gründen, sie birgt auch die Gefahr einer Ablenkung von den essentiellen Problemkernen, die nur durch die Abstraktion von den realen Erscheinungsbildern erkennbar werden. Ein hoher Abstraktionsgrad der Grundlagenanalyse steht dabei nicht in einem Widerspruch zu einem angestrebten Anwendungsbezug der wirtschaftspolitischen Grundlagen. Die Umsetzung der wirtschaftspolitischen Theorie in die wirtschaftspolitische Praxis wird um so einfacher, je präziser die prinzipielle Konzeption der Wirtschaftspolitik herausgearbeitet ist.

Der zweite qualitative Aspekt des Analyserahmens betrifft die Ausrichtung auf die quantitativen Gesichtspunkte der Wirtschaftspolitik. Diese Formulierung scheint zunächst in der Wortwahl paradox und in einem Widerspruch zu den Ausführungen im ersten Kapitel zu stehen. Unter "quantitativ" ist jedoch im Gegensatz zu der zuvor aufgeführten und verworfenen Unterteilung der Wirtschaftspolitik in eine qualitative und eine quantitative nun und im folgenden "numerisch spezifiziert" zu verstehen. In der Regel wird von der Wirtschaftspolitik eine mehr oder weniger genau quantifizierte Steuerung wirtschaftlicher Größen erwartet, etwa die Erzeugung einer bestimmten realen Wachstumsrate oder die Reduktion der Inflationsrate oder der Arbeitslosenquote unter einen bestimmten Wert. Diese Erwartungen sind nicht nur logisch konsequent, denn "ein wirtschaftspolitisches Ziel zu formulieren, ohne dabei zahlenmäßige Angaben zu machen, hat wenig Wert", da bei einer Vermeidung quantitativer Angaben "sich leichter behaupten läßt, die Politik wäre erfolgreich gewesen"[1], sie werden auch unterstützt durch die Auffassung, daß wirtschaftswissenschaftliche Erkenntnisse generell quantitativer Natur sein müssen.[2] Jedoch existiert auch die gegenteilige Ansicht: "Ein Mißverständnis wäre, Theorien müßten quantitativer Natur sein", da "quantitativ gesicherte Erkenntnisse nach dem Stand unseres Wissens eine Ausnahme bilden" und sich "in der

---

1 O. MORGENSTERN, Über die Genauigkeit wirtschaftlicher Beobachtungen, a.a.O., 127.

2 W.S. JEVONS, The Theory of Political Economy, a.a.O., 3-5.

Regel nur die Richtung und die Art ökonomischer Verhaltensweisen empirisch gehaltvoll angeben lassen".[1]

Beide Positionen besitzen einleuchtende Argumente, jedoch nimmt die zweite Position Ergebnisse vorweg, die es zunächst - insbesondere in ihrer wirtschaftspolitischen Bedeutung - zu analysieren gilt. Eine kritikbezogene Analyse der wirtschaftspolitischen Grundlagen muß sich an der Idealvorstellung von wirtschaftspolitischen Möglichkeiten orientieren. Diese Vorstellung ist nun einmal quantitativer Natur. **Damit ist die Analyse der nichtquantitativen** oder semiquantitativen **Wirtschaftspolitik nicht ausgeschlossen**. Sie unterliegt nur dem Maßstab des quantitativen Ideals. Die nichtquantitativen wirtschaftspolitischen Möglichkeiten bilden dadurch gewissermaßen eine Untermenge der gesamten Möglichkeiten. Für die Darstellung der Grundlagen der Wirtschaftspolitik garantiert die Ausrichtung auf das anspruchsvolle Ideal einer quantitativen Wirtschaftspolitik den umfassendsten Analyserahmen.

[1] A. WOLL, Wirtschaftspolitik, a.a.O., VIII.

3. Aufbau der wirtschaftspolitischen Grundlagenanalyse

Mit der Definition des Begriffs Wirtschaftspolitik und der Abgrenzung des Analyserahmens ist die Reihe der notwendigen Vorüberlegungen noch nicht abgeschlossen. **Die Darstellung der wirtschaftspolitischen Grundlagen erfordert** auch **Überlegungen hinsichtlich einer Strategie der analytischen Bearbeitung**. Dabei ist eine konzeptionelle Vorbetrachtung vorauszusetzen. Nach der hier verfolgten Konzeption ist insbesondere zu berücksichtigen, daß mit der Darstellung der Fundamente der Wirtschaftspolitik einigen kritischen Fragen nachgegangen wird: Warum bestehen so vielfältige Vorstellungen über die wirtschaftspolitischen Möglichkeiten? Warum werden die Erwartungen, die in die wirtschaftspolitischen Aktivitäten gesetzt werden, so häufig enttäuscht? Welcher Raum verbleibt letztlich für die Wirtschaftspolitik und welche Voraussetzungen müssen dafür gegeben sein? Aus der Berücksichtigung dieser Kritikorientierung ergeben sich Konsequenzen für den Aufbau der Grundlagenanalyse, die zu einem Abweichen von der üblichen Darstellung der wirtschaftspolitischen Grundlagen führt.

In **der vorliegenden wirtschaftswissenschaftlichen** Literatur **folgt die theoretische Analyse der wirtschaftspolitischen Möglichkeiten** trotz der inhaltlichen Unterschiede **einer konzeptionell weitgehend einheitlichen Vorgehensweise**. Der strukturelle Aufbau der Wirtschaftspolitik wird dargelegt und die Möglichkeiten, die sich aus den bestehenden wirtschaftswissenschaftlichen Erkenntnissen ergeben, aufgezeigt. Gelegentlich werden Betrachtungen über wirtschaftspolitische Grenzen angefügt, überwiegend jedoch mit dem Tenor, daß diese Grenzen nur in Ausnahmefällen erreicht werden oder die sie bedingenden Restriktionen in der Realität kaum vorliegen. In der wirtschaftspolitischen Praxis sind jedoch - sofern wirtschaftstheoretische Überlegungen zur Anwendung kommen - die Grenzfälle oft häufiger als die Regelfälle anzutreffen und Mißerfolge - zumindest scheinbar - mehr als Erfolge feststellbar. Das Versagen der praktizierten Wirtschaftspolitik wird von wirtschaftspolitischen Theoretikern teilweise ignoriert und teilweise damit erklärt oder entschuldigt, daß entweder bei einem Vorliegen konkurrierender wirtschaftspolitischer Theorien die "falsche" Wirtschaftspolitik angewandt oder daß eine "richtige" Theorie nicht lange oder konsequent genug verfolgt wurde. Gelegentlich wird auch auf Ursachen verwiesen, die außerhalb des wirtschaftstheoretischen Verantwortungsbereichs lägen und daher nicht berücksichtigt werden könnten.

Theoretische Überarbeitungen der wirtschaftspolitischen Möglichkeiten, die den Mißerfolgen der Wirtschaftspolitik Rechnung tragen, liegen durchaus vor. In der Regel beschränken sie sich aber auf die Einarbeitung von Details, die den aktuellen Problemen angepaßt sind, in bereits vorliegende wirtschaftspolitische Modellmöglichkeiten. Dies hat zur Folge, daß einer bestehenden Kritik zwar momentan abgeholfen wird, indem der Bereich der wirtschaftspolitischen Möglichkeiten eingeengt oder verlagert wird, eine grundsätzliche Betrachtung der wirtschaftspolitischen Grenzen jedoch unterbleibt. Gemäß der hier gewählten Konzeption muß gerade diese Betrachtung einen vorrangigen Stellenwert einnehmen. **Die Strategie der kritikorientierten Analyse der wirtschaftspolitischen Möglichkeiten führt** jedoch **zu einem von der üblichen Form abweichenden Aufbau bei der Darstellung der wirtschaftspolitischen Grundlagen**. Am Anfang steht nach wie vor die Darstellung der Struktur der Wirtschaftspolitik, die jedoch möglichst allgemein und elementar sein muß. Auf dieser Basis werden aber nicht unmittelbar die Möglichkeiten der wirtschaftspolitischen Aktivitäten entfaltet. Statt dessen wird zunächst eine Darstellung der Einschränkungen gegeben, denen die einzelnen wirtschaftspolitischen Strukturelemente unterliegen. Sind die Grenzen der wirtschaftspolitischen Strukturelemente klar herausgestellt, kann anschließend deutlich gemacht werden, welchen Freiraum diese Grenzziehung hinterlassen hat und innerhalb welcher Rahmenbedingungen welche Arten von wirtschaftspolitischen Möglichkeiten entwickelt werden können. Diese Vorgehensweise, die von Hutchison, einem exzellenten Kritiker wirtschaftstheoretischen Wissens, nachdrücklich gefordert wird,[1] ist in zweifacher Hinsicht vorteilhaft. Erstens kann durch die vorgezogene

---

[1] "In fact, to promote clarification of the extent and limits of economic knowledge and ignorance may well do much more to reduce dissatisfaction with current economic policies and their results, than do many or most of the contributions to confused and undisciplined wrangles and debates on particular policy problems." T.W. HUTCHISON, Knowledge and Ignorance in Economics, a.a.O., 5.

Grenzbetrachtung ein Versagen der innerhalb dieser Grenzen entwickelten Wirtschaftspolitik ausgeschlossen werden. Zweitens ist mit der Vorgabe strukturell bedingter Grenzen eine Grundlage gegeben, bestehende wirtschaftspolitische Modelle in ihren Anwendungsgrenzen einzuordnen und ihre möglichen Mißerfolge in ihren Ursachen erkennbar zu machen.

Die erläuterte Vorgehensweise führt zu folgender Gliederung des Buches. **Im ersten Schritt** (Teil II) **wird die Struktur der Wirtschaftspolitik dargestellt.** Zunächst werden aus der bereits entwickelten allgemeinen Definition der Wirtschaftspolitik die darin enthaltenen Strukturelemente ermittelt und gemäß der ebenfalls bereits vorliegenden Erweiterung des Analyserahmens ergänzt (II-1). Systematische Grundlage dafür ist die angeführte Zweiteilung der wirtschaftspolitischen Betrachtung in einen wirtschaftswissenschaftlichen und einen politischen Teil. Die Struktur des wirtschaftswissenschaftlichen Teils wird in drei Abschnitte zerlegt, die sich aus der Definition der Wirtschaftspolitik ergeben. Wird die darin angeführte Maßnahme-Wirkungs-Relation als zweckgerichtete Handlung angesehen, sind die Zielrichtung und der Mitteleinsatz der Wirtschaftspolitik grundlegende Strukturelemente, die detailliert darzustellen sind (II-2). Die erforderliche Verknüpfung von Zielen und Mitteln in Form von Ziel-Mittel-Zusammenhängen wird zunächst in ihren unterschiedlichen formalen Struktureigenschaften erörtert (II-3). Danach wird die wissenschaftstheoretische Fundierung der Ziel-Mittel-Zusammenhänge in ihren Strukturmerkmalen dargelegt (II-4). Damit ist der wirtschaftswissenschaftliche Strukturteil abgeschlossen. Der politisch orientierte Teil umfaßt zwei Abschnitte. Da die Wirtschaftspolitik grundsätzlich als aktiver Prozeß aufzufassen ist, wird zunächst der Ablauf der Wirtschaftspolitik strukturiert (II-5). Den einzelnen Ablaufphasen sind die Träger der Wirtschaftspolitik zuzuordnen, deren Struktur parallel zu der der allgemeinpolitischen Trägerschaft abschließend entwickelt wird (II-6).

Im zweiten Schritt werden die Grenzen analysiert, die bei der konkreten Realisation der wirtschaftspolitischen Struktur vorliegen (Teil III). Aus den dargelegten Strukturelementen lassen sich mehrere Ansatzpunkte der Grenzziehung entwickeln, deren Interdependenzen zunächst aufgezeigt werden (III-1). Bei den wirtschaftstheoretischen Ansatzpunkten erfolgt als erstes eine

Darstellung der Grenzen, die sich aufgrund der unterschiedlichen wissenschaftstheoretischen Konzeptionen ergeben (III-2). Aus der Struktur der wissenschaftstheoretischen Grundlagen ergeben sich rationale und empirische Aspekte der wirtschaftstheoretischen Grenzen der Wirtschaftspolitik. Beide werden zum einen bei der Darstellung der Grenzen wirtschaftspolitischer Ziel-Mittel-Relationen (III-3) und zum anderen bei der Betrachtung der Grenzen wirtschaftspolitischer Ziel- und Mittelvariablen (III-4) berücksichtigt. Die Realisationsgrenzen innerhalb des wirtschaftspolitischen Prozeßablaufs und die Einschränkungen, die sich aus der Struktur des wirtschaftspolitischen Trägers ergeben, werden aufgrund ihrer engen Verflechtung gemeinsam behandelt. Da sie bei der Realisation der Wirtschaftspolitik in der politischen Praxis unter bestimmten politischen Gegebenheiten vorliegen, werden sie als Grenzen der praktischen Wirtschaftspolitik abgehandelt (III-5).

Im letzten Schritt (Teil IV) **werden** auf der Grundlage der Grenzen der wirtschaftspolitischen Struktur **die Möglichkeiten der Wirtschaftspolitik aufgezeigt**. Dazu ist zunächst eine grundsätzliche Orientierung für die Eröffnung der wirtschaftspolitischen Aktionsräume innerhalb der gezogenen Grenzen herzuleiten (IV-1). Anschließend erfolgt eine Darlegung der wirtschaftspolitischen Möglichkeiten auf der Basis prinzipieller Typen gesellschaftlicher Systeme. Zuerst werden die Möglichkeiten einer despotischen Wirtschaftspolitik erörtert (IV-2). Danach werden die Aktionsräume einer anarchischen Wirtschaftspolitik aufgezeigt (IV-3). Die Besonderheiten der theoretischen und praktischen Möglichkeiten einer demokratisch fundierten Wirtschaftspolitik sind Gegenstand der anschließenden Darlegungen (IV-4). Zum Abschluß wird die Dynamik der gesellschaftlichen Entwicklung berücksichtigt und die Veränderung der wirtschaftspolitischen Möglichkeiten in ihrer Interdependenz zu gesellschaftlichen Systemübergängen erläutert (IV-5).

Literatur zum I. Teil

1. Klassische Werke zur Wirtschaftspolitik

A. SMITH, Der Wohlstand der Nationen, München 1978, dt. Übers. d. Originalausg.: An Inquiry into the Nature and Causes of the Wealth of Nations, London 1961 (1.e. 1776), v. H.C.RECKTENWALD.

D. RICARDO, On the Principles of Political Economy and Taxation, Cambridge 1951 (1.e. 1817).

J.S. MILL, Principles of Political Economy with some of their Applications to Social Philosophy, London 1965 (1.e. 1848).

W.S. JEVONS, The Theory of Political Economy, 5.e., New York 1965 (1.e. 1871).

2. Deutschsprachige Literatur

H.-J. AHRNS - H.-D. FESER, Wirtschaftspolitik, Problemorientierte Einführung, 4.A., München-Wien 1986.

W. EUCKEN, Grundsätze der Wirtschaftspolitik, 4.A., Tübingen 1968.

G. GÄFGEN, Allgemeine Wirtschaftspolitik, in: W.EHRLICHER u.a. (Hrsg.), Kompendium der Volkswirtschaftslehre, Band 2, Göttingen 1968.

H. GIERSCH, Allgemeine Wirtschaftspolitik, Band 1: Grundlagen, Wiesbaden 1961.

E.S. KIRSCHEN u.a., International vergleichende Wirtschaftspolitik - Versuch einer empirischen Grundlegung, Berlin 1967.

TH. PÜTZ, Grundlagen der theoretischen Wirtschaftspolitik, 3.A., Stuttgart 1975.

H.G. SCHACHTSCHABEL, Wirtschaftspolitische Konzeptionen, 2.A., Stuttgart 1967.

K. SCHILLER, Der Ökonom und die Gesellschaft - Das freiheitliche und das soziale Element in der modernen Wirtschaftspolitik, Stuttgart 1964.

J. TINBERGEN, Wirtschaftspolitik, Freiburg 1968.

A. WOLL, Wirtschaftspolitik, München 1984.

3. Neuere englischsprachige Literatur

K.E. BOULDING, Principles of Economic Policy, New York 1958.

B. CAMERON, The Elements of Economic Policy, London 1977.

K.A. FOX - J.K. SENGUPTA - E. THORBECKE, The Theory of Quantitative Economic Policy, 2.e., Amsterdam 1973.

K. HARTLEY, Problems of Economic Policy, London 1977.

4. Literatur zur Begriffsabgrenzung und zum Analyseaufbau

R. BECK, Politikwissenschaft, in: Ders., Sachwörterbuch der Politik, Stuttgart 1977.

W. EUCKEN, Die Grundlagen der Nationalökonomie, 8. A., Berlin-Heidelberg-New York 1965.

T. W. HUTCHISON, Knowledge and Ignorance in Economics, Oxford 1977.

F. LEHNER, Einführung in die Neue Politische Ökonomie, Frankfurt 1981.

K. NEUMANN, Strukturwandel und Strukturpolitik, Köln 1976.

K. R. POPPER, Logik der Forschung, 5. A., Tübingen 1973.

W. RÖHRICH, Politik als Wissenschaft, München 1978.

II. Struktur der Wirtschaftspolitik

1. Elemente der Wirtschaftspolitik

Der Begriff Struktur bezeichnet allgemein ein Ordnungsgefüge, das nach bestimmten Regeln aus einzelnen Elementen zu einer komplexen Ganzheit aufgebaut ist. Die Aufgaben einer Strukturanalyse bestehen daher in der Zerlegung der komplexen Gesamtheit in ihre Elemente, der Charakterisierung dieser Elemente und der Beschreibung des Ordnungsgefüges zwischen diesen Elementen. Die Methode, mit der die Aufgaben der Strukturanalyse bewältigt werden, kann sehr unterschiedlich sein. **Eine einfache, aber sehr wirkungsvolle Analysetechnik besteht in dem Stellen und Beantworten elementarer Fragen hinsichtlich des zu strukturierenden Gebildes**. Der elementare Charakter der Fragen ergibt sich daraus, daß sie auf den grundsätzlichen Fragerichtungen des Wer, Wie, Was, Warum, etc. beruhen. Ausgangspunkt und Objekt dieser elementaren Fragestellung bildet die definitorische Festlegung der betrachteten komplexen Gesamtheit. Für die komplexe Gesamtheit der Wirtschaftspolitik liegt als Ausgangspunkt der Strukturanalyse die in der Einleitung entwickelte allgemeine Definition der Wirtschaftspolitik vor, nach der darunter alle politischen Maßnahmen zu verstehen sind, die wirtschaftliche Auswirkungen besitzen. Der Hauptbegriff dieser Definition ist die politische Maßnahme. Sie bietet ein erste Orientierung für die Strukturanalyse der Wirtschaftspolitik und die dazu anzusetzenden elementaren Fragen.

Der Begriff Maßnahme beinhaltet einen Handlungsaspekt. Maßnahmen werden ergriffen oder durchgeführt. Aus diesem Handlungsaspekt der Maßnahme ergeben sich unmittelbar die beiden Fragen: Wer handelt und was ist der Inhalt seiner Handlung? Da der Handlungscharakter darüber hinaus einen Handlungsgrund impliziert - Maßnahmen werden ergriffen, weil eine Veranlassung gegeben ist -, erhebt sich als dritte Frage: Warum wird gehandelt? Diese **drei Fragen zum Handlungsaspekt der wirtschafspolitischen Maßnahme zielen auf den strukturellen Kern der Wirtschaftspolitik**. Die erste Frage nach dem Wer betrifft den Handlungsträger. Als erstes Strukturelement steht damit der Träger der Wirtschaftspolitik fest. Die zweite und dritte Frage nach dem Was und Warum sind nicht in dieser direkten Form - vor allem aber nicht unabhängig voneinander - zu Strukturelementen zu verarbeiten. Zunächst gilt gemäß dem Nebensatz der Definition, daß der wirtschaftspolitische Träger Maßnahmen ergreift, die wirtschaftliche Wirkungen zeigen. Es liegt daher nahe, die Frage nach dem Was mit dem Begriff Maßnahme und die Frage nach dem Warum mit dem Begriff Wirkung in eine direkte Verbindung zu bringen. Der Handlungscharakter impliziert jedoch auch einen voluntaristischen Aspekt. Der Träger der Wirtschaftspolitik wird demnach bestimmte wirtschaftliche Wirkungen erzielen wollen und daher genau die Maßnahmen ergreifen, die diese Wirkungen "vermitteln". Die Maßnahme-Wirkung-Relation wird dadurch in eine Ziel-Mittel-Beziehung transformiert. Die Frage nach dem Warum, die aus logischen Gründen zuerst abzuhandeln ist, führt daher zu der Antwort: Der wirtschaftspolitische Träger handelt, weil er bestimmte Wirkungen erzielen will. Das zweite Grundelement der wirtschaftspolitischen Struktur stellt somit das Ziel der Wirtschaftspolitik dar. Entsprechend führt die Frage nach dem Was nun zu der Aussage: Der wirtschaftspolitische Träger setzt bestimmte Mittel ein. Als drittes Strukturelement wird damit das Mittel der Wirtschaftspolitik gewonnen.

Mit den drei Elementen Träger, Ziel und Mittel ist die Kernstruktur der Wirtschaftspolitik erfaßt. Sie bestimmen nicht nur, wie zuvor gezeigt ist, zahlreiche Definitionsvarianten der Wirtschaftspolitik, sondern sind auch häufig mit dem Inhalt und Aufbau wirtschaftspolitischer Abhandlungen vollständig deckungsgleich. Es erhebt sich jedoch die Frage, inwieweit vor dem Hintergrund der hier gewählten Definition nicht durch den Übergang von einer Maßnahme-Wirkung- zu einer Ziel-Mittel-Beziehung wesentliche Aspekte des wirtschaftspolitischen Komplexes ausgeklammert sind und damit eine eingeengte Darstellung der Struktur vorliegt. Wirtschaftspolitische Maßnahmen können ihre Ziele verfehlen oder Nebenwirkungen besitzen. Weiterhin ist es fraglich, ob nicht bereits die Annahme eines voluntaristischen Charakters der Wirtschaftspolitik zu speziell ist und grundsätzliche Probleme unbeachtet läßt. Prinzipiell ist auch ein ungewollter Mitteleinsatz in der Wirtschaftspolitik denkbar. Diese Einwände entfallen jedoch, wenn bedacht wird, daß sich die Strukturelemente Träger, Ziel und Mittel der Wirtschaftspolitik als eigenständige Objekte einer isolierten Charakterisierung unterziehen lassen. Ungewollter Mitteleinsatz führt dann zu einer Charakterisierung des wirtschaftspolitischen Trägers und Zielverfehlungen oder Nebenwirkungen bilden Eigenschaften, die dem wirtschaftspolitischen Mittel zugeordnet werden können. Durch die Zerlegung des wirtschaftspolitischen Strukturkerns in die drei Elemente Träger, Ziel und Mittel ist daher die allgemeine Maßnahme-Wirkung-Relation in ihren gesamten Möglichkeitsvarianten erfaßt.

Eine isolierte Betrachtung der beiden Strukturelemente Ziel und Mittel der Wirtschaftspolitik wird allerdings dem komplexen Bereich der Dependenz von wirtschaftspolitischem Ziel und Mittel noch nicht gerecht. Der Komplex der Ziel-Mittel-Beziehung, der einen besonderen Strukturaspekt darstellt, läßt sich aus der nächsten **Frage hinsichtlich der elementaren Gestaltung der wirtschaftspolitischen Handlung** erschließen: Wie handelt der wirtschaftspolitische Träger? Diese Frage läßt sich unterschiedlich verstehen. Es kann damit die allgemeine Charakterisierung der wirtschaftspolitischen Handlung gemeint sein: In welcher Art und Weise handelt der wirtschaftspolitische Träger? Es kann aber auch der formelle Aufbau der wirtschaftspolitischen Handlung darunter verstanden werden: In welcher Form wird wirtschaftspolitisch gehandelt? Zunächst sei auf den allgemeinen inhaltlichen Aspekt eingegangen. Hierzu findet sich in der wirtschaftspolitischen Literatur häufig die imperativ zu sehende Antwort: Wirtschaftspolitik soll rational sein! Wird diese Antwort als Ausgangspunkt für die weitere Strukturanalyse akzeptiert, müssen zwei Probleme geklärt werden. Zum einen ist der imperative Gehalt dieser Antwort zu vertreten, bzw. zu analysieren, ob auch eine irrationale Wirtschaftspolitik zu strukturieren ist. Zum zweiten - und das ist aus logischen Gründen zunächst vorzunehmen - ist der Begriff der Rationalität zu analysieren, denn dieser Begriff ist selbst so komplex, daß daraus noch kein grundsätzlich verständliches Element der wirtschaftspolitischen Struktur hergeleitet werden kann.

Die **Analyse der Rationalität der Wirtschaftspolitik zur Erschließung weiterer Strukturelemente** erfordert zunächst eine Festlegung, was unter "rational" zu verstehen ist. Dies wird dadurch erschwert, daß keine eindeutige Definition des Begriffs vorliegt. Nach allgemeinem Sprachgebrauch wird der Begriff "rational" mit den Begriffen "vernünftig", "vernunftgemäß", "einsichtig" oder ähnlichen gleichgesetzt. Weiterhin stehen in einem speziellen Sprachverständnis zwei zueinander abgestufte Definitionsvarianten zur Auswahl. Zum einen besteht Rationalität auf der Handlungsebene dann, wenn der Einsatz von Mitteln in der Lage ist, bestimmte Handlungszwecke zu realisieren.[1] Zum zweiten wird - weiter eingeengt - unter "rational" die Handlungsweise verstanden, die bei einem bestimmten Aufwand an Mitteln einen maximalen Effekt erzielt oder die einen bestimmten Effekt bei dem geringsten Aufwand an Mitteln hervorruft. In dieser Interpretation wird der Rationalbegriff dem Optimalbegriff gleichgesetzt[2] und als "ökonomisches Prinzip" schlechthin apostrophiert.[3] Rationale Wirtschaftspolitik würde demnach die Lösung von Optimierungsaufgaben bedeuten. Ihre theoretische Aufarbeitung könnte sich weitgehend auf einen Verweis auf Lösungsansätze beschränken, die innerhalb der mathematischen Spezialdisziplinen für Optimierungsaufgaben - insbesondere innerhalb des *Operations Research* - entwickelt werden. Gelegentlich wird sogar eine direkte Interdependenz zwischen Rationalität und *Operations Research* gesehen.[4]

Im Hinblick auf die Struktur der Wirtschaftspolitik sind die **drei** vorgestellten **Definitionen der Rationalität zusammengefaßt zu betrachten**, da jede Variante Vorzüge und Nachteile besitzt. Die beiden speziellen Varianten weisen in ihrer Charakterisierung einer rationalen Wirtschaftspolitik direkt auf die Bedeutung des Ziel-Mittel-Zusammenhangs hin. Allerdings ist bei der zweiten Variante durch die Hinzunahme des Optimalitätskriteriums eine einschränkende Spezifizierung der Ziele und Mittel gegeben. Die Optimalität von Zielen und Mitteln stellt jedoch einen Spezialfall bei der Charakterisierung dieser beiden bereits vorliegenden Strukturelemente dar. Die erste Variante der beiden engeren Definitionen weist dagegen allein auf die Notwendigkeit einer logischen Verknüpfung von Zielen und Mitteln hin. Ihr fehlt jedoch - wie auch der Optimalitätsvariante - der Begründungshintergrund des Ziel-Mittel-Zusammenhangs. Wann ist ein Mittel geeignet, bestimmte Handlungszwecke zu realisieren? Um

---

1 W.FUCHS, Rationalität, a.a.O., 620.

2 TH.PÜTZ, Grundlagen der theoretischen Wirtschaftspolitik, a.a.O., 13.

3 F.GEIGANT, Rationalverhalten, a.a.O., 405.

4 H.A.SIMON, From Substantive to Procedural Rationality, a.a.O., 129-48.

darüber Aufschluß zu gewinnen, ist die Anlehnung an die ursprüngliche Definition von "rational" im Sinne von "vernünftig" oder "einsichtig" vorteilhaft. Vernunft und Einsicht sind Begriffe, die auf einen Begründungshintergrund hinweisen. Wird dieser Aspekt berücksichtigt, dann ist unter rationaler oder vernünftiger Wirtschaftspolitik die Anwendung von wirtschaftspolitischen Mitteln zu verstehen, die mit einer einsichtigen Begründung zur Zielerreichung führen. Die imperative Beantwortung der Frage nach dem inhaltlichen Wie des wirtschaftspolitischen Handelns ändert sich dadurch in: Der wirtschaftspolitische Träger soll auf der Grundlage eines einsichtig begründeten Ziel-Mittel-Zusammenhangs handeln.

Die Umsetzung dieser Antwort in die Struktur der Wirtschaftspolitik bedarf noch einiger vertiefender Betrachtungen. **Der Rationalitätsbegriff führt zunächst** nunmehr unmittelbar **zum Ziel-Mittel-Zusammenhang als eigenständigem Strukturelement**, das die notwendige Verbindung zwischen den Elementen Ziel und Mittel herstellt. Damit wird jedoch zunächst nur der formelle Aspekt der logischen Verknüpfung erfaßt. Ein weiteres, den Ziel-Mittel-Zusammenhang ergänzendes Strukturelement ergibt sich aus der Interpretation der Rationalität im Sinne der einsichtigen Begründung. In der Regel wird angenommen - und häufig auch definitorisch gleichgesetzt -, daß eine rationale Wirtschaftspolitik deshalb vernünftig ist, weil die ihr zugrundeliegenden Ziel-Mittel-Zusammenhänge auf wissenschaftlicher Ebene gewonnen werden, d.h. den Ziel-Mittel-Zusammenhängen wissenschaftliche Theorien zugrunde liegen. Unter diesem Aspekt ist die "einsichtige" Begründung mit einer "wissenschaftlichen" Begründung gleichgesetzt.

Die Einordnung eines Ziel-Mittel-Zusammenhangs als "wissenschaftlich" begründet bedarf jedoch einer Konvention über den Begriff "wissenschaftlich". Diese Konvention wird durch die Aussagen der Wissenschaftstheorie geliefert. Die Wissenschaftstheorie besitzt einen metatheoretischen Charakter, da sie der eigentlichen wissenschaftlichen Theorie vorgelagert ist. Sie wird daher auch als Theorie wissenschaftlicher Theorien verstanden.[1] Wird die über den Rationalitätsbegriff geforderte ein-

[1] F.v.KUTSCHERA, Wissenschaftstheorie I, a.a.O., 11.

sichtige Begründung als wissenschaftliche Begründung verstanden, können diese Begründungen durch die Aussagen der Wissenschaftstheorie unmittelbar charakterisiert werden. **Der Rationalitätsbegriff führt** somit nicht nur zum Ziel-Mittel-Zusammenhang, sondern **auch zur wissenschaftstheoretischen Grundlage als eigenständigem Strukturelement**. Eigenständig und nicht ausschließlich mit dem Strukturelement des Ziel-Mittel-Zusammenhangs verbunden ist dieses Element nicht zuletzt deshalb, weil sich aus der wissenschaftstheoretischen Grundlage nicht nur Auswirkungen auf die Formulierung und Ermittlung von Ziel-Mittel-Zusammenhängen ergeben, sondern auch direkte Einflüsse auf die einzelnen Strukturelemente Träger, Ziel und Mittel der Wirtschaftspolitik bestehen.

Die endgültige Einarbeitung des Rationalitätsbegriffs in die Struktur der Wirtschaftspolitik, wie sie in der vorgelegten Form erfolgt, **bedingt die Behandlung der** bereits angesprochenen **Frage, ob nicht auch eine irrationale Wirtschaftspolitik möglich und in der wirtschaftspolitischen Struktur zu erfassen ist**, d.h. die imperative Forderung einer rationalen Wirtschaftspolitik entfallen muß. Durch die Spezifikation der rationalen Wirtschaftspolitik als wissenschaftlich begründete Wirtschaftspolitik kommt zusätzlich die Frage auf, ob diese Forderung der wissenschaftlichen und theoretischen Begründung nicht zu einer Einschränkung der wirtschaftspolitischen Struktur führt. Diese nicht unbegründeten Probleme lassen sich insgesamt behandeln. Einige Analytiker der Wirtschaftspolitik betonen in der Tat die Notwendigkeit, zwischen theoretischer und praktischer Wirtschaftspolitik zu unterscheiden. Häufig ist diese Unterscheidung identisch mit einer Differenzierung der Wirtschaftspolitik in einen wissenschaftlichen und politischen Teil und Veranlassung für eine Eliminierung der rein politisch-praktischen Aspekte der Wirtschaftspolitik. Aufgabe der theoretischen Wirtschaftspolitik sei es dann, einen Beitrag zur "Rationalisierung" der praktischen Wirtschaftspolitik zu leisten, da diese von nichtrationalen Elementen wie dem "weltanschaulichen und interessenbedingten Pluralismus der modernen Gesellschaft mit parlamentarisch-demokratischer Verfassung" beeinträchtigt wird.[1] Die Unterscheidung zwischen theoretisch-wissenschaftlichen und politisch-prakti-

1 TH. PÜTZ, Grundlagen der theoretischen Wirtschaftspolitik, a.a.O., 14.

schen Teilen der Wirtschaftspolitik ist jedoch für die Strukturanalyse unerheblich, da der wissenschaftlich-theoretische Aspekt als der umfassende anzusehen ist, der den gesamten Komplex der Wirtschaftspolitik zum Objekt hat, während die praktische Wirtschaftspolitik allein die reale Aktivität zwecks unmittelbarer Beeinflussung und Ausrichtung der wirtschaftspolitischen Vorgänge beinhaltet.[1] Gleiches gilt für die Frage, ob zwischen wissenschaftlicher und "unwissenschaftlicher" Wirtschaftspolitik zu unterscheiden ist, da die Wissenschaft den Oberbegriff darstellt. Die "Unwissenschaftlichkeit" zeigt sich dann in der Charakeristik des Strukturelements der wissenschaftstheoretischen Grundlage. Bezüglich der Betrachtung der wirtschaftspolitischen Praxis unter rationalen und irrationalen Bewertungskriterien ist zu bemerken, daß nicht nur der theoretischen Erarbeitung, sondern auch der praktischen Durchführung der Wirtschaftspolitik ein rationales Verhaltensmuster unterstellt werden kann. Auch bei scheinbar irrationalem Verhalten in der wirtschaftspolitischen Praxis, wie nicht eindeutig erkennbaren Zielsetzungen oder ungeeigneten Mitteleinsätzen, kann eine nicht unmittelbar einsichtig begründete Rationalität vorliegen, die dann jedoch in die Charakteristik der Kernelemente Träger, Ziel und Mittel der Wirtschaftspolitk fällt. In ihren Charakterisierungen ist auch die Aufhebung des imperativen Moments der Rationalität erfaßt. Wenn keine rationale Wirtschaftspolitik in dem hier entwickelten Sinne vorliegt, dann sind die Ursachen in den Elementen der wirtschaftspolitischen Kernstruktur zu finden. Das Problem der Irrationalität unterstützt daher die Trennung zwischen den Strukturelementen Ziel und Mittel auf der einen Seite und den Elementen Ziel-Mittel-Zusammenhang und wissenschaftstheoretische Grundlage auf der anderen Seite.

Mit der nun vollständigen Analyse des Rationalitätsbegriffs ist die allgemein inhaltliche Beantwortung der Frage, wie der Träger der Wirtschaftspolitik handelt, in die Struktur der Wirtschaftspolitik umgesetzt. Es bleibt die Verarbeitung der bereits angeschnittenen **Frage nach dem formellen Aufbau der wirtschaftspolitischen Handlung**: In welcher Form findet die Wirtschaftspolitik statt? Da der Begriff Handlung eine Aktivität impliziert, die einem zeitlichen Ablauf folgt, führt diese Frage zu der Ant-

---

[1] H. G. SCHACHTSCHABEL, Wirtschaftspolitische Konzeptionen, a.a.O., 11f.

wort: Wirtschaftspolitik findet in Form eines Prozesses statt. Der wirtschaftspolitische Prozeß ist demnach das nächste Strukturelement der Wirtschaftspolitik. Dieses Strukturelement läßt sich zwar durch eine Zerlegung des Prozesses in mehrere Phasen, die in einem zeitlichen und logischen Zusammenhang liegen, weiter untergliedern, diese Phasenabschnitte bilden jedoch keine eigenständigen Strukturelemente. Die Begründung dafür liegt in einer kontroversen Beurteilung der Bedeutung der einzelnen Prozeßphasen. Die Auffassung, daß die Wirtschaftspolitik einen Prozeß beinhaltet, ist dabei unkontrovers und in einigen Definitionsvarianten der Wirtschaftspolitik sogar explizit enthalten. Viele Analytiker der Wirtschaftspolitik stellen den Prozeßaspekt sogar in das Zentrum ihrer theoretischen Untersuchungen.[1] Häufig wird dabei die Entscheidungsphase innerhalb des wirtschaftspolitischen Handlungsablaufs in den Vordergrund gestellt oder ausnahmslos behandelt. "Politik" wird gewissermaßen mit "Entscheidung" gleichgesetzt. Die Entscheidung beinhaltet jedoch nur einen Teil des gesamten wirtschaftspolitischen Prozesses. Für den Erfolg oder Mißerfolg der Wirtschaftspolitik sind auch die Ablaufphasen vor und nach der Entscheidungsphase von - häufig entscheidender - Bedeutung. Wenn der Prozeßablauf der Wirtschaftspolitik als Element der wirtschaftspolitischen Struktur angesehen wird, sind darunter sämtliche Phasen der Handlung zu verstehen. Dabei ist nicht nur die vollständige Erfassung dieser Phasen und ihre inhaltliche Ausgestaltung, sondern auch die logischen und zeitlichen Relationen zwischen den Phasen bedeutsam.

Nachdem nun die Frage nach dem Wie der Wirtschaftspolitik in ihrer allgemein-inhaltlichen und formal-technischen Bedeutung beantwortet und zu Strukturelementen verarbeitet ist, verbleiben zur Vervollständigung dieser Form der Strukturanalyse noch die beiden letzten elementaren Fragen nach dem Wann und Wo der Wirtschaftspolitik. Ob die Beantwortung dieser Fragen zu weiteren Strukturelementen führt, hängt davon ab, inwieweit die bereits entwickelten Strukturelemente diese Aspekte mit erfassen. Die **Frage, wann eine wirtschaftspolitische Handlung stattfindet,** läßt sich einerseits beantworten: Die wirtschaftspolitische

---

1 K. A. FOX - J. K. SENGUPTA - E. THORBECKE, The Theory of Quantitative Economic Policy, a.a.O., 11.

Handlung findet dann statt, wenn sie notwendig wird, bzw. wenn sich eine Zielsetzung ergibt. Sie berührt damit den zeitlichen Aspekt der Frage, warum der wirtschaftspolitische Träger handelt. In dieser Beziehung ist der Strukturierungsbedarf durch die Charakteristik des Zieles abgedeckt. Andererseits entspricht die Frage nach dem Wann dem zeitlichen Aspekt der formal-technischen Frage, die zu dem Strukturelement des wirtschaftspolitischen Prozesses führt: Die wirtschaftspolitische Handlung findet dann statt, wenn die entsprechenden Prozeßphasen ablaufen. Die zeitliche Bestimmung der Wirtschaftspolitik ergibt somit kein zusätzliches Element der wirtschaftspolitischen Struktur, sondern erweitert die Bedeutung der beiden Strukturelemente Ziel und Prozeß der Wirtschaftspolitik.

Die **Frage, wo die wirtschaftspolitische Handlung stattfindet,** ist ebenfalls differenziert zu beantworten. Sie bezieht sich als Frage nach der Ortsbestimmung der Wirtschaftspolitik vordergründig auf das Problem einer räumlichen Abgrenzung oder einer Lokalisierung der Wirtschaftspolitik in dem Sinne, daß die Wirtschaftspolitik für einen näher zu spezifizierenden Raum erfolgt oder an einem bestimmten Ort vollzogen wird. Genauer betrachtet ist die räumliche Abgrenzung der Wirtschaftspolitik - ähnlich wie die zeitliche Bestimmung - Bestandteil der Zielsetzung: Wirtschaftspolitik findet in dem Raum statt, auf den sie abzielt. Desweiteren ist zu beachten, daß die Wirtschaftspolitik nicht für einen Raum an sich erfolgt, sondern für die darin lebenden oder ihn nutzenden Personen. Ebenso ist es von sekundärer Bedeutung, wo die Wirtschaftspolitik gemacht wird, da sich dieser Ort unmittelbar dem wirtschaftspolitischen Träger zuordnen läßt. Ein Satz, wie "die Wirtschaftspolitik wird 'in Bonn' gemacht", umschreibt die Aussage, daß der wirtschaftspolitische Träger seinen Sitz in Bonn hat, oder im übertragenen Sinne, daß sich die Wirtschaftspolitik auf das von Bonn aus vertretene Gebiet der Bundesrepublik Deutschland bezieht. Der Lokalisationsaspekt führt daher direkt zum Strukturelement des wirtschaftspolitischen Trägers. Aber auch der Aspekt der räumlichen Abgrenzung enthält mit dem Bezug auf die Personen, die diesem Bereich wirtschaftspolitisch zuzuordnen sind, eine indirekte Anbindung an den Träger der Wirtschaftspolitik. Mit diesem Strukturelement ist nicht nur der aktive Träger der Wirtschaftspolitik - derjenige, der die wirtschaftspolitische Handlung vollzieht - zu charakterisieren, sondern auch der passive Träger der Wirtschaftspolitik - derjenige, für den die wirtschaftspolitische Handlung erfolgt - zu kennzeichnen. Somit bietet auch die Frage nach dem Wo der Wirtschaftspolitik bei genauer Analyse keine Veranlassung für die Bildung weiterer Elemente der wirtschaftspolitischen Struktur, da ihre Beantwortung durch die beiden Strukturelemente Ziel und Träger der Wirtschaftspolitik abgedeckt ist.

Die Zerlegung der wirtschaftspolitischen Struktur in ihre Elemente läßt sich mit der Bearbeitung der beiden letzten elementaren Fragen abschließend und **zusammenfassend darstellen** (vgl. *Fig. II-1*). Ausgangspunkt ist die allgemeine Definition des Strukturkomplexes Wirtschaftspolitik. Die hier verwendete Definition läßt sich auf einen Definitionskern reduzieren, der die Wirtschaftspolitik als eine Handlung im Rahmen einer Maßnahme-Wirkung-Relation kennzeichnet. Zur Erkennung der Strukturelemente werden auf diesen Definitionskern die sechs elementaren Fragen nach dem Wer, Warum, Was, Wie, Wann und Wo gerichtet. Die ersten drei Fragen führen zu den Kernelementen der wirtschaftspolitischen Struktur: Träger, Ziel und Mittel der Wirtschaftspolitik. Die Frage nach dem Wie zielt in zwei Richtungen. Die erste ist die allgemeine inhaltliche Ausgestaltung, die Art der wirtschaftspolitischen Handlung, Gegenstand dieser Frage. Die Antwort darauf - die Wirtschaftspolitik ist (soll) rational (sein) - bildet jedoch kein eigenständiges Strukturelement. Dagegen verweist sie auf die Notwendigkeit, die Verbindung der beiden Strukturelemente Ziel und Mittel als ein gesondertes Strukturelement, den Ziel-Mittel-Zusammenhang, anzusehen. Weiterhin führt die Rationalität in einer tieferen Betrachtung der theoretischen Begründung des Ziel-Mittel-Zusammenhangs zu dem Strukturelement der wissenschaftstheoretischen Begründung der Wirtschaftspolitik. Die zweite Richtung der Wie-Frage hebt auf die allgemeine Form der Wirtschaftspolitik ab. Ihre Beantwortung erschließt den Prozeß der Wirtschaftspolitik als Strukturelement, das gleichzusetzen ist mit der Gesamtheit der einzelnen Ablaufphasen der wirtschaftspolitischen Handlung. Die beiden letzten Fragen führen zu keinen neuen Strukturelementen. Die Frage nach dem Wann der wirtschaftspolitischen Handlung verweist auf die Kernstrukturelemente Ziel und Prozeß, die Frage nach dem Wo auf die Kernstrukturelemente Träger und Ziel der Wirtschaftspolitik. Insgesamt liegen somit sechs Elemente vor, die die Struktur der Wirtschaftspolitik bestimmen: Träger, Ziel, Mittel,

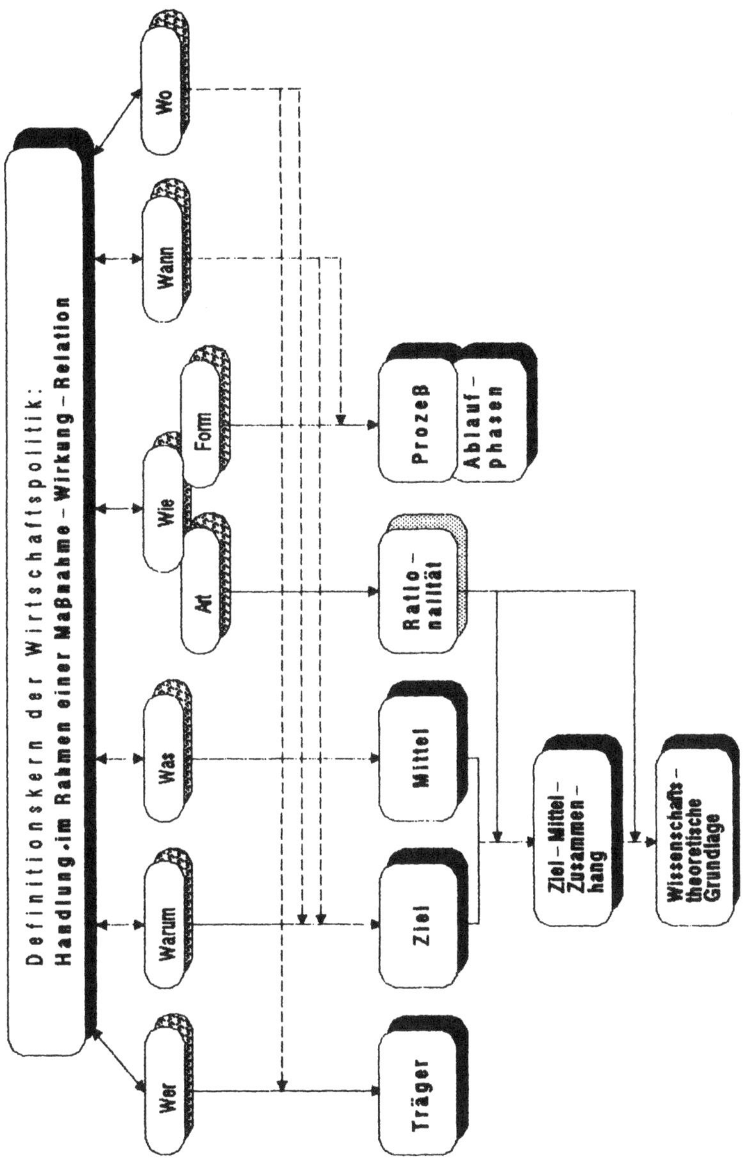

Fig. II-1: Strukturelemente der Wirtschaftspolitik

Ziel-Mittel-Zusammenhang, wissenschaftstheoretische Grundlage und Prozeß der Wirtschaftspolitik. Diese Strukturelemente gilt es im einzelnen zu charakterisieren und ihre Interdependenzen - das für die Klärung der Struktur notwendige Ordnungsgefüge zwischen ihnen - aufzuzeigen.

2. Wirtschaftspolitische Ziele und Mittel

Die Darstellung der wirtschaftspolitischen Ziele und Mittel und ihrer Bedeutung für die Struktur der Wirtschaftspolitik **orientiert sich** in erster Linie **an der Ermittlung der allgemeinen charakteristischen Eigenschaften dieser Elemente**, da die Analyse der wirtschaftspolitischen Grenzen und Möglichkeiten auf einer möglichst abstrakten Darstellung der wirtschaftspolitischen Struktur basieren soll. Die detaillierte Abhandlung konkreter Ziele und Mittel ist daher weniger der Gegenstand dieses Kapitels. Allerdings bietet die Betrachtung der konkreten wirtschaftspolitischen Ziele und Mittel eine Orientierung für die praktischen Realisationsmöglichkeiten der wirtschaftspolitischen Struktur, insbesondere für die spezifischen Umsetzung der im letzten Teil allgemein dargestellten wirtschaftspolitischen Möglichkeiten. Sie ist zudem eine notwendige Voraussetzung für die Untersuchung der charakteristischen Eigenschaften dieser Strukturelemente. Die Charakteristiken treten besonders deutlich hervor, wenn die historische Entwicklung der wirtschaftspolitischen Zielsetzungen und der Mitteleinsätze beachtet wird. Dieser Entwicklungsprozeß ist - und damit wird zwangsläufig einiges von der nachfolgenden Darstellung der wirtschaftspolitischen Grenzen und Möglichkeiten vorweggenommen - durch eine interaktive Beeinflussung der Ziele und Mittel aufgrund negativer Erfahrungen bei den Versuchen der praktischen Realisation gekennzeichnet.

Die wirtschaftspolitischen Handlungen sind generell geprägt durch die Intension, die Realisation der individuellen Wünsche und Bedürfnisse in ihrer gesamten Vielfalt zu ermöglichen. Diese Intension wirkt sich unmittelbar auf die Zielsetzung aus, betrifft aber auch die Mittelwahl - in direkter Form, wenn der Wunsch nach einem bestimmten Mitteleinsatz besteht, in indirekter Weise wegen der möglichen Nebenwirkungen der Mitteleinsätze. Dabei treten zwei grundsätzliche Probleme auf. Zum einen müssen die individuellen Wünsche und Bedürfnisse erkennbar, zum anderen auf einen gemeinsamen Nenner gebracht werden. Beide Probleme beinhalten Aspekte, die das Strukturelement des wirtschaftspolitischen Trägers und das des wirtschaftspolitischen Prozesses betreffen. Die Erkennung der auf individueller Basis entstehenden Wünsche und Bedürfnisse bedingt, daß die Individuen diese in irgendeiner Weise artikulieren. Die Bildung eines gemeinsamen

Nenners der individuellen Wünsche und Bedürfnisse erfordert ein gesellschaftliches Aggregationsverfahren. Diese Aspekte werden bei der Charakterisierung der Strukturelemente Träger und Prozeß der Wirtschaftspolitik behandelt. In ihrer Interdependenz führen die beiden Probleme dagegen direkt zu charakteristischen Eigenschaften der wirtschaftspolitischen Zielwerte.

Im Ergebnis der gesellschaftlichen Aggregation individueller Wünsche und Bedürfnisse liegt ein Zielaggregat vor, das sich zunächst dadurch charakterisieren läßt, daß es durch das Aggregationsproblem belastet ist. Je komplexer die Varianz der individuellen Wünsche ist und je konzentrierter das Aggregat gebildet wird, um so unschärfer oder minimaler ist das Aggregationsergebnis. Die Eigenschaft der Unschärfe oder der Minimalität resultiert aus der Zielsetzung des Aggregationsverfahrens, entweder sämtliche individuellen Wünsche in ihrem gemeinsamen allgemein-inhaltlichen Bestandteil zu erfassen, so daß zwar alle individuellen Einzelwünsche berücksichtigt, aber nur in ihrer grundsätzlichen Charakteristik verarbeitet sind, oder die Schnittmenge der konkreten individuellen Wunschkataloge zu bilden, so daß nur ein Teil der individuellen Wünsche abgedeckt ist. Dem Aggregationsproblem steht das Disaggregationsproblem gegenüber. Je zahlreicher und disaggregierter die Zielsetzungen gegeben sind, ums so umfangreichere und differenziertere Mitteleinsätze sind erforderlich. Mit der Diversifikation der Wunschaggregate geht daher die Notwendigkeit einher, den Katalog der wirtschaftspolitischen Mittel auszuweiten. Die Möglichkeit einer Aggregation der Mitteleinsätze ist nicht generell gegeben, auch wenn bestimmte Mitteleinsätze auf mehrere Zielaggregate einwirken können. Lediglich eine Klassifizierung ist möglich, wobei gelegentlich eine bestimmte Klasse von Mitteln mit bestimmten Zielaggregaten in Zusammenhang gebracht wird. Andererseits ist es möglich, daß bestimmte Mittel oder Mittelklassen auf mehrere Zielaggregate unterschiedlich einwirken. Dadurch wird das zweite Problem der Disaggregation sichtbar. Je disaggregierter die Zielsetzung ist, um so stärker ist die Gefahr der Zielkonflikte. Die Betrachtung konkreter gesellschaftlicher Aggregationen individueller Wünsche verdeutlicht die Gesamtproblematik der Aggregation.

Die Festlegung von wirtschaftspolitischen Zielen auf der gesellschaftlichen Ebene ist mit zunehmendem Aggregationsgrad im-

mer schwerer von der Bildung genereller gesellschafts-politischer Ziele zu trennen. Als oberstes Ziel der politischen Tätigkeit insgesamt kann ein Zustand angesehen werden, der mit dem Wort "Gemeinwohl" beschrieben werden kann.[1] Dieser Begriff ist jedoch verschwommen, da er aus mehreren Komponenten besteht, die sowohl allgemeine gesellschaftspolitische wie auch spezielle wirtschaftliche Aspekte darstellen. Die am häufigsten erwähnten gesellschaftspolitischen Bestandteile am Zustand "Gemeinwohl" sind die Komponenten Frieden, Freiheit, Sicherheit und Gerechtigkeit. Daneben werden als zusätzliche Grundziele der Gesellschaftsgestaltung Rationalität, Demokratie, subjektive Gleichheit, Fortschritt und angemessene Einbeziehung anderer Gesellschaften genannt.[2] Alle aufgeführten Teilaspekte des "Gemeinwohls" sind unscharf formuliert und damit interpretationsbedürftig. In ihren Präzisierungen führen sie einerseits zu Überschneidungen, andererseits zu Widersprüchlichkeiten. Sie können sich aus logischen Gründen gegenseitig und hierarchisch bedingen, aber auch durch politische Kräfte in eine subjektive hierarchische Wertordnung gebracht werden. In jedem Falle enthalten sie aber stets einen ökonomischen Aspekt, der sich in den wirtschaftlichen Nebenwirkungen oder den wirtschaftlichen Voraussetzungen der gesellschaftspolitischen Ziele zeigt.

In rein wirtschaftspolitischer Sicht wird das oberste Ziel des "Gemeinwohls" in der Regel mit dem Begriff des "volkswirtschaftlichen Wohlstands" verbunden.[3] In den Augen der klassischen Ökonomen war - wie die einleitende Erläuterung des Begriffs *Political Economy* verdeutlicht - der Volkswohlstand sogar das Synonym für den Begriff "Gemeinwohl". Gesellschaftspolitische Ziele sind allenfalls am Rande und nur implizit behandelt oder werden als grundsätzliche Voraussetzung für das Erlangen des Wohlstandsziels angesehen. Letzteres gilt insbesondere für die "institutionelle Ordnung der natürlichen Freiheit", die für Adam Smith von zentraler Bedeutung für die wohlstandserzielende

---

1 E. TUCHTFELD, Grundlagen der Wirtschaftspolitik, a.a.O., 376; E.S. KIRSCHEN u.a., International vergleichende Wirtschaftspolitik, a.a.O., 3.

2 R.A. DAHL - C.E. LINDBLOM, Sieben Grundziele der Gesellschaftsgestaltung, a.a.O., 211ff.

3 H. GIERSCH, Allgemeine Wirtschaftspolitik, a.a.O., 68ff.

Wirkung der *unvisible hand* ist[1] - eine Vorstellung, die sich auch in späteren wirtschaftspolitischen Werken, vor allem bei Walter Eucken und Friedrich August von Hayek, wiederfindet. Die anderen gesellschaftspolitischen Aspekte des wirtschaftspolitischen Wohlstandsziels - insbesondere die Komponenten Gerechtigkeit und Gleichheit - tauchen verstärkt mit dem Erscheinen postricardianischer Schriften, insbesondere mit den ökonomisch-politischen Vorstellungen von Karl Marx auf. Hier werden sie jedoch überwiegend als Sekundäreffekte angeshen, die bei der Verfolgung des Wohlstandsziels mit den klassischen Methoden entstehen. Eine wechselseitige Beachtung und Beeinflussung von rein gesellschaftspolitischen und rein wirtschaftspolitischen Zielvorstellungen mit konkurrierenden Beziehungen entsteht mit den Schriften von Vilfredo Pareto. Sie mündet - mit einer sprachlichen Abwandlung des Wohlstandsziels in ein Wohlfahrtsziel - in die Analyse einer "Wohlfahrtsökonomie", ohne jedoch den verschwommenen Charakter der wirtschaftspolitischen Zielvorstellung zu klären.

Der durch den hohen Aggregationsgrad bedingte unscharfe Charakter der gesellschafts- und wirtschaftspolitischen Ziele hat im Laufe der Entwicklung wirtschaftspolitischer Überlegungen **zu einer Disaggregation und Konkretisierung bestimmter Teilaspekte insbesondere des Ziels Volkswohlstand geführt.** In der modernen Literatur überwiegt die Annahme einer Vielzahl verschiedener wirtschaftspolitischer Ziele. Häufig wird zunächst eine Aufteilung in konjunkturelle oder stabilitätspolitische Ziele und in wachstums- oder strukturpolitische Ziele vorgenommen. Diese Zielkomplexe werden dann detailliert untergliedert und spezifiziert. Am meisten werden die Ziele Vollbeschäftigung, Währungsstabilität, Zahlungsbilanzausgleich sowie ein angemessenes Wirtschaftswachstum aufgeführt. Daneben bestehen als wirtschaftspolitische Zielvorstellungen: Rationaler Einsatz der Produktionsfaktoren, Befriedigung von Kollektivbedürfnissen, Änderung der Einkommens- und Vermögensverteilung, Protektionismus und Priorität bestimmter Wirtschaftszweige oder -gebiete, Änderung der privaten Konsumstruktur, Sicherstellung der Versorgung, Änderung der Bevölkerungsgröße oder -struktur, Arbeitszeitverkür-

[1] A. LOWE, Politische Ökonomik, a.a.O., 201ff.

zung.[1] Je nach Betrachtung kombinierter Zielvorstellungen wird von einem "magischen" Zieldreieck, Zielviereck oder Zielpolygon gesprochen,[2] um auf die interdependenten Beziehungen zwischen den einzelnen Zielvorstellungen hinzuweisen.

Auch hinsichtlich der wirtschaftspolitischen Mittel zur Erreichung der wirtschaftspolitischen Ziele **ist eine historische Entwicklung erkennbar**. Grundsätzlich ist festzustellen, daß sich mit der fortschreitenden Spezialisierung und Erweiterung des wirtschaftspolitischen Zielkatalogs auch der Umfang der verschiedenen wirtschaftspolitischen Mittel vergrößert hat. Für die Verfolgung der klassischen Zielsetzung der Wirtschaftspolitik reichten in der Vergangenheit allein außenhandels- und finanzpolitische Mittel aus, wobei die Finanzpolitik im klassischen Sinne auf ein Minimum beschränkt war.[3] Das heutige wirtschaftspolitische Instrumentarium ist dagegen um geld- und kreditpolitische sowie wechselkurspolitische Mittel erweitert. Hinzu kommen Methoden der direkten Beeinflussung und die Setzung institutioneller Rahmenbedingungen.[4] Der rein klassifikatorische Charakter dieser Aufzählung - neben der hier gewählten existieren noch andere Formen der Unterteilung - deutet an, daß sich hinter jedem der genannten Mittelkomplexe eine Vielzahl von Einzelinstrumenten verbirgt.

Eine **vollständige und detaillierte Aufzählung der wirtschaftspolitischen Mittel ist** aus zwei zusammenhängenden Gründen **nicht möglich**. Eine Ursache dafür ist die Tatsache, daß die wirtschaftspolitischen Mittel primär von der Zielangabe der Wirtschaftspolitik abhängig sind. Die Formulierung der wirtschaftspolitischen Ziele bewegt sich zwar in einem relativ überschaubaren Rahmen und läßt sich definitorisch festlegen, sie ist jedoch grundsätzlich in dem Sinne nicht vollständig und abgeschlossen, daß sich über die bereits bestehenden Zielspezifikationen hinaus weitere Spezialziele vorstellen lassen, für die

---

1 E.S.KIRSCHEN, International vergleichende Wirtschaftspolitik, a.a.O., 6ff.

2 TH.PÜTZ, Grundlagen der theoretischen Wirtschaftspolitik, a.a.O., 54.

3 A.SMITH, Der Wohlstand der Nationen, a.a.O., 4. u. 5. Buch.

4 E.S.KIRSCHEN, International vergleichende Wirtschaftspolitik, a.a.O., 19ff.

besondere Mittel zu suchen sind. Aber auch bei einem fest vorgegebenen Zielkatalog ist die Menge der einsetzbaren Mittel grundsätzlich offen, da bei einer konkreten Zielvorgabe der Mitteleinsatz zur Erreichung dieses Ziels in den seltensten Fällen eindeutig festliegt. Die Konkretisierung des Mitteleinsatzes erfordert die Angabe eines konkreten Ziel-Mittel-Zusammenhangs. Existieren darüber kontroverse Auffassungen, vermehrt sich entsprechend das Arsenal wirtschaftspolitischer Mittel. Da aber die Suche nach geeigneten Ziel-Mittel-Zusammenhängen nicht als abgeschlossen angesehen werden kann, ist die Bildung neuartiger Ziel-Mittel-Zusammenhänge jederzeit denkbar und die Konstruktion neuer Mitteleinsätze damit offen.

Für die Charakterisierung der wirtschaftspolitischen Ziele und Mittel als Strukturelemente der Wirtschaftspolitik **sind** weniger die inhaltlichen Klassifizierungsmöglichkeiten oder die Vollständigkeit der Aufzählung bedeutsam, sondern **bestimmte formale Eigenschaften ausschlaggebend**, die allerdings aus der Betrachtung der historischen Entwicklung wirtschaftspolitischer Ziel- und Mittelkataloge deutlich wird. Diese Eigenschaften betreffen die Ziel- und Mittelgrößen in gleicher Weise, so daß die folgenden Ausführungen für beide Strukturelemente zutreffen und allgemein von den wirtschaftspolitischen Variablen gesprochen wird. Die Intension, die bei der Entwicklung wirtschaftspolitischer Ziele und Mittel und der zunehmenden Spezifikation der entsprechenden Definitionsgrößen festzustellen ist, beruht auf dem Begehren, bessere Operationsmöglichkeiten zu erreichen. Wesentliches Charakteristikum der Strukturelemente Ziele und Mittel der Wirtschaftspolitik ist daher die Operationalisierbarkeit dieser beiden Größen.

Der Begriff Operationalisierbarkeit unterliegt selbst einer eigenständigen, insbesondere wissenschaftstheoretisch geführten Diskussion, auf die hier nicht eingegangen werden soll.[1] Statt dessen wird ohne Anspruch auf Allgemeingültigkeit folgende Festlegung getroffen. **Unter Operationalisierbarkeit ist allgemein die Möglichkeit zu verstehen, Größen,** denen eine eindeutige und widerspruchsfreie, verbale Definition zugrundeliegt, als Variab-

[1] Vgl.: G. BÖHME, Quantifizierung - Metrisierung, a.a.O.; B. ORTH, Einführung in die Theorie des Messens, a.a.O.

len **einer im weitesten Sinne mathematischen Operation zugänglich zu machen**. Durch diese Operation werden den verbalen Beschreibungen, die auf allgemeinen Beobachtungen realer Phänomene beruhen, empirisch belegte numerische Werte zugewiesen. Ist diese Möglichkeit gegeben, heißt die Größe operationalisierbar. Charakteristikum der wirtschaftspolitischen Strukturelemente Ziele und Mittel ist daher die Einordnung als operationalisierbare oder nichtoperationalisierbare Variable. Die Operationalisierbarkeit läßt sich dabei in zwei Abstufungen überprüfen: Quantifizierbarkeit und Metrisierbarkeit (Meßbarkeit) der Variablen.

Zur Feststellung der Eigenschaft der Operationalisierbarkeit einer wirtschaftspolitischen Variablen **ist zunächst die Einschätzung hinsichtlich der Quantifizierbarkeit vorzunehmen**. Unter quantifizierbar ist folgende Festlegung zu verstehen: Eine wirtschaftspolitische Variable heißt quantifizierbar, wenn zu der verbalen Definition entsprechende empirische belegte, numerische Werte existieren. Liegt eine eindeutige und widerspruchsfreie Definition eines real existierenden Phänomens vor, dann ist nach dieser Festlegung hinsichtlich der Quantifizierbarkeit zu prüfen und zu beweisen, daß im Bereich der Realität numerische Werte existent sind, die dieser Definition zugewiesen werden können. Unbeachtet bleibt ihre empirische Erfassung in konkreten Zahlen. Ist eine Variable quantifizierbar, wird sie quantitative Variable genannt, besitzt sie diese Eigenschaft nicht, heißt sie nichtquantitativ. Häufig werden die nichtquantitativen Variablen auch als qualitative Größe bezeichnet und in der speziellen Anwendung auf die Zielvariablen der Wirtschaftspolitik von qualitativen Zielen gesprochen. Dies kann jedoch - insbesondere über die daraus entwickelte Unterscheidung zwischen quantitativer und qualitativer Wirtschaftspolitik - zu Mißverständnissen hinsichtlich der Operationalisierbarkeit der wirtschaftspolitischen Variablen führen. "Qualitative" Ziele, wie die Freiheit oder die Gerechtigkeit, können in einer entsprechend formulierten definitorischen Abgrenzung, z.B. Anzahl der Gesetzesparagraphen oder Verwaltungsvorschriften, durchaus die Eigenschaft einer quantitativen Variablen besitzen, während "quantitative" Ziele, wie das Einkommen oder das Preisniveau, sich als nichtquantifizierbar und daher als nichtquantitative Variablen herausstellen können. Entscheidend für die Charakterisierung einer wirtschaftspolitischen Variablen als quantitativ oder nichtquantitativ ist ihre spezifische Definition.

Von der Eigenschaft der Quantifizierbarkeit zwar abhängig, aber inhaltlich scharf **zu trennen ist die Eigenschaft der Meßbarkeit einer wirtschaftspolitischen Variablen**. Sie unterliegt folgender Festlegung: Eine wirtschaftspolitische Variable ist meßbar, wenn sie eine quantitative Variable ist, deren empirisch belegten numerischen Werte feststellbar sind. Die Eigenschaft der Quantifizierbarkeit ist somit eine notwendige Voraussetzung, aber noch keine hinreichende Bedingung für die Metrisierbarkeit. Die numerischen Werte müssen nicht nur existent, sondern auch tatsächlich feststellbar sein.[1] Hinsichtlich des Kriteriums der Feststellbarkeit liegen drei Forderungen vor: Objektivität, Reliabilität und Validität.[2] Objektivität liegt vor, wenn die Feststellung der numerischen Werte intersubjektiv zu den gleichen Ergebnissen führt, d.h. zwei beliebige Personen bei separat durchgeführten Messungen zu den gleichen Meßwerten gelangen. Die Reliabilität der Messung bedeutet, daß bei einer wiederholten Messung unter den gleichen Bedingungen stets dasselbe Resultat erzielt wird. Die Validität der Messung stellt sicher, daß der festgestellte Wert auch tatsächlich den nach der Definition zu messenden Wert repräsentiert. Im Gegensatz zu der Eigenschaft der Quantifizierbarkeit ist die Eigenschaft der Meßbarkeit nicht nur durch die definitorische Festlegung der Variablen, sondern auch durch empirische Besonderheiten bestimmt. Eine quantitative Variable, wie z.B. das monetäre Nominaleinkommen der Bevölkerung eines Staates, ist nur dann meßbar, wenn die Messung durchführbar ist. Beruht die Messung beispielsweise auf freiwilligen Angaben, können einzelne Verweigerungen bewirken, daß die quantitative Variable als nichtmeßbar zu charakterisieren ist.

Ein weiteres Charakteristikum der metrisierbaren Variablen ergibt sich aus der Unterscheidung ihrer numerischen Werte nach der Art der Skalierung. Dabei sind zunächst zwei Grundsysteme zu unterscheiden: Ordinalskalierung und Kardinalskalierung. Häufig wird als drittes Grundsystem noch die Nominalskalierung herangezogen. Sie hat jedoch einen rein definitorischen Charakter, der zudem die Eigenschaft der Metrisierbarkeit unbeachtet läßt. Eine Ordinalskalierung liegt vor, wenn die numerischen Werte einer

1 G. BÖHME, Quantifizierung - Metrisierung, a.a.O., 216.

2 R. HUJER - R. CREMER, Methoden der empirischen Wirtschaftsforschung, a.a.O., 19.

wirtschaftspolitischen Variablen aus Ordinalzahlen bestehen, die eine Rangordnung wiedergeben. Den empirischen Realisationen Z_1, Z_2, Z_3, Z_4, u.s.w. werden als Meßwerte die natürlichen Zahlen 1, 2, 3, 4, u.s.w. zugewiesen (z.B. $Z_1\{=3\}$, $Z_2\{=4\}$, $Z_3\{=2\}$, $Z_4\{=1\}$), so daß bei zwei verschiedenen Werten Z_1 und Z_2 durch die Ordinalskalierung festgelegt ist, welcher der Werte der größere und welcher der kleinere ist (z.B. $Z_1\{=3\} < Z_2\{=4\}$). Der absolute Wert - sofern er existiert - ist unbekannt. Ebenso ist der Abstand zwischen zwei aufeinander folgenden Werten nicht unterscheidbar, sondern stets dieselbe Einheit (z.B. $Z_2\{=4\} - Z_1\{=3\} = 1$, $Z_1\{=3\} - Z_3\{=2\} = 1$). Häufigste wirtschaftspolitische Verwendung der Ordinalskalierung ist die Aufstellung von Präferenzordnungen, um beispielsweise unterschiedlichen wirtschaftspolitischen Zielen einen Bedeutungswert zuzumessen.

Bei der am meisten verwendeten **Kardinalskalierung**, die den empirischen Realisationen reale Zahlen als numerische Werte zuordnet, **sind zwei Skalierungsstufen zu unterscheiden**: Intervallskalierung und Rationalskalierung. Bei der Intervallskalierung sind die Abstände zwischen den numerischen Werten exakt differenziert (z.B. $Z_1 - Z_2 = -2{,}4$; $Z_2 - Z_3 = 4{,}4$; $Z_3 - Z_4 = 2{,}35$). Die absoluten Beträge sind dagegen offen bzw. enthalten eine unbekannte additive Konstante. Die Angabe von absoluten numerischen Werten bei einer intervallskalierten Messung (z.B. $Z_1\{=100\}$, $Z_2\{=102{,}4\}$, $Z_3\{=98\}$, $Z_4\{=95{,}65\}$) bedeutet daher eine willkürliche und unverbindliche Festlegung dieser Konstanten. Da bei jeder beliebigen Festlegung der Additionskonstanten die numerischen Werte stets in der gleichen Reihenfolge aufsteigend sortiert werden, kann eine intervallskalierte Messung immer in eine ordinalskalierte Messung transformiert werden. Ein typisches Beispiel für eine intervallskalierte Messung einer wirtschaftspolitischen Variablen ist die Bestimmung eines Preisindexes. Bei einer Rationalskalierung sind den empirischen Realisationen rationale Zahlen als numerische Werte zugewiesen, die absolut eindeutig festgelegt sind (z.B. $Z_1\{=7{,}35\}$, $Z_2\{=9{,}75\}$, $Z_3\{=5{,}35\}$, $Z_4\{=3\}$). Aus ihnen ergibt sich unmittelbar sowohl eine eindeutige Bestimmung der Abstände, als auch eine aufsteigende Sortierung, so daß rationalskalierte Messungen in intervallskalierte und in ordinalskalierte Messungen transformierbar sind. Insgesamt gesehen lassen sich damit die verschiedenartigen Skalierungsarten in ein bestimmtes Beziehungssystem setzen, das einerseits durch den Informationsgehalt und andererseits durch die möglichen Transformationsrichtungen eine hierarchische Struktur der Skalierungen darstellt (*Tab. II-1*).

Skalierung	Informationsgehalt der Meßwerte			Transformations-möglichkeiten
	Reihe	Abstand	Niveau	
ordinale Skalierung	ja	nein	nein	keine
Intervall-skalierung	ja	ja	nein	ordinale Transformation
rationale Skalierung	ja	ja	ja	ordinale Transformation Intervalltransformation

Tab. II-1: Skalierung meßbarer Größen

Eine weitere charakteristische Eigenschaft der beiden Strukturelemente Ziel und Mittel der Wirtschaftspolitik ist der Repräsentationsgrad der wirtschaftspolitischen Variablen. Er erklärt sich aus der Besonderheit des hohen Informationsgehalts der Rationalskalierung, die das erstrebte Ziel bei der Operationalisierung wirtschaftspolitischer Ziele und Mittel darstellt. Die in der historischen Entwicklung der Wirtschaftspolitik dabei aufgetretenen Probleme haben dazu geführt, daß in einer Art *Feed back*-Beziehung die verbalen Definitionen der zu messenden Variablen den empirisch vorliegenden Meßproblemen angepaßt und entsprechend modifiziert werden. Statt der ursprünglich definierten Variablen durchlaufen Hilfsvariablen als Repräsentanten der eigentlich zu operationalisierenden Größe den Quantifizierungs- und Meßprozeß. Die Art der Repräsentation läßt sich in graduellen Abstufungen charakterisieren. Die höchste Form der Repräsentation ist durch die eigentlich gesuchte Variable selbst gegeben. Sie wird als vollständig identische Repräsentation bezeichnet. Liegt eine andere Form der Repräsentation vor, ist von einem Indikator der wirtschaftspolitischen Variablen zu sprechen, dessen Repräsentationsgrad in vier Abstufungen charakterisiert werden kann. Eine vollständig teilidentische Repräsentation ist gegeben, wenn der Indikator vollständiger Bestandteil der Variablen ist. Partiell identische oder partiell teilidentische Repräsentationen sind gegeben, wenn ein Teil des Indikators in der Variablen enthalten ist, wobei die Variable vollständig oder nur teilweise abgedeckt wird. Nichtidentisch ist die Repräsentation durch einen Indikator, der mit der Variablen überschneidungsfrei ist. Ein Beispiel für die unterschiedlichen Repräsentationsgrade läßt sich anhand von Indikatoren entwickeln, die die wirtschaftspolitische Variable Arbeitseinkommen der Bevölkerung repräsentieren sollen. Da sich z.B. das Schatteneinkommen nicht erfassen läßt, besteht keine Möglichkeit der vollständig identischen Repräsentation. Mit der Ermittlung des "offiziellen" Arbeitseinkommens liegt eine vollständig teilidentische Repräsentation vor. Eine partiell teilidentische Repräsentation stellt das Gesamteinkommen der Bevölkerung dar, das neben dem Arbeitseinkommen noch weitere Einkommenarten beinhaltet. Als nichtidentische Repräsentation wäre z.B. die Arbeitsproduktivität anzusehen.

Die Charakteristik der Strukturelemente Ziel und Mittel der Wirtschaftspolitik läßt sich zusammenfassend darstellen (vgl. *Fig. II-2*). Mit der Festlegung der Definition ist einerseits eine Charakteristik hinsichtlich der Operationalisierbarkeit gegeben, deren Ausprägung unterschiedliche Formen annehmen kann. Das erste Entscheidungskriterium ist die Quantifizierbarkeit, die die wirtschaftspolitische Variable als quantitative oder nichtquantitative Größe kennzeichnet. Bei den quantitativen Größen ist als nächstes Kriterium die Meßbarkeit festzustellen. Meßbare Variablen besitzen verschiedene Möglichkeiten der Skalierung. Ist keine Kardinalskalierung möglich, liegt eine ordinalskalierte wirtschaftspolitische Variable vor. Bei den kardinalskalierten Größen ist nach Intervallskalierung und Rationalskalierung zu unterscheiden. Die höchste Form der Operationalisierbarkeit ist bei den rationalskalierten, die niedrigste bei den nichtquantitativen wirtschaftspolitischen Variablen gegeben. Andererseits besteht eine Charakterisierung der wirtschaftspolitischen Variablen Ziele und Mittel bezüglich des Repräsentationsgrades der Definition. Der höchste Grad ist bei einer vollständig teilidentischen Repräsentation gegeben, der niedrigste bei einer nichtidentischen. Dazwischen liegen die vollständig teilidentischen, die partiell identischen und die partiell teilidentischen Repräsentationen.

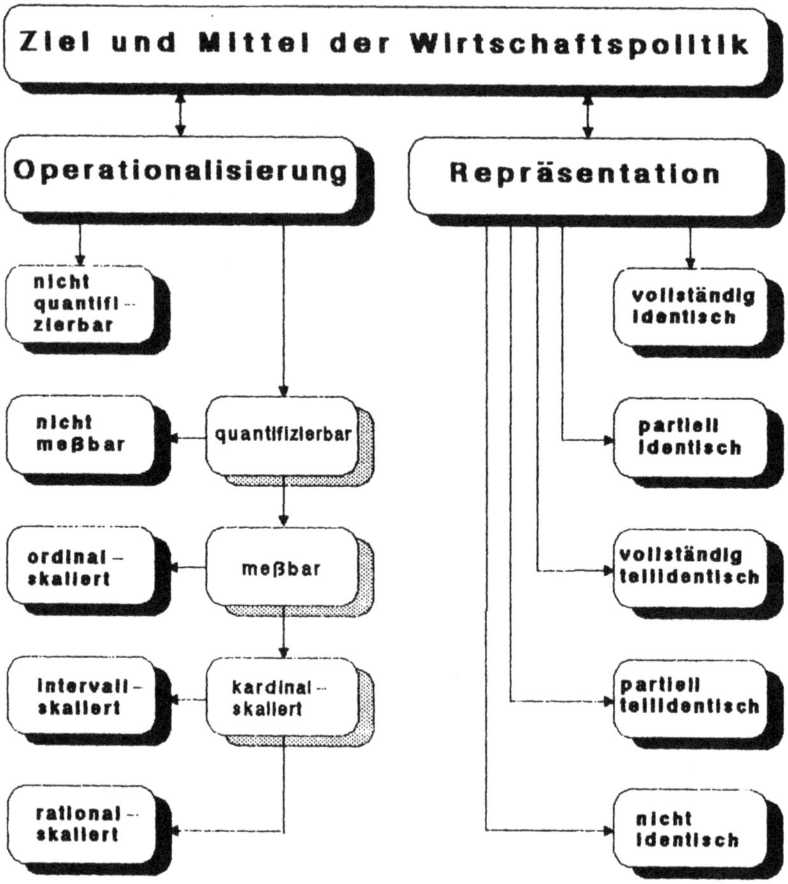

Fig. II-2: Charakteristik der wirtschaftspolitischen Strukturelemente Ziel und Mittel

3. Der wirtschaftspolitische Ziel-Mittel-Zusammenhang

Die Charakterisierung des wirtschaftspolitischen Strukturelements Ziel-Mittel-Zusammenhang basiert entsprechend der Herleitung und Abgrenzung dieses Elements **auf der Analyse der formellen Aspekte einer funktionalen Beziehung.** Die funktionale Beziehung stellt das formelle Ergebnis einer ökonomischen Theorie dar, deren elementaren Eigenschaften bei der Charakterisierung der wissenschaftstheoretischen Grundlagen separat beschrieben werden. Die charakteristischen Eigenschaften des Ziel-Mittel-Zusammenhangs beziehen sich daher allein auf die Frage, auf welcher Operationsweise der Ziel-Mittel-Zusammenhang beruht. Sie hängen somit stark mit der Charakteristik der wirtschaftspolitischen Variablen, der Strukturelemente Ziel und Mittel der Wirtschaftspolitik, hinsichtlich ihrer Operationalisierbarkeit zusammen. Die möglichen funktionalen Beziehungen zwischen den wirtschaftspolitischen Zielen und Mitteln werden als mathematische Operationen formuliert. Der Begriff Funktion, der sehr unterschiedlich interpretiert werden kann, ist dabei als Zuordnung von Mengen zu verstehen.[1] Einer bestimmten Menge von Werten der Zielvariablen wird eine bestimmte Menge von Werten der Mittelvariablen zugeordnet. Der überwiegenden Konvention folgend wird dabei die wirtschaftspolitische Zielvariable mit dem Buchstaben Y, bei mehreren Zielvariablen mit Y_1, Y_2, u.s.w. bis Y_n, bezeichnet und die Mittelvariable durch X, bzw. $X_1,\dots,X_m$, abgekürzt, wobei n und m natürliche Zahlen sind, die die Anzahl der betrachteten Ziel- und Mittelvariablen repräsentieren.

Die grundlegende Form zur Kennzeichnung eines Ziel-Mittel-Zusammenhangs ist die allgemeine Funktionsoperation. Mit ihr wird der Wertebereich einer Variablen dem einer anderen zugeordnet. Beispielsweise besagt

$$\text{(II-1)} \qquad Y = f(X) \quad \text{mit } X = e(W_X) \text{ und } Y = e(W_Y),$$

daß die Werte der Variablen X aus dem Wertebereich W_X über die Zuordnungsvorschrift f(X) den Werten der Variablen Y aus dem Wertebereich W_Y zugeordnet werden. Auf die wirtschaftspolitische

[1] B.-TH. RAMB, Funktionen (I), a.a.O., 485f.

Terminologie übertragen bedeutet dies, daß die Mittel X eine Wirkung f(X) auf die Ziele Y besitzen. Die Gleichung (II-1) bezeichnet einen Ziel-Mittel-Zusammenhang, der in seiner allgemeinen Formulierung gleichsam einen rein definitorischen Charakter besitzt. Er ist ähnlich wie die wirtschaftspolitischen Variablen selbst in seiner weiteren Operationalisierbarkeit zu analysieren, um zu weiteren charakteristischen Eigenschaften des Ziel-Mittel-Zusammenhangs zu gelangen.

Die nächste Charakterisierung des Ziel-Mittel-Zusammenhangs betrifft die Spezifikation der Funktionsoperation. Sie legt die mathematischen Operationen fest, auf denen die funktionale Zuordnung der Ziele und Mittel beruht. Auf der mathematisch-analytischen Ebene kann dies zunächst sehr allgemein erfolgen. Mit

(II-2) $Y = a \cdot X + b$

wird beispielsweise ein linearer Funktionszusammenhang zwischen der Mittelvariablen X und der Zielvariablen Y festgelegt, wobei die numerische Ausprägung der beiden Parameter a und b offen bleibt. Diese Stufe der Charakterisierung des Ziel-Mittel-Zusammenhangs kann mit der Quantifizierbarkeit der wirtschaftspolitischen Variablen verglichen werden. Die damit gegebene analytisch spezifizierte Funktionsoperation läßt sich beispielsweise für die Weiterentwicklung oder logische Überprüfung von Ziel-Mittel-Zusammenhängen verwenden, die eigentliche wirtschaftspolitische Anwendung erfordert jedoch die Präzisierung der analytischen Funktion durch die Ersetzung der Parameter a und b durch numerische Werte.

Die numerisch spezifizierte Funktionsoperation stellt die nächst höhere Form der Operationalisierbarkeit wirtschaftspolitischer Ziel-Mittel-Zusammenhänge dar. Sie enthält bis auf die allgemeinen Variablenbezeichnungen nur numerische Werte und mathematische Funktionsoperationen. Mit

(II-3) $Y = 0{,}5 \cdot X + 3{,}5$

ist beispielsweise ein numerisch spezifizierter linearer Funktionszusammenhang gegeben, mit der nach Auswahl eines numerischen Wertes für die Variable X (z.B. X=4) die Funktionsoperation in eine Bestimmungsgleichung für den numerischen Wert der

Variablen Y umgewandelt werden kann ($Y = 0{,}5 \cdot 4 + 3{,}5 = 5{,}5$). Die Möglich-keit, einen Ziel-Mittel-Zusammenhang numerisch zu spezifizieren, entspricht in ihrer Charakteristik der Metrisierbarkeit der wirtschaftspolitischen Variablen.

Um die numerisch spezifierte Funktionsoperation eines Ziel-Mittel-Zusammenhangs **in der wirtschaftspolitischen Praxis anzuwenden, ist die Umkehrbarkeit der Funktionsoperation eine notwendige Voraussetzung.** Dies erklärt sich aus der Logik des praktischen Ablaufs der Wirtschaftspolitik, nach der zunächst der Zielwert festzulegen und dann der entsprechende Mittelwert zu bestimmen ist. Mathematisch gesehen ist dazu die Bildung der Umkehrfunktion des Ziel-Mittel-Zusammenhangs erforderlich:

(II-4) $X = f^{-1}(Y)$

Mit der Festlegung eines bestimmten Zielwertes von Y ist dann eine Bestimmungsgleichung gegeben, die die Berechnung des entsprechenden Wertes der Mittelvariablen ermöglicht. Beispielsweise ist nach der Umkehrung der numerisch spezifizierten Funktionsoperation (II-3) mit $X = 2 \cdot Y - 7$ die Möglichkeit gegeben, nach der Festlegung des Zielwertes (z.B. $Y=6$) den Mitteleinsatz zu berechnen ($X = 2 \cdot 6 - 7 = 5$).

Eine weitere Charakterisierung des Ziel-Mittel-Zusammenhangs ist durch die Anzahl der Mittelvariablen gegeben. Der zuvor erfolgten Darstellung der Operationalisierungseigenschaften lag ein singulärer Ziel-Mittel-Zusammenhang zugrunde, bei dem den Werten der Zielvariablen die entsprechenden Werte einer Mittelvariablen zugeordnet sind. Wird dagegen dem Zielwert durch die Funktionsoperation eine Kombination von Werten mehrerer verschiedener Mittelvariablen zugeordnet, liegt ein multipler Ziel-Mittel-Zusammenhang vor. Mathematisch gesehen besteht die Funktionsoperation in diesem Fall aus einer Funktion mit mehreren Veränderlichen:

(II-6) $Y = f(X_1, X_2, \ldots, X_m)$

Grundsätzlich ist auch der multiple Ziel-Mittel-Zusammenhang durch den Grad der Operationalisierbarkeit charakterisiert. Es kommen jedoch noch einige zusätzliche Eigenschaften hinzu, die bei singulären Beziehungen nicht auftreten.

Eine charakteristische Eigenschaft des multiplen Ziel-Mittel-Zusammenhangs ist das Ausmaß der Unabhängigkeit der Mittelvariablen. Die Eigenschaft der Unabhängigkeit der Mittelvariablen besagt mathematisch gesehen, daß keine funktionalen Beziehungen zwischen diesen Variablen bestehen. Sind dagegen eine oder mehrere Abhängigkeiten der Form

(II-7) $X_i = f_i(\ldots, X_{i-1}, X_{i+1}, \ldots)$ für $1 \leq i \leq m$

existent, sind die Werte der Mittelvariablen voneinander abhängig. In diesem Fall wird auch von Nebenbedingungen des Ziel-Mittel-Zusammenhangs gesprochen, auf die noch besonders einzugehen ist. Üblicherweise werden die funktionalen Abhängigkeiten der Mittelvariablen in impliziter Funktionsform angegeben:

(II-8) $g_j(X_1, \ldots, X_m) = 0$ mit $j=1, \ldots, r$

Das zweite Charakteristikum der multiplen Ziel-Mittel-Zusammenhänge ist die Anzahl der Freiheitsgrade, die sich aus der praktischen wirtschaftspolitischen Anwendung der multiplen Ziel-Mittel-Zusammenhänge erklären lassen. Die Anwendung beruht auf der numerischen Spezifikation einer bestimmten Wertekombination $(X_1^*, \ldots, X_m^*)$ der m Mittelvariablen, die zu einem festgelegten Zielwert Y* führt:

(II-9) $Y^* = f(X_1^*, \ldots, X_m^*)$

Nach der Festlegung des Zielwertes Y* können m-1 Mittelvariablen willkürlich ausgewählt werden, für die ein numerischer Wert frei bestimmbar ist. Der numerische Wert der letzten Mittelvariablen wird aus der Umformung der multiplen Funktionsoperation in die entsprechende Bestimmungsgleichung gewonnen:

(II-10) $X_i^* = f_i^{-1}(\ldots, X_{i-1}^*, X_{i+1}^*, \ldots, Y^*)$ mit $1 \leq i \leq m$

Somit ist auch bei multiplen Ziel-Mittel-Zusammenhängen die Umkehrbarkeit der Funktionsoperation - mindestens nach einer Mittelvariablen - erforderlich. Die mathematische Anzahl der Freiheitsgrade beträgt bei einer Funktion mit m unabhängig veränderlichen Variablen genau m. Bei den wirtschaftspolitischen Ziel-Mittel-Zusammenhängen wird ein Freiheitsgrad für die Festlegung des Zielwertes verwendet. Wird die Anzahl der Freiheitsgrade des Ziel-Mittel-Zusammenhangs allein auf die Mittelwerte bezogen, bestehen bei m Mittelvariablen genau m-1 Freiheitsgrade.

Die Anzahl der Freiheitsgrade eines Ziel-Mittel-Zusammenhangs **wird zusätzlich durch das Ausmaß der Abhängigkeit zwischen den Mittelvariablen bestimmt**. Jede Nebenbedingung der Art (II-7) bzw. (II-8) kostet einen Freiheitsgrad bei der willkürlichen Festlegung der Mittelwerte. Sind bei einem Ziel-Mittel-Zusammenhang mit m Mittelvariablen r Nebenbedingungen gegeben, beträgt die Anzahl der Freiheitsgrade für die Mittelwahl:

(II-11) $f = m - r - 1$

Die freie Wählbarkeit der f numerischen Werte für eine beliebige Auswahl von f Mittelvariablen bedeutet, daß eine Vielzahl von verschiedenen Wertekombinationen der Mittelvariablen zu einem bestimmten Zielwert führen kann.

Neben der expliziten numerischen Vorgabe eines Zielwertes besteht auch die Möglichkeit, den Zielwert implizit festzulegen, indem der maximale oder minimale numerische Wert einer Zielvariablen als zu erzielender Wert bestimmt wird. In diesen Fällen liegt **die Aufgabe einer Extremwertbestimmung des Ziel-Mittel-Zusammenhangs** vor, die **als weiteres mögliches Charakteristikum** anzusehen ist. Gesucht ist dabei diejenige Wertekombination der Mittelvariablen, die zu einer extremen Ausprägung des Zielwertes führt. Häufig werden solche Aufgaben als Optimierungsaufgaben bezeichnet, für die eine Vielzahl von unterschiedlichen Lösungsansätzen besteht. Welcher Lösungsansatz anzuwenden ist, hängt einerseits von der Spezifikation der Funktionsoperation - insbesondere ist zwischen linearen und nichtlinearen Ziel-Mittel-Zusammenhängen zu unterscheiden - und andererseits von der Existenz und der Art der Restriktionen ab. Entsprechend existieren auch unterschiedliche Voraussetzungen, die die Funktionsoperationen notwendigerweise im Hinblick auf die Extremwertberechnung erfüllen müssen und die der speziellen Charakterisierung der Ziel-Mittel-Zusammenhänge dienen. Als wichtigstes Kriterium ist die Differenzierbarkeit zu erwähnen, die bei der Extremwertbestimmung nichtlinearer und stetiger Ziel-Mittel-Zusammenhänge gegeben sein muß. Die Optimierung wirtschaftspolitischer Ziel-Mittel-Zusammenhänge und die Herleitung entsprechender Lösungsverfahren und -bedingungen ist in vielen Darstellungen der Wirtschaftspolitik das zentrale Thema. Für die Erörterung der wirtschaftspolitischen Grundlagen und die Struktureigenschaft des Ziel-Mittel-Zusammenhangs ist jedoch allein die Spezifikation der Funktionsoperation und die Existenz von Restriktionen bedeutsam.

Die Restriktionen des Ziel-Mittel-Zusammenhangs, die nicht nur bei Extremwertbestimmungen der Zielvariablen, sondern auch bei der Verfolgung expliziter Zielangaben zu beachten sind, **bilden eine besondere Eigenschaft dieses Strukturelements**. Restriktionen können einerseits als spezielle Einschränkungen der numerischen Wertebereiche der Ziel- und Mittelvariablen auftreten, andererseits in Form der bereits behandelten Nebenbedingungen vorliegen. Mathematisch gesehen bedeuten diese Restriktionen allein eine Einschränkung des - sich allein auf die unabhängigen Variablen beziehenden - Definitionsbereichs der Funktionsoperation, da sich Einschränkungen des Wertebereichs der abhängig veränderlichen Variablen in Beschränkungen des Wertebereichs der unabhängig veränderlichen Variablen umrechnen lassen. Beschränkungen in den Zielwerten bedeuten daher Beschränkungen in den Werten der Mittelvariablen. Die Art der Mittelrestriktion kann sehr vielfältig sein. Die häufigsten und wirtschaftpolitisch relevantesten Beschränkungen lassen sich jedoch mathematisch charakterisieren. Es sind die Beschränkungen auf einzelne Punkte, auf einzelne Kurven oder auf einzelne Flächen des gesamten Definitionsbereichs. Bei einer punktuellen Beschränkung sind nur diskrete numerische Werte der Mittelvariablen zugelassen, beispielsweise nur ganzzahlige Werte. Eine Kurvenbeschränkung läßt sich durch eine bestimmte operationale Verbindungsgleichung der Mittelvariablen darstellen (vgl. II-8), eine Flächenbeschränkung durch eine Ungleichung:

$$\text{(II-12)} \qquad g(X_1,\ldots,X_m) \leq 0$$

Mehrere Kurvenrestriktionen können bei der Bildung von Schnittpunkten zu punktuellen Restriktionen führen, mehrere Flächenbeschränkungen zu restriktiven Schnittkurven. Je mehr Restriktionen eines Ziel-Mittel-Zusammenhangs vorliegen, um so kleiner wird der Definitionsbereich der Mittelvariablen.

Da häufig mehrere wirtschaftspolitische Ziele gleichzeitig angestrebt werden, ist **die Charakteristik der simultanen Anwendung mehrerer Ziel-Mittel-Zusammenhänge als spezielle Eigenschaft dieses Strukturelements** anzusehen. Die simultane Zielverfolgung erfordert die gleichzeitige Behandlung mehrerer Funktionsoperationen, beispielsweise bei n Zielen $(Y_1,\dots,Y_n)$ die n Funktionen:

$$(II\text{-}13) \qquad Y_j = f_j(X_1,\dots,X_m) \quad \text{mit } j=1,\dots,n$$

Eine oder mehrere Mittelvariablen müssen nicht notwendigerweise auf mehrere Zielvariablen einwirken. Steht fest, daß jedes Mittel allein auf eine Zielvariable einwirkt, ist die simultane Zielverfolgung genauso zu behandeln, wie die separate Verfolgung der einzelnen Ziele. Im folgenden wird daher unterstellt, daß die Mittelvariablen sämtlicher Zielfunktionen nicht überschneidungsfrei sind, d.h. mindestens eine Mittelvariable auf mindestens zwei Ziele gleichzeitig einwirken kann. Liegen für sämtliche Ziele numerische Festlegungen $(Y_1^*,\dots,Y_n^*)$ vor, sind diejenigen Kombinationen von Mitteleinsätzen zu suchen, die gleichzeitig zu sämtlichen Zielwerten führen - mathematisch gesprochen das Gleichungssystem

$$(II\text{-}14) \qquad Y_j^* = f_j(X_1^*,\dots,X_m^*) \quad \text{mit } j=1,\dots,n$$

zu lösen. Eine simultane Extremwertbestimmung von zwei oder mehr Zielvariablen ist nicht möglich. Einer der Zielwerte kann jedoch maximiert oder minimiert werden, wenn für das Gleichungssystem der restlichen Zielwerte mindestens eine Lösungskombination existiert. Diese Lösungskombinationen bilden dann den beschränkten Definitionsbereich für die Extremwertbestimmung der verbleibenden Zielvariablen.

Auch für Systeme von Ziel-Mittel-Zusammenhängen ist die Eigenschaft der Restriktionen zu charakterisieren. Zum ersten kann ein fester Zusammenhang zwischen den Zielvariablen vorliegen:

$$(II\text{-}15) \qquad h(Y_1,\dots,Y_n) = 0$$

In der Wirtschaftspolitik wird dieser Sachverhalt als Zielkonflikt bezeichnet. Er verhindert die autonome Vorgabe sämtlicher n Zielwerte. Mit der Festlegung von n-1 Zielwerten verändert sich die Funktionsoperation (II-15) in eine Bestimmungsgleichung für den letzten Zielwert. Ähnlich wie die Mittelrestriktionen (II-8) stellt auch die Zielrestriktion eine Einschränkung des Definitionsbereichs der Mittelvariablen dar. Sie verringert zum zweiten die Anzahl der Freiheitsgrade bei der autonomen Festlegung der Ziel- und Mittelwerte. Sind bei einem Zielsystem von n Ziel-Mittel-Zusammenhängen mit insgesamt m verschiedenen Mittelvariablen neben den r Restriktionen des Mitteleinsatzes noch s Zielrestriktionen gegeben, beträgt die Anzahl der frei festlegbaren Mittelvariablen - in Erweiterung von (II-11):

(II-16) $f = m - r - s - n$

Ein weiteres Charakteristikum des Ziel-Mittel-Zusammenhangs liegt bei Funktionsoperationen mit Zeitparametern vor. Bisher wurde eine zeitlich unmittelbare Wirkung der Mitteleinsätze formuliert. In diesen Fällen wird von einem statischen Ziel-Mittel-Zusammenhang gesprochen. Häufig werden in den theoretischen Erklärungsansätzen der wirtschaftspolitischen Ziel-Mittel-Zusammenhänge nach dem Ursache-Wirkung-Prinzip Reaktionszeiten zwischen den Mitteleinsätzen (Ursache) und den Zielergebnissen (Wirkung) unterstellt. Bei diesen - als dynamisch bezeichneten - Ziel-Mittel-Zusammenhängen ist eine zeitliche Parametrisierung der Ziel- und Mittelvariablen erforderlich, die als zur Zielvariablen relative Zeitindizes verdeutlicht werden:

(II-17) $Y_t = f(X_{t-d})$ mit $d > 0$

Die Zeitdifferenz d wird auch als Wirkungs-*lag* bezeichnet. Inwieweit grundsätzlich bei Ziel-Mittel-Zusammenhängen eine Wirkungsverzögerung angenommen werden muß (d>0) oder auch gleichzeitige Reaktionen (d=0) zulässig sind, ist nicht zuletzt eine Frage der wissenschaftstheoretischen Interpretation eines Kausalzusammenhangs und somit dort zu behandeln. An dieser Stelle sind vor allem die charakteristischen Besonderheiten herauszustellen, die sich bei dynamischen Ziel-Mittel-Zusammenhängen ergeben.

Eine Besonderheit dynamischer Ziel-Mittel-Zusammenhänge ist der Bezug zwischen Zielwertzeit und Mitteleinsatzzeit einerseits und aktueller Zeit andererseits. Die Festlegung eines Zielwertes (Y*) und Zielzeitpunktes (t*) führt nicht nur zur Aufgabe, einen entsprechenden Wert der Mittelvariablen zu finden, sondern birgt zusätzlich die zeitliche Restriktion, daß der Mitteleinsatz auch zum Zeitpunkt t*-d erfolgen muß. Liegt die aktuelle Zeit vor dem Zeitpunkt des Mitteleinsatzes, muß mit dem Mitteleinsatz gewartet werden, liegt der aktuelle Zeitpunkt zwischen der geplanten Zielwertzeit und der Mitteleinsatzzeit, kann der wirtschaftspolitische Ziel-Mittel-Zusammenhang nicht eingesetzt werden. Bei einem multiplen Ziel-Mittel-Zusammenhang mit unterschiedlichen Wirkungsverzögerungen der Mittelvariablen

(II-18) $Y_t = f(X_{1,t-d_1},...,X_{m,t-d_m})$ mit $d_i > 0$ für $i=1,..,m$

ist zu beachten, daß mit dem Fortschreiten der aktuellen Zeit die Anzahl der Freiheitsgrade für die willkürliche Festlegung der Mitteleinsätze immer geringer wird. Zu einem bestimmten Zeitpunkt $t-d_p$ vor der geplanten Eintrittszeit des Zielwertes müssen entweder die Mittelvariablen mit einer größeren Wirkungsverzögerung ($t-d_i < t-d_p$) bereits willkürlich numerisch festgelegt sein oder deren zufällige Vorgabe führt dazu, daß nur noch die Mittelvariablen mit einer kürzeren Reaktionszeit ($t-d_j > t-d_p$) bis auf eine gebundene frei bestimmbar sind. Ist dies nur noch eine Mittelvariable, bleibt keine Möglichkeit der freien Festlegung von Mitteleinsätzen mehr. Mathematisch ausgedrückt wirkt sich eine verspätete Planung des wirtschaftspolitischen Zieles zum Zeitpunkt $t-d_p$ durch zusätzliche Mittelrestriktionen aus, da für die zeitlich davor liegenden Mitteleinsätze numerische Konstanten vorgegeben sind:

(II-19) $X_{i,t-d_i} = X_i^*$ für alle X_i mit $d_i > d_p$

Eine weitere Variante dynamischer Ziel-Mittel-Zusammenhänge ist bei der Berücksichtigung zurückliegender Zielwerte gegeben. In diesen Fällen taucht in der Funktionsoperation neben den Mittelvariablen die Zielvariable mit unterschiedlichen Zeitverschiebungen auf:

(II-20) $Y_t = f(X_{1,t-d_1},...,X_{m,t-d_m},Y_{t-e_1},...,Y_{t-e_l})$

Auch hier liegt die charakteristische Besonderheit wieder in der Beziehung zwischen dem aktuellen Zeitpunkt und den Zeitpunkten der Zielfestlegung und der Ermittlung der Mitteleinsätze. Die zurückliegenden Zielwerte können, wenn sie nicht ohnehin bereits vorliegen, nicht frei eingesetzt werden, da sie selbst wiederum von zurückliegenden Zielwerten und Mitteleinsätzen abhängig sind, z.B.:

$$(II-21) \quad Y_{t-e_j} = f(X_{1,t-d_1-e_j},..,X_{m,t-d_m-e_j},Y_{t-e_1-e_j},..,Y_{t-e_l-e_j})$$

Für die Steuerung des Zielwertes Y_t ist entscheidend, daß zum aktuellen Planungszeitpunkt $t-d_p$ mindestens eine Mittelvariable mit einer Wirkungsverzögerung $d_i < d$ existiert. Die zu berücksichtigenden zurückliegenden Zielwerte gehen - soweit sie nicht mehr durch noch frei bestimmbare Mittelvariablen beeinflußt werden können - als Konstante ein. Sie wirken dadurch wie zusätzliche Restriktionen. Um die Menge der Lösungskombinationen zu erhöhen, ist eine entsprechende Vorverlegung des Zeitpunkts t-d erforderlich, zu dem die Festlegung des Zielwertes Y_t erfolgt.

Die Festlegung von mehreren Zielwerten in zeitlicher Folge erfordert eine Rekursion des Ziel-Mittel-Zusammenhangs. Dieses Problem ergibt sich auch, wenn nach dem Mitteleinsatz mit der kürzesten Reaktionszeit noch zurückliegende Zielwerte auf den eigentlichen Zielwert einwirken. Ein Beispiel verdeutlicht die Rekursionsnotwendigkeit am besten. Mit

$$(II-22) \quad Y_t = f(X_{1,t-3},X_{2,t-6},X_{3,t-7},Y_{t-1},Y_{t-3},Y_{t-4})$$

ist ein dynamischer Ziel-Mittel-Zusammenhang gegeben, der drei zurückliegende Zielwerte enthält. Die Zielwerte Y_{t-1} und Y_{t-3} wirken später oder zur gleichen Zeit wie die Mittelvariable mit der kürzesten Reaktionszeit X_1 auf den eigentlichen Zielwert Y_t ein. Sie sind durch den rekursiven Ansatz

$$(II-23) \quad \begin{aligned} Y_{t-1} &= f(X_{1,t-4},X_{2,t-7},X_{3,t-8},Y_{t-2},Y_{t-4},Y_{t-5}) \\ Y_{t-3} &= f(X_{1,t-6},X_{2,t-9},X_{3,t-10},Y_{t-4},Y_{t-6},Y_{t-7}) \end{aligned}$$

auf frühere Werte rückführbar. Die Rekursion von Y_{t-1} beinhaltet den Wert Y_{t-2}, der eine Zeitperiode später als Y_{t-3} auf Y_t einwirkt, so daß auch dieser Zielwert rekursiv aufgelöst werden muß:

$$(II-24) \quad Y_{t-2} = f(X_{1,t-5},X_{2,t-8},X_{3,t-9},Y_{t-3},Y_{t-5},Y_{t-6})$$

Nun läßt sich durch das Einsetzen der Rekursionsfunktionen in den Ziel-Mittel-Zusammenhang (II-22)

(II-25) $Y_t = f(X_{1,t-3}, X_{2,t-6}, X_{3,t-7}, f(X_{1,t-4}, X_{2,t-7}, X_{3,t-8}, f(X_{1,t-5}, X_{2,t-8}, X_{3,t-9}, f(X_{1,t-6}, X_{2,t-9}, X_{3,t-10}, Y_{t-4}, Y_{t-6}, Y_{t-7}), Y_{t-5}, Y_{t-6}), Y_{t-4}, Y_{t-5}), f(X_{1,t-6}, X_{2,t-9}, X_{3,t-10}, Y_{t-4}, Y_{t-6}, Y_{t-7}), Y_{t-4})$

und die Neuordnung der Variablen ein umformulierter Ziel-Mittel-Zusammenhang angeben:

(II-22*) $Y_t = h(X_{1,t-3}, X_{1,t-4}, X_{1,t-5}, X_{1,t-6}, X_{2,t-6}, X_{2,t-7}, X_{2,t-8}, X_{2,t-9}, X_{3,t-7}, X_{3,t-8}, X_{3,t-9}, X_{3,t-10}, Y_{t-4}, Y_{t-5}, Y_{t-6}, Y_{t-7})$

Zum Zeitpunkt t-4 liegen sämtliche Vergangenheitswerte der Zielvariablen vor, die auf Y_t einwirken. Bis zu diesem Zeitpunkt können auch die zurückliegenden Mitteleinsätze frei gewählt werden. Die endgültige Festlegung des Zielwertes Y_t wird dann durch die zu berechnende numerische Ausprägung der Mittelvariablen X_1 zum Zeitpunkt t-3 bestimmt. Soll dieser Wert jedoch frei wählbar sein und ein anderer - früher einsetzender - Mitteleinsatz als abhängiger Wert berechnet werden, ist der Planungszeitpunkt für Y_t vorzuverlegen.

Die Darstellung der unterschiedlichen Eigenschaften der Ziel-Mittel-Zusammenhänge, die sich noch weiter fortsetzen läßt, in ihren Grundmerkmalen jedoch bereits vollständig erfaßt ist - etwa durch die Unterscheidung verschiedener Funktionsoperationen wie lineare und nichtlineare oder deterministische und stochastische Zusammenhänge -, **kann hinsichtlich der Charakteristik des Ziel-Mittel-Zusammenhangs als Strukturelement der Wirtschaftspolitik nach zwei Aspekten zusammengefaßt werden**: Spezifizierbarkeit und Lösbarkeit (vgl. *Fig. II-3*). Beide Aspekte betreffen sowohl die Funktionsoperation des Ziel-Mittel-Zusammenhangs, als auch die in Funktionsoperationale zu fassenden Restriktionen, denen der Ziel-Mittel-Zusammenhang unterliegt. Im Ergebnis liegt eine abgestufte Charakterisierung des Ziel-Mittel-Zusammenhangs vor, dessen Restriktionen als impliziter Bestandteil anzusehen sind. Die Frage der Spezifizierbarkeit unterscheidet zunächst die generell nichtspezifizierbaren Ziel-Mittel-Zusammenhänge von den allgemein spezifizierbaren, um auch die Charakteristik eines nicht existierenden Ziel-Mittel-Zusam-

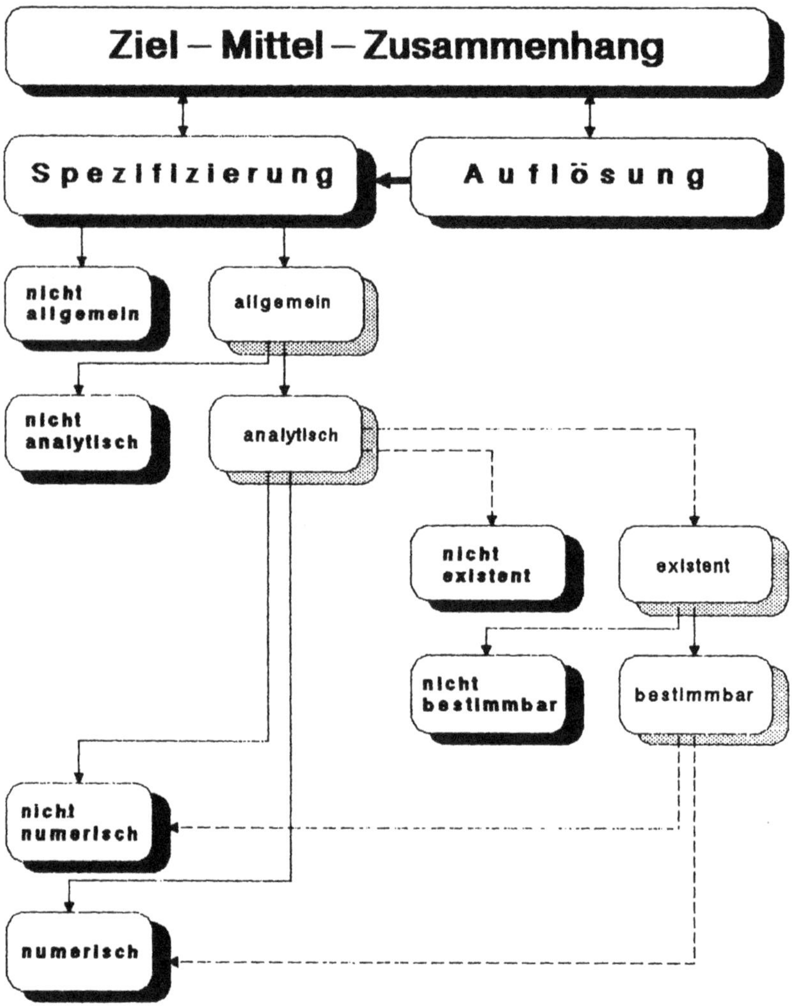

Fig. II-3: Charakteristik des Strukturelements Ziel-Mittel-Zusammenhang

menhangs zu erfassen. Die existierenden - und damit allgemein spezifizierbaren - Ziel-Mittel-Zusammenhänge sind nach der Existenz der analytischen Spezifizierbarkeit zu trennen. Ist diese gegeben, setzt das Charakteristikum der Lösbarkeit ein, das zunächst die Frage der Existenz einer Lösung beantwortet. Bei existierenden Lösungen ist weiterhin zwischen bestimmbaren und nichtbestimmbaren Lösungen zu unterscheiden. Die Fortsetzung der Spezifikationsstufen schließt an den Ziel-Mittel-Zusammenhängen an, deren Lösbarkeit als existent und bestimmbar eingestuft ist. Charakteristisches Unterscheidungsmerkmal ist die Existenz der numerischen Spezifizierbarkeit, die als höchste Stufe eines Ziel-Mittel-Zusammenhangs anzusehen ist. Insgesamt gesehen stellt die Spezifizierbarkeit und Lösbarkeit des Ziel-Mittel-Zusammenhangs und seiner Restriktionen eine Parallele zur Operationalisierbarkeit der wirtschaftspolitischen Strukturelemente Ziel und Mittel dar, für die eine ähnlich abgestufte Charakterisierung vorliegt.

Die spezielle Form des Ziel-Mittel-Zusammenhangs ist ein sekundäres Strukturmerkmal, das in seiner Bedeutung hinter der grundsätzlichen Charakterisierung der Spezifizierbarkeit und Lösbarkeit zurücksteht. Als Ergebnis eines spezifizierten Ziel-Mittel-Zusammenhangs kann eine singuläre oder multiple, sowie eine statische oder dynamische Funktionsoperation vorliegen, deren speziellen Eigenschaften explizit dargestellt sind. Als zusätzliche, hier nicht näher erläuterte spezielle Form des Ziel-Mittel-Zusammenhangs wären noch die stochastischen Zusammenhänge zu erwähnen, die sich von den aufgeführten deterministischen Ziel-Mittel-Zusammenhängen dadurch unterscheiden, daß die Funktionsoperationen zusätzlich mit bestimmten Verteilungsmerkmalen ausgestattete Zufallsvariablen enthalten. Die Restriktionen können sich auf die Ziel- oder Mittelvariablen in Form von Gleichungen oder Ungleichungen beziehen. Weiterhin können die Ziel-Mittel-Zusammenhänge und die Restriktionen nach ihrer speziellen mathematischen Form in lineare und nichtlineare, insbesondere exponentielle und polynominale, Funktionen unterschieden werden. Welche spezielle Form letztlich bei einem Ziel-Mittel-Zusammenhang vorliegt und inwieweit sie spezifizierbar und lösbar ist, hängt grundsätzlich von der ihr zugrundeliegenden Theorie und damit von der wissenschaftstheoretischen Grundlage ab, die als eigenständiges Strukturelement zu charakterisieren ist.

4. Die wissenschaftstheoretische Grundlage

Die richtige Bestimmung (Spezifikation) und der korrekte Einsatz (Lösung) eines Ziel-Mittel-Zusammenhangs setzen das Wissen über diese Zusammenhänge voraus. Dieses Wissen wird in Form von wirtschaftswissenschaftlichen Theorien geliefert, die sich neben ihren speziellen Eigenschaften hinsichtlich der Form des Ziel-Mittel-Zusammenhangs und dem Inhalt der dabei verwendeten wirtschaftspolitischen Variablen auch allgemein durch die Art und Weise auszeichnen, mit der das "Wissen" über diese Theorien begründet ist. **Die Charakterisierung der wissenschaftstheoretischen Grundlage der Wirtschaftspolitik basiert** daher **auf zwei Fragen**: Was ist eine ökonomische Theorie und auf welche Weise entsteht sie? Die erste Frage ist in ihrer generellen Form schwer zu beantworten, ohne auf die umfangreichen philosophischen Diskussionen zur Definition einer Theorie einzugehen. Da die Art der Theorie im Hinblick auf die wirtschaftspolitische Bedeutung einer ökonomischen Theorie zu charakterisieren ist, kann die erste Frage pragmatischer formuliert werden: Was soll die ökonomische Theorie im Hinblick auf einen wirtschaftspolitischen Einsatz leisten? Die problematische Definition des Theoriebegriffs wird dadurch auf den Aspekt der Aufgabe einer Theorie konzentriert und durch die wissenschaftstheoretische Behandlung des Erkenntnisziels einer Theorie substituiert. Die zweite Frage führt unmittelbar zur Charakterisierung der Methode, mit der das theoretische Wissen geschaffen wird. Ihre Beantwortung ergibt sich aus den methodologischen Betrachtungen der Wissenschaftstheorie.

Die Beantwortung der Frage nach dem Erkenntnisziel der ökonomischen Theorie kann aus der Darstellung von Teilproblemen der Wirtschaftspolitik entwickelt werden.[1] Zunächst muß die bisherige wirtschaftspolitische Entwicklung und der momentane Stand der Wirtschaft beschrieben und erklärt werden. Weiterhin muß vorausgesagt werden, wie sich die wirtschaftliche Lage weiterentwickelt, wenn keine Maßnahmen ergriffen werden bzw. die bisherige wirtschaftspolitische Tätigkeit beibehalten wird. Schließlich

---

1 O. MORGENSTERN, Die Grenzen der Wirtschaftspolitik, a.a.O., 1.
TH. PÜTZ, Grundlagen der theoretischen Wirtschaftspolitik, a.a.O., 15.

ist vorherzusagen, welche Wirkungen bestimmte Veränderungen bisheriger Maßnahmen bzw. bestimmte neue Maßnahmen haben werden. Diese Teilprobleme lassen sich auf vier elementare Aufgaben der Wirtschaftswissenschaft reduzieren: Beschreibung, Erklärung, Prognose und Lenkung (rsp. Steuerung, Beeinflussung) ökonomischer Phänomene.[1] Diese Aufgaben bilden gleichzeitig auch das gesamte Spektrum der wirtschaftswissenschaftlichen Erkenntnisziele. Inwieweit die ökonomischen Theorien sämtliche oder nur einzelne dieser Aufgaben zu lösen haben, ist dagegen nicht eindeutig festgelegt. Verbreitet ist die Auffassung, daß die Wirtschaftswissenschaft aufgrund der einzelnen Erkenntnisziele in unterschiedliche Wissensgebiete aufgeteilt werden kann. Das Erkenntnisziel der Beschreibung wird der Wirtschaftsgeschichte und der Wirtschaftskunde zugeordnet. Im Ergebnis liegen klassifikatorische oder definitorische Theorien vor. Das Erklärungsziel wird dem Gebiet der Wirtschaftstheorie generell zugewiesen. In ihm sollen nomologische oder - sinngemäß - erklärende Theorien entwickelt werden. Die beiden Erkenntnisziele Prognose und Lenkung werden explizit dem Gebiet der Wirtschaftspolitik zugeordnet, dessen Theorien als entscheidungs- oder dezisionsorientierte Theorien bezeichnet werden.[2] In dieser Sicht ist grundsätzlich die Möglichkeit gegeben, gemäß den einzelnen Erkenntniszielen verschiedenartige Theorien zu entwickeln.

Die Gesamtbetrachtung der wirtschaftswissenschaftlichen Erkenntnisziele Beschreibung, Erklärung, Prognose und Lenkung legt die Aufstellung einer Rangordnung nahe. Ihrzufolge können übergeordnete Erkenntnisziele erst dann angestrebt werden, wenn sämtliche untergeordneten erreicht sind. Das Erklärungsziel erfordert eine abgeschlossene Beschreibung der zu erklärenden wirtschaftlichen Variablen. Eine Prognose kann nur dann erfolgen, wenn eine gesicherte Erklärung der Prognosezusammenhänge vorliegt. Die Lenkung ist nur dann möglich, wenn Prognosen über die Wirkung der Lenkung gegeben sind.[3] Das Erkenntnisziel der Lenkung beinhaltet somit sämtliche anderen Erkenntnisziele, so daß die ökonomische Theorie, die diese Aufgabe leistet, als

---

[1] A. STOBBE, Gesamtwirtschaftliche Theorie, a.a.O., 2.

[2] R. JOCHIMSEN-H. KNOBEL, Zum Gegenstand und zur Methodik der Nationalökonomie, a.a.O., 45.

[3] R. HUJER-R. CREMER, Methoden der empirischen Wirtschaftsforschung, a.a.O., 15

höchste Stufe der Theorienbildung anzusehen wäre. In einer anderen, zur gleichen Rangordnung führenden Sicht basiert die Relation der Erkenntnisziele auf der Verwendung höherrangiger Erkenntnisse für die Kontrolle der Gültigkeit niederrangiger Erkenntnisse. Demnach kann eine Prognose nur dann als gültig und richtig angesehen werden, wenn sie auf der Grundlage von Theorien erzielt wird, die Lenkungscharakter besitzen, und eine Erklärung nur dann als wahr anerkannt werden, wenn sie sich in der Prognose bewährt hat.[1] Im Hinblick auf die Charakterisierung des Strukturelements der wissenschaftstheoretischen Grundlage ist eine Rangfolge bei den Erkenntniszielen - soweit der Aspekt der Theorienaufgabe betroffen ist - zunächst von untergeordneter Bedeutung. Wesentlicher ist die Betrachtung der einzelnen Erkenntnisziele und der auf ihnen aufbauenden ökonomischen Theorien hinsichtlich ihrer wirtschaftspolitischen Verwendbarkeit. Insbesondere ist zu untersuchen, inwieweit die Erfüllung bestimmter Erkenntnisziele eine notwendige Voraussetzung für die Wirtschaftspolitik darstellt.

Die Lenkung ökonomischer Größen ist das Erkenntnisziel, das dem Charakter der Wirtschaftspolitik am meisten entspricht. Leistet eine ökonomische Theorie diese Aufgabe, ist sie für die wirtschaftspolitische Anwendung grundsätzlich geeignet. Sie enthält einen oder mehrere Zusammenhänge zwischen exogenen und endogenen Variablen. Die exogenen, willkürlich veränderbaren Variablen übernehmen die Rolle der wirtschaftspolitischen Mittel, die endogenen, die durch die Festlegung der exogenen gesteuert werden, die der wirtschaftspolitischen Ziele. Andererseits benötigt der wirtschaftspolitische Ziel-Mittel-Zusammenhang eine theoretische Grundlage, die die Aufgabe der Lenkung ökonomischer Größen löst, d.h. zwischen den Zielen als endogene Variablen und den Mitteln als exogene und willkürlich veränderbare Variablen einen Lenkungszusammenhang herstellt. Die Erfüllung der Lenkungsaufgabe stellt somit eine notwendige und hinreichende Bedingung für die wirtschaftspolitische Verwendbarkeit einer ökonomischen Theorie dar.

---

[1] H. ALBERT, Theorie und Prognose in den Sozialwissenschaften, a.a.O., 126ff; M. FRIEDMAN, Essays in Positive Economics, a.a.O., 9; R. HUJER-R. CREMER, Methoden der empirischen Wirtschaftsforschung, a.a.O., 15.

Die Prognose ökonomischer Größen ist dann von Bedeutung, wenn dem wirtschaftspolitischen Ziel-Mittel-Zusammenhang eine dynamische Theorie zugrunde liegt. Allgemein bedeutet Prognose, daß zu einem gewissen Zeitpunkt t, der die Gegenwart darstellt, Aussagen über eine wirtschaftliche Größe Y zum zukünftigen Zeitpunkt t+d getroffen werden.[1] Diese Aussagen können auf sehr verschiedenen Wegen gewonnen werden. In grober Unterteilung kann die Aussage über die Zukunftswerte der wirtschaftlichen Größe Y_{t+d} entweder aus den bekannten gegenwärtigen und vergangenen Werten dieser Größe selbst ermittelt werden

$$(II\text{-}26) \qquad Y_{t+d} = f(Y_t, Y_{t-1}, Y_{t-2}, \ldots)$$

- in diesen Fällen wird von Projektionen oder Extrapolationen gesprochen - oder der Zukunftswert resultiert aus einer Relation zu bekannten Gegenwarts- und Vergangenheitswerten anderer Größen X_i:

$$(II\text{-}27) \qquad Y_{t+d} = f(X_{i,t}, X_{i,t-1}, X_{i,t-2}, \ldots)$$

Nur diese Art von Prognosen, die als gekoppelte Prognosen oder Modellprognosen bezeichnet werden, sind für die Zwecke der Wirtschaftspolitik bedeutsam - und nur dann, wenn die prognostizierte wirtschaftliche Größe der wirtschaftspolitischen Zielvariablen entspricht und die Prognosedeterminanten mindestens eine wirtschaftspolitische Mittelvariable enthalten. Andere Prognosetheorien sind wirtschaftspolitisch ungeeignet, da einerseits wirtschaftspolitische Zielgrößen, die nur aus ihren Vergangenheitswerten bestimmbar sind, nicht gelenkt werden können, andererseits eine Prognose wirtschaftspolitischer Mittel sowohl aus den eigenen Vergangenheitswerten wie auch aus der Kopplung mit anderen Variablen der Definition eines willkürlich einsetzbaren wirtschaftspolitischen Mittels widerspricht. Eine Ausnahme bilden jedoch die Mittel- und Zielrestriktionen, denen prognosefähige Theorien jeder Art zugrunde liegen können.

---

[1] W. FRERICHS - K. KÜBLER, Gesamtwirtschaftliche Prognoseverfahren, a.a.O.; K.W. ROTHSCHILD, Wirtschaftsprognose, a.a.O..

Die Prognosefähigkeit einer ökonomischen Theorie ist aus wirtschaftspolitischer Sicht als Nebeneffekt zu werten. Für die Wirtschaftspolitik ist allein von Bedeutung, daß damit ein Ziel-Mittel-Zusammenhang mit Wirkungsverzögerungen vorliegt. Nach der Festlegung und Durchführung der Mitteleinsätze kann der in der Zukunft liegende, geplante Zielwert "prognostiziert" werden. Die Wirkungsverzögerung ist jedoch keine notwendige Eigenschaft einer wirtschaftspolitisch verwendbaren Theorie. Auch nicht-prognosefähige Theorien können zu Lenkungszwecken verwendet werden, wenn sie diese Aufgabe erfüllen. Generell besitzt die Wirtschaftspolitik einen Prognosecharakter nur in dem Sinne, daß die Zielverfolgung und der Mitteleinsatz planerische Größen sind, die gegenwärtig noch nicht realisiert sind und deren Realisation für die Zukunft vorgesehen ist. Damit erhält jedoch der Prognosebegriff eine vollständig neue Bedeutung.

Das Erkenntnisziel der Erklärung ökonomischer Zusammenhänge, das im Rahmen der Wirtschaftstheorie als generelles Ziel bzw. als Endziel der wissenschaftlichen Tätigkeit angesehen wird,[1] **ist wirtschaftspolitisch nur dann von Bedeutung, wenn die Erklärung zu Lenkungszwecken verwendbar ist.** Dies ist nicht für alle erklärenden Theorien zwangsläufig gegeben. Häufig wird sogar bewußt von den Anwendungsaspekten einer Erklärungstheorie abstrahiert. Die Erklärungsfunktion einer Theorie bezieht sich allein auf ihre Charakterisierung als Theorie über einen entdeckten Kausalzusammenhang, der Ursache und Wirkung verbinden soll. Die Anwendungsidee der Erklärungstheorie basiert auf einer Extrapolation des Kausalzusammenhangs in die Zukunft. Bei einer gesicherten Erklärung des Ursache-Wirkung-Prinzips ist es möglich, die Erklärung nicht nur auf zurückliegende *ex post*-Größen zu beziehen, sondern auch mit Hilfe derselben Erklärungsvorschrift Prognosen über künftige Ursache-Wirkung-Relationen zu erstellen (*ex ante*-Analyse). Sind die Ursachenfaktoren willkürlich festsetzbar, lassen sich bei einer Erklärungstheorie die Ursachen so steuern, daß eine bestimmte Wirkung eintritt. Aus der Erklärungstheorie wird eine Lenkungstheorie. Jedoch kann nicht jeder Ursache-Wirkung-Zusammenhang in einen wirtschaftspolitisch verwendbaren Ziel-Mittel-Zusammenhang transformiert werden. Allein die kausalen Erklärungszusammenhänge, die will-

---

[1] K.R. POPPER, Die Zielsetzung der Erfahrungswissenschaft, a.a.O. 29.

kürlich beeinflußbare Mittelvariablen als Ursache und wirtschaftspolitisch relevante Zielvariablen als Wirkungen enthalten, sind für die Wirtschaftspolitik verwendbar.

Die Lösung der Erklärungsaufgabe bei wirtschaftspolitisch geeigneten Erklärungstheorien **stellt** zwar eine hinreichende, aber **keine notwendige Bedingung für die wirtschaftspolitische Verwendbarkeit ökonomischer Theorien dar**. Die erklärende Theorie liefert eine kausale Beziehung zwischen den Ziel- und Mittelvariablen, der Begriff der "kausalen Beziehung" ist jedoch unterschiedlich definierbar.[1] Wie auch immer definiert, für die wirtschaftspolitische Anwendung einer Theorie ist der Anspruch einer kausalen Erklärung des Ziel-Mittel-Zusammenhangs keine Bedingung, die unbedingt erforderlich ist. Der Grund dafür liegt darin, daß die Erklärbarkeit des Wirkungszusammenhangs zwischen den Zielen und Mitteln selbst von sekundärer Bedeutung ist, da allein das gesicherte Wissen um die Existenz eines Zusammenhangs entscheidend ist. Auch "nicht erklärbare" Zusammenhänge zwischen Zielen und Mitteln, deren kausale Verknüpfung nicht geklärt oder nicht erklärbar ist, können - wenn sie sicher funktionieren - wirtschaftspolitische Anwendung finden. Wirkungsvolle Wirtschaftspolitik kann somit auch, wenn Theorien nur Erklärungstheorien sein dürfen, "theorielos" sein.

Die Beschreibung ökonomischer Sachverhalte ist ein Erkenntnisziel, das häufig nur eine untergeordnete Beachtung in den wissenschaftlichen und wissenschaftstheoretischen Überlegungen findet, da die Lösung dieser Theorienaufgabe als grundsätzlich gegeben und stillschweigend vorausgesetzt wird. **Für die wirtschaftspolitische Anwendung einer ökonomischen Theorie ist das Erkenntnisziel der Beschreibung** jedoch von so **essentieller Bedeutung**, daß seine Gewährleistung eine zwingend notwendige Voraussetzung darstellt. Die Beschreibungsfunktion einer ökonomischen Theorie stellt insbesondere die Verbindung zu den strukturellen Merkmalen der wirtschaftspolitischen Ziele und Mittel und der Form des Ziel-Mittel-Zusammenhangs her, deren spezifische Gestalt überwiegend aus der Erreichung des Beschreibungsziels resultiert.

---

[1] G.H. VON WRIGHT, Erklären und Verstehen, a.a.O., 42-82; W.STEGMÜLLER, Wissenschaftliche Erklärung und Begründung, a.a.O., Kap. VII.

Die verschiedenen Erkenntnisziele einer ökonomischen Theorie ergeben insgesamt betrachtet keine eindeutige Charakterisierung der Struktur der theoretischen Grundlage der Wirtschaftspolitik (vgl. *Fig. II-4*). Von den vier möglichen Theorieaufgaben müssen lediglich zwei, die Beschreibung und die Lenkung, notwendigerweise durch die wirtschaftspolitisch verwendete Theorie gelöst sein. Ob das Vorliegen dieser beiden Erkenntnisziele auch hinreichend ist oder auch die anderen Erkenntnisziele Prognose und Erklärung erreicht sein müssen, hängt nicht zuletzt davon ab, ob die ökonomische Theorie hinsichtlich ihrer Verwendbarkeit für die Wirtschaftspolitik akzeptiert wird. Die Charakteristik der wissenschaftstheoretischen Grundlage der Wirtschaftspolitik ist daher nicht nur durch objektive Kriterien, sondern auch durch die subjektive Einschätzung des wirtschaftspolitischen Trägers bestimmt. Werden lediglich Theorien akzeptiert, die neben der Lenkungs- auch die Prognose- und/oder die Erklärungsaufgabe leisten, sind auch diese Erkenntnisziele zu den notwendigen Eigenschaften der theoretischen Struktur der Wirtschaftspolitik zu zählen. Andernfalls ist das Vermögen einer ökonomischen Theorie, Prognoseaufgaben zu leisten oder Erklärungsmuster zu liefern, nur von sekundärer Bedeutung, die hinter der Hauptaufgabe der wirtschaftspolitischen Theorie rangiert, Lenkungsmöglichkeiten zu liefern.

Die Akzeptanz einer ökonomischen Theorie als wirtschaftspolitisch verwendbare Theorie ist verbunden mit dem Problem der Gültigkeit. Nur solche ökonomischen Theorien werden wirtschaftspolitisch akzeptiert, die auch als gültig anerkannt werden. Die Gültigkeit wiederum ist abhängig von der Begründung der ökonomischen Theorie. Sie führt zum zweiten Problembereich der wissenschaftstheoretischen Grundlagen, auf welche Weise ökonomische Theorien gewonnen werden. Eine Verbindung zur Akzeptanz und deren Verknüpfung mit den Erkenntniszielen der Wirtschaftswissenschaft war bereits bei der Erörterung einer möglichen Rangfolge der Erkenntnisziele angesprochen, die auf der notwendigen Überprüfung höherer Erkenntnisziele zum Beweis der Gültigkeit der niedrigeren basiert. Die Gültigkeit dieser methodologisch bedingten Rangfolge ist jedoch nicht zwingend vorgegeben, sondern erfordert selbst eine Akzeptanz. Diese ist wiederum von der speziellen Beantwortung der methodologischen Frage abhängig. Zwischen Akzeptanz, Gültigkeit und methodologischer Begründung einer ökonomischen Theorie besteht daher ein enger Zusammenhang.

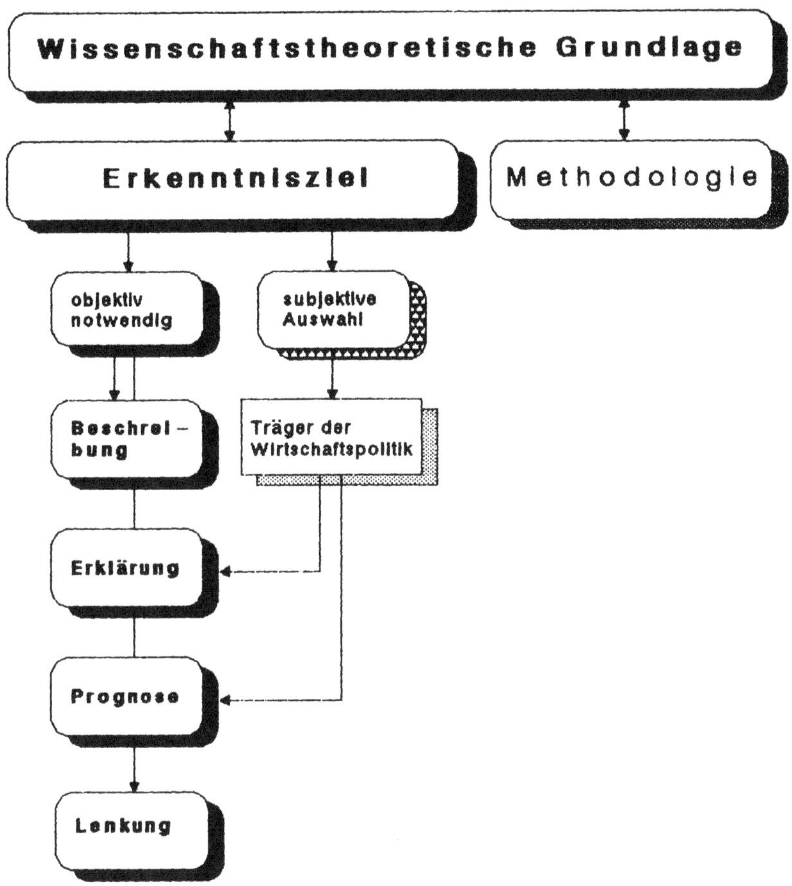

Fig. II-4: Erkenntnistheoretische Charakterisierung des Strukturelements wissenschaftstheoretische Grundlage der Wirtschaftspolitik.

Die methodologische Frage, auf welche Weise ökonomische Theorien gebildet werden, **ist in der Wissenschaftstheorie nicht eindeutig beantwortet**. Es gibt verschiedene sich widersprechende und überschneidende Methoden zur Gewinnung von Theorien. Teilweise beruhen sie auf unterschiedlichen Grundpositionen, teilweise haben sie sich aus der Kritik an älteren Methodologien fortschreitend entwickelt. Wegen der Vielfalt und der komplexen Verflechtung untereinander ist eine Klassifizierung der Methodologien gleichermaßen notwendig wie schwierig. Die hier gewählte Form der Unterteilung lehnt sich an zwei philosophisch begründeten Grundpositionen an: den Rationalismus und den Empirismus. Als dritte Grundposition wird gelegentlich der Pragmatismus genannt, der bei der hier gewählten Untergliederung in anderen Kategorien eingearbeitet ist.[1] Die Methodologien, die sich entweder für die rationalistische Grundposition oder für die empiristische entscheiden, werden als rationalistische bzw. empiristische Methodologien klassifiziert. Daneben existieren Methodologien, die sich nicht ausschließlich für eine dieser beiden Grundpositionen entscheiden, sondern beide gezielt zu vereinen suchen oder grundsätzlich eine Synthese unterschiedlicher Methodologien als eigenständige Methodologie anstreben. Diese Methodologien können als synthetische Methodologien bezeichnet werden. Zur Vervollständigung der Klassifikation von Methodologien ist die pluralistische Methodologie zu nennen, die insbesondere die Frage nach der philosophischen Grundposition bewußt unbeantwortet läßt.

Die rationalistische Methodologie stützt sich auf die Vernunft (*ratio*) **als Quelle der Erkenntnis**. Zu den bekanntesten Vertretern rationalistischer Grundpositionen zählen in der Antike Parmenides, Platon und teilweise Aristoteles, in späterer Zeit Descartes, Leibnitz und zum Teil Kant und in neuerer Zeit Boole, Frege, Peano, Church und zum Teil Russel. Rationalistische Theorien müssen widerspruchsfrei, präzise, berechenbar und beweisbar sein. Dementsprechend können sie nur durch logische Deduktion aus vorgegebenen Definitionen und Annahmen (Axiome) gebildet und nur durch den Nachweis des Verstoßes gegen eine der logischen Ableitungsregeln widerlegt werden.

[1] W. LEINFELLNER, Einführung in die Erkenntnis- und Wissenschaftstheorie, a.a.O., 17ff.

Die empiristische Methodologie reduziert alle theoretischen Aussagen auf empirisch erfaßbare Tatbestände. Empiristische Grundpositionen sind in der Antike bei den Sophisten, insb. bei Kratylos, und bei Epikur, in späterer Zeit bei den englischen Empiristen Locke und Hume, sowie Berkeley, und in neuerer Zeit bei Husserl, den Existentialisten (Sartre), den Positivisten (Comte und Mach) sowie den Anhängern des "Wiener Kreises" (Schlick und Neurath) zu finden. Empiristische Theorien werden auf induktivem Wege gewonnen, indem durch Schlußfolgerungen von Einzelbeobachtungen auf die Gesamtheit der Realität allgemeingültige Sätze gebildet werden. Diese Theoriesätze können, wenn sie objektiv überprüfbar sind, durch widersprechende Beobachtungen widerlegt werden. Bei subjektiven empiristischen Methodologien kann nur der Beobachter selbst widersprechen oder revidieren (Phänomenologie) oder die Gültigkeit der Beobachtungssätze nur durch eine historische Wandlung aufgehoben werden (Hermeneutik).

Die synthetische Methodologie strebt eine Vereinigung rationalistischer und empiristischer Grundsätze an. Diese Synthese kann im wesentlichen auf zwei Wegen erfolgen, über die klassische Methode der Dialektik (Hegel) oder auf der Grundlage des "kritischen Rationalismus" (Popper). Die dialektische Methode und der kritische Rationalismus beinhalten einen Entwicklungsprozeß bei der Theoriebildung. In der Dialektik wird eine theoretische Aussage (These) mit einer Gegenaussage (Antithese) konfrontiert. In der dialektischen Verarbeitung beider Thesen wird die ausschließliche Gültigkeit jeder einzelnen These verworfen und gemeinsame Elemente der beiden Theorien zu einer neuen Theorie (Synthese) vereint. Diese Synthese ist als neue These so lange gültig, bis sie mit einer neuen Antithese konfrontiert wird, worauf ein weiterer dialektischer Prozeß beginnt. Die von Hegel zur Reife entwickelte Dialektik basiert auf antiken Philosophien (insb. von Heraklit) und der dialektischen Vorgängermethode von Fichte.[1]

Die synthetische Methodologie des kritischen Rationalismus versucht, empirische und rationale Aspekte einer Theorie durch objektive Verfahrensvorschriften in Einklang zu bringen. Im

1 H.J.STÖRIG, Kleine Weltgeschichte der Philosophie, Bd. 2, a.a.O., 125f.

Gegensatz zur Dialektik, bei der auch die Verarbeitung von subjektiv begründeten Erkenntnissen (Thesen) möglich ist, beruht die kritisch-rationale Methodologie auf einer rein objektiven Betrachtungsweise. Ein weiterer Unterschied besteht in der Festlegung von Form und Inhalt der "dialektischen" Gegenüberstellung. Konfrontiert werden die rationalistische These - nun "Hypothese" genannt - und die empiristische "Antithese" - sprich: empirische Realität - über ein explizit angegebenes Prüfungsverfahren, d.h. die auf rationalistischem Wege erzeugten Hypothesen werden einer empirischen Überprüfung unterzogen. Das Ziel der Überprüfung kann entweder die Verifikation[1] oder die Falsifikation[2] der Hypothese sein. Bei der Methode der Verifikation wird versucht, die Hypothese durch die empirischen Belege zu unterstützen und damit die Theorie als wahr anzuerkennen. Dagegen wird bei der Falsifikationsmethode der Versuch unternommen, die Hypothese durch empirische Belege zu widerlegen. Solange dies nicht gelingt, kann die Hypothese als - vorläufig - gültige Theorie angesehen werden.

Die pluralistische Methodologie ist weniger eine konkrete Verfahrensvorschrift zur Theoriegewinnung, sondern mehr eine Metatheorie der Wissenschaftstheorie. Sie besteht im wesentlichen aus der Auffassung, daß jegliche Dominanz einer bestimmten Methodologie in der Wissenschaft abzulehnen und die ungehinderte Konkurrenz von Theorien, die auf den unterschiedlichsten Wegen gewonnen werden, zu propagieren und zu fördern ist. Als Begründer dieses methodologischen Konzepts ist Paul Feyerabend anzusehen. "Anything goes" oder "Mach, was du willst"[3] heißt seine methodologische Devise, die die wissenschaftliche Freiheit zur vollen Entfaltung bringen soll, ohne daß methodologische Fesseln restriktiv wirken. Die pluralistische Methodologie wird daher auch "anarchopluralistisch"[4] oder "anarchistisch" genannt. Feyerabend, von dem die letztere Bezeichnung stammt, hat wegen

---

1 E. GRUNBERG, Bemerkungen über die Verifizierbarkeit ökonomischer Gesetze, a.a.O., 203-19.

2 K.R. POPPER, Logik der Forschung, a.a.O., 46.

3 P. FEYERABEND, Wider den Methodenzwang, Skizze einer anarchistischen Erkenntnistheorie, a.a.O., 35.

4 K.-H. HARTWIG, Kritisch-rationale Methodologie und ökonomische Forschungspraxis, a.a.O., 144ff.

der Wertgeladenheit und der **häufigen** mißbräuchlichen Verwendung des Begriffs "anarchistisch" später diese Methodologie auch in Anlehnung an die surrealistische Kunstform des Dadaismus als "dadaistisch" bezeichnet. Obwohl die pluralistische Methodologie als Metamethodologie alle anderen genannten Methodologiearten beinhaltet, ist sie wegen ihrer Konkurrenzsituation zu den anderen, auf ihre ausschließliche Gültigkeit beharrenden Methodologien als eigenständige Kategorie anzusehen.

Ingesamt liegt - ähnlich wie bei der erkenntnistheoretischen Charakterisierung - **für die methodologische Charakterisierung der wissenschaftstheoretischen Grundlage der Wirtschaftspolitik keine eindeutige Fixierung vor**. Grundsätzlich erfordert die wirtschaftspolitische Anwendung einer ökonomischen Theorie keine bestimmte Methodologische Konzeption zur Gewinnung der theoretischen Grundlage. Unter den aufgeführten Methodologien kann jede zur Bildung wirtschaftspolitisch verwendbarer Theorien benutzt werden. Die Entscheidung, welches der vier methodologischen Basiskonzepte für die theoretische Grundlage der Wirtschaftspolitik ausgewählt wird, hängt wie alle Entscheidungsfragen von der subjektiven Auswahl durch den Träger der Wirtschaftspolitik ab (vgl. *Fig. II-5*). Da die vorgestellte Unterteilung der Methodologien vollständig und abgeschlossen ist, kann andererseits auch jeder praktizierten Wirtschaftspolitik aufgrund der theoretischen Basis des dabei verwendeten Ziel-Mittel-Zusammenhangs die zugrunde gelegte methodologische Konzeption eindeutig zugeordnet werden.

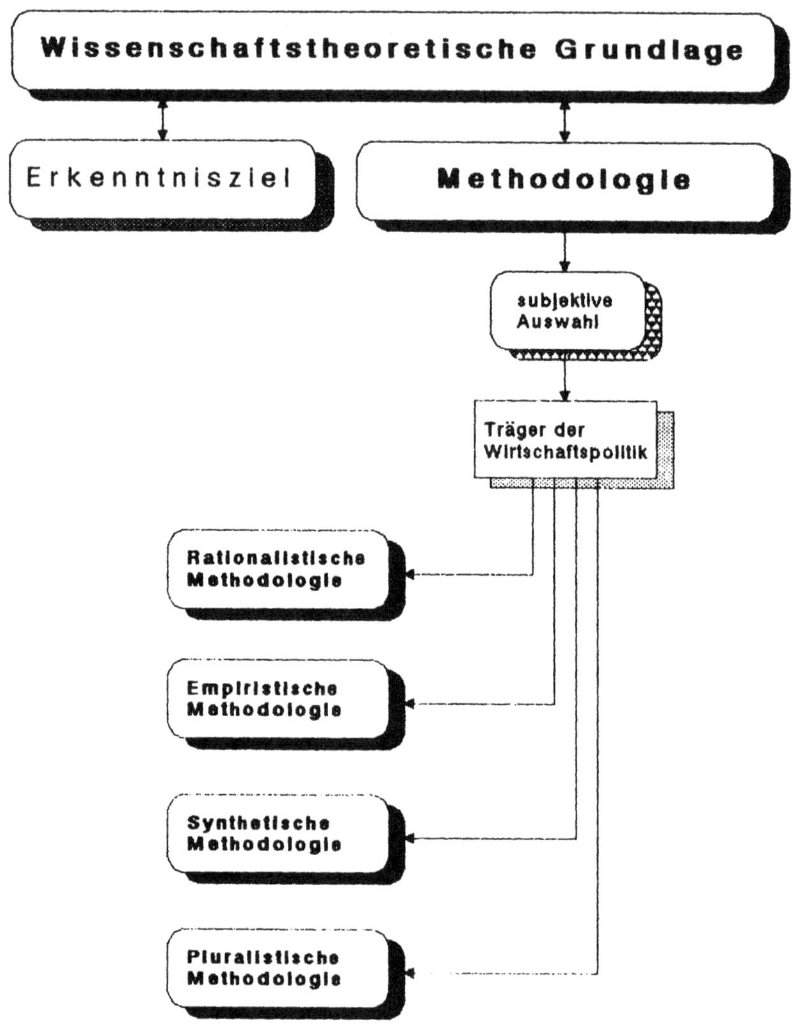

Fig. II-5: Methodologische Charakteristik des Strukturelements wissenschaftstheoretische Grundlage der Wirtschaftspolitik.

5. Der Prozeß der Wirtschaftspolitik

Die charakteristischen Eigenschaften des Strukturelements wirtschaftspolitischer Prozeß basieren auf der Analyse der praktischen wirtschaftspolitischen Handlung. Sie unterscheiden sich durch den verstärkten Praxisbezug von den Eigenschaften der Strukturelemente Ziel, Mittel, Ziel-Mittel-Zusammenhang und wissenschaftstheoretische Grundlage, die eine Charakterisierung der - im engeren Sinne - theoretischen Wirtschaftspolitik beinhalten, stellen aber auch eine Neubetrachtung dieser wirtschaftspolitischen Strukturelemente aus der prozessualen Sicht dar. Gleichzeitig berühren die Eigenschaften des wirtschaftspolitischen Prozesses durch den Praxisbezug das Strukturelement des wirtschaftspolitischen Trägers, der als "offener" Parameter - ähnlich wie bei der wissenschaftstheoretischen Grundlage - die Prozeßstruktur determiniert. Das Strukturelement des wirtschaftspolitischen Prozesses stellt somit eine Verbindung aller anderen wirtschaftspolitischen Strukurelemente aus der Sicht des Handlungsablaufs her.

Ausgangspunkt der Charakterisierung des wirtschaftspolitischen Prozesses ist die bewußte Handlung, die **eine systematische Aufteilung des Handlungsablaufs in verschiedene Phasen** ermöglicht. Diese Phasen laufen inhaltlich getrennt in einer zeitlichen Folge hintereinander ab. Diese Möglichkeit der systematischen Aufteilung ist kein spezifisches Merkmal der wirtschaftspolitischen Handlungsablaufs allein, sondern bei jedem bewußten Handeln wiederzufinden. Die Unterteilung in Handlungsphasen folgt daher einer weitgehend allgemeingültigen Unterteilungssystematik nach der in zeitlicher Folge zwischen der Informationsphase, der Entscheidungsphase, der Durchführungs- oder Durchsetzungsphase und der Kontrollphase unterschieden wird. Die inhaltliche Ausgestaltung dieser allgemeinen Standardphasen hängt nicht nur von dem Handlungsziel und den Handlungsmitteln, sondern auch von spezifischen Besonderheiten der Handlungsgrundlage ab. Sie ist bei dem wirtschaftspolitischen Handlungsablauf sehr komplex, so daß zum einen eine Differenzierung der Standardphasen und zum anderen die Hinzunahme einer weiteren Phase erforderlich wird.

Die Informationsphase des wirtschaftspolitischen Prozesses ist die Grundlage des weiteren Handlungsablaufs. Sie steht daher am zeitlichen Anfang des Prozesses. Das Ende dieser Phase ist durch die Vorgabe sämtlicher notwendigen Informationen für den weiteren Prozeßablauf gegeben. Dazu zählen sehr unterschiedliche Informationen. Erstens sind spezifische Zielfragen zu klären, z.B. welche Zielvariablen bestehen, wie ihre aktuelle Ausprägung ist, welche Projektionen für die Zukunft bestehen und welche Interdependenzen zwischen ihnen existieren. Zweitens müssen Informationen über die wirtschaftspolitischen Mittel und die bestehenden Ziel-Mittel-Zusammenhänge gewonnen werden. Diese Informationen beinhalten die gesamte Spezifikation der Strukturelemente Ziel, Mittel und Ziel-Mittel-Zusammenhang der Wirtschaftspolitik. Drittens sind aber auch Informationen über den möglichen weiteren Gang des wirtschaftspolitischen Prozesses selbst notwendig, d.h. die theoretische Durchdringung und Spezifizierung der anderen Handlungsphasen. Die Komplexität der Informationen führt häufig dazu, die Informationsphase gezielt auf den Gegenstand der nachfolgenden Entscheidungsphase abzustimmen, was zu einem schnelleren Ablauf, aber auch zu einem restriktiven Inhalt der Informationsphase führt.

Die Entscheidungsphase reduziert die Ergebnisse der Informationsphase auf bestimmte Objekte der Durchführungsphase. Grundlage der Entscheidungsphase sind die zuvor erarbeiteten Informationen insbesondere über die Zielvariablen und -werte sowie die möglichen Mitteleinsätze. Allgemeiner Inhalt der Entscheidungsphase ist die Konfrontation der gegebenen Informationsgrundlage, die auf objektiven Aussagen beruhen kann, mit subjektiven (normativen) Aussagen des Entscheidungsträgers, z.B. durch den Vergleich von Soll- und Ist-Zuständen der wirtschaftspolitischen Zielvariablen oder die Einschätzung verschiedener wirtschaftspolitischer Mittel. Daraus entstehen Entscheidungsalternativen, die in jedem Falle vorliegen und im einfachsten aus einer Ja-Nein-Alternative bestehen. Der Endpunkt der Entscheidungsphase wird erreicht, wenn eine dieser Alternativen als Handlungsgrundlage für die Durchführungsphase ausgewählt ist.

Die Durchführungsphase des wirtschaftspolitischen Prozesses enthält die praktische Realisation der wirtschaftspolitischen Entscheidung. Sie setzt dementsprechend dann ein, wenn die wirtschaftspolitische Entscheidung definitiv vorliegt. Die Durchführungsphase kann auch passiven Charakter besitzen und aus einer Nicht-Durchführung bestehen, wenn die wirtschaftspolitische Entscheidung eine Nein-Entscheidung ist, die bestimmte Aktivitäten verbietet. Die Nicht-Durchführung ist insbesondere bei der permanenten Organisation institutioneller Handlungsträger (z.B. Behörden) von Bedeutung, die bei einer Ja-Entscheidung mit der Durchführung beauftragt wären und durch die Nein-Entscheidung in ihrer potentiellen Tätigkeit gehindert werden. Das Ende der Durchführungsphase ist erreicht, wenn sie von ihrem Träger als durchgeführt erklärt wird. Die Vollzugsmeldung impliziert, daß eine Möglichkeit zum Vergleich des Durchführungsergebnisses mit dem Durchführungsziel gegeben ist. Das Ende der Durchführungsphase und der Anfang der Kontrollphase stehen daher in einem interdependenten Zusammenhang.

Inhalt einer Kontrollphase ist im Kern eine Entscheidung über den Erfolg oder Mißerfolg der Durchführungsphase. Demzufolge bedingt die Kontrollphase die Vergleichbarkeit des Durchführungsergebnisses mit dem Durchführungsziel. Spezieller Gegenstand der wirtschaftspolitischen Kontrollphase ist einerseits die Überprüfung, ob der vorgegebene Zielwert erreicht wurde, und andererseits die Kontrolle, ob der ausgewählte Mitteleinsatz auch korrekt ausgeführt wurde. Bei einem passiven Inhalt der Durchführungsphase ist zu überprüfen, ob die Durchführung von zielbeeinflussenden Maßnahmen unterblieben ist. Im Ergebnis der Kontrollphase ist die Entscheidung über den Erfolg der Durchführungsphase zu treffen. Ist diese Entscheidung positiv, ist der wirtschaftspolitische Prozeß als (erfolgreich) abgeschlossen anzusehen. Bei einem negativen Ergebnis ist auf der Grundlage einer bewußten wirtschaftspolitischen Handlung der Anlaß für eine Ursachenforschung gegeben. Dazu sind die Ergebnisse der vorangegangenen Prozeßphasen zu analysieren und gegebenenfalls zu modifizieren, um die Möglichkeit einer erneuten Initiierung des wirtschaftspolitischen Prozesses zu gewährleisten.

Bei einem negativen Ausgang der Kontrollphase ist daher **die Systematik des wirtschaftspolitischen Prozesses um eine Modifikationsphase zu erweitern.** Sie basiert auf der Intension einer Beseitigung von möglichen Fehlern in den zuvor durchlaufenen Prozeßphasen, die einen erfolgreichen Ablauf verhindert haben. Die Modifikationsphase schließt daher prinzipiell an alle vorangegangenen Phasen an. Zweck der Modifikation ist eine Korrektur der fehlerhaften Phasen, um bei einem erneuten Durchlaufen der Phasen zu einem erfolgreichen Abschluß zu kommen. Aus logischen und prozeßökonomischen Gründen wird daher zunächst die Kontroll-, dann die Durchführungs-, die Entscheidungs- und schließlich die Informationsphase den Modifikationsversuchen unterworfen, der wirtschaftspolitische Prozeß also in entgegengesetzter Richtung durchlaufen. In der Phase, in der eine Modifikation erfolgt, kann der wirtschaftspolitische Prozeß erneut begonnen werden. Ein Modifikationsversuch sämtlicher Prozeßphasen ist daher nicht zwingend erforderlich. Andererseits kann die Modifikationsphase aber auch ergeben, daß keine der zuvor durchlaufenen Prozeßphasen fehlerhaft war. In diesem Falle führt die Modifikationsphase zu einem Abbruch des wirtschaftspolitischen Prozesses. Allgemein bestehen somit zwei Möglichkeiten für die Beendigung des wirtschaftspolitischen Prozesses. Entweder wird er erfolgreich über die Kontrollphase abgeschlossen oder durch die Feststellung, daß keine erfolgversprechende Modifikation des Prozesses möglich ist, über die Modifikationsphase beendet.

Die unterschiedlichen wirtschaftspolitischen Inhalte der fünf Prozeßphasen erfordern eine Differenzierung des Prozeßablaufs, die zu einer mehrfachen Verwendung der einzelnen Phasenarten führt. Ursache und Grundlage ist die Tatsache, daß die Ablaufphasen zum einen reine zielorientierte Inhalte, zum anderen auch oder nur mittelorientierte Inhalte behandeln. Die letzteren sind zwar inhaltlich mit den ersteren verbunden, dazwischen liegen jedoch eigenständige, zeitlich aufeinander folgende Prozeßphasen, die in ihrer unterschiedlichen Art separat zu analysieren sind. Die gesamte Struktur des wirtschaftspolitischen Prozesses ist dadurch in zwei gestaffelte Prozeßteile teilbar. Der erste Teil ist als zielorientierter, der zweite als mittelorientierter Prozeßteil zu bezeichnen. Ihr Aufbau und die Interdependenzen der darin enthaltenen Ablaufphasen lassen sich in einem Diagramm verdeutlichen (vgl. *Fig. II-6*).

Der wirtschaftspolitische Prozeß beginnt im zielorientierten Prozeßteil. In einer ersten Informationsphase sind zunächst Informationen über die verschiedenen Zielvariablen zu sammeln und insbesondere ihre Eigenschaften bezüglich der Quantifizier- und Meßbarkeit sowie mögliche Zielrestriktionen festzustellen. Daran schließt sich eine Entscheidungsphase an, in der festge-

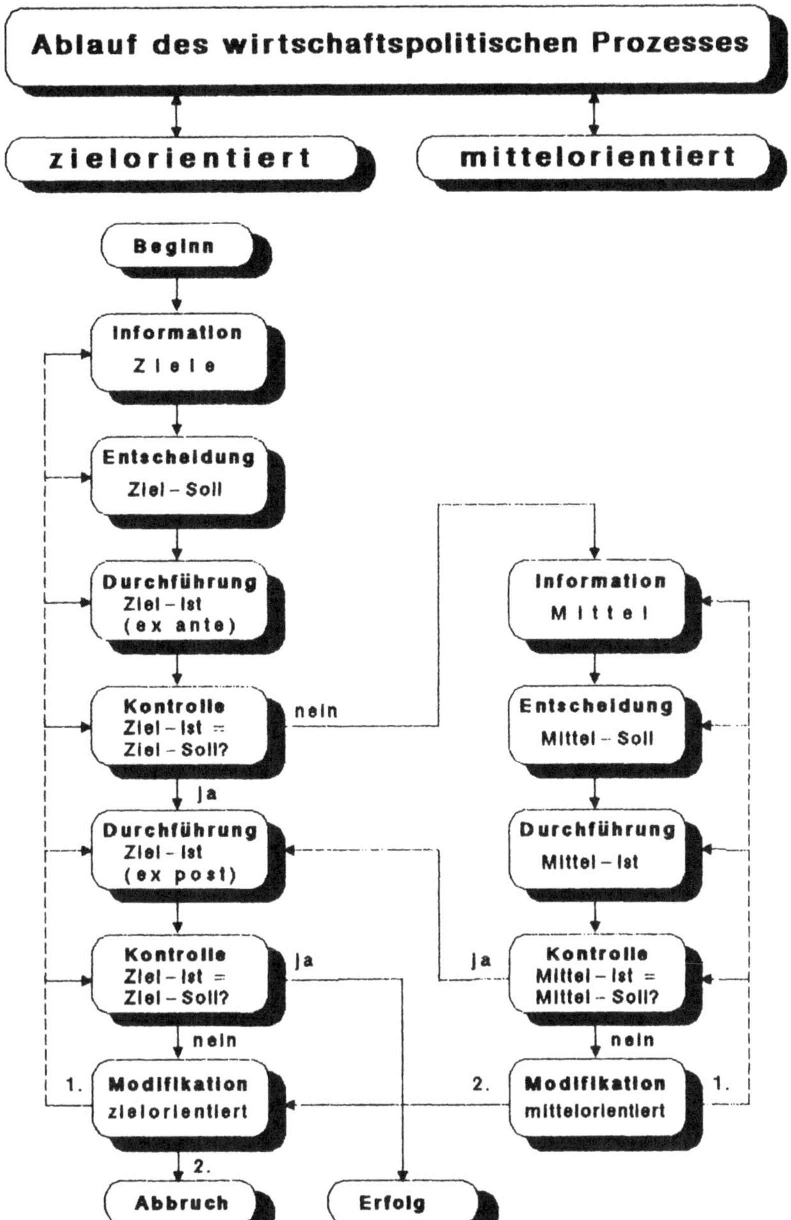

Fig. II-6: Ablauf des wirtschaftspolitischen Prozesses

stellt wird, welche Zielvariablen verfolgt werden und welche Ausprägungen sie annehmen sollen. In einer Durchführungsphase ist *ex ante* festzustellen, welchen Wert die Zielvariablen ohne einen Mitteleinsatz erreichen. Wird in der darauf folgenden Kontrollphase festgestellt, daß diese Werte mit den gewünschten Zielwerten übereinstimmen, entfällt der Übergang zum mittelorientierten Prozeßteil und die Entwicklung der Zielvariablen erfolgt ohne wirtschaftspolitischen Eingriff. Jedoch ist in der nachfolgenden Durchführungsphase diese Nicht-Durchführung einzuhalten und eine *ex post*-Feststellung der Zielvariablen vorzunehmen. Ergibt die anschließende Kontrollphase eine Bestätigung des Nichteingriffs und eine Übereinstimmung des Ist-Zieles mit dem erwarteten Zielwert, ist der wirtschaftspolitische Prozeß - auch ohne aktive Zielbeeinflussung - als erfolgreich abgeschlossen zu betrachten. Im anderen Falle müssen in einer Modifikationsphase des zielorientierten Prozeßteils mögliche Fehler gesucht und eventuelle Modifikationen vorgenommen werden. Ist dies möglich, setzt der wirtschaftspolitische Prozeß im zielorientierten Teil an der entsprechenden Stelle erneut ein. Die Modifikation kann bewirken, daß bei dem erneuten Ablauf nunmehr in den mittelorientierten Teil überzuwechseln ist. Ist keine Modifikation möglich, muß der wirtschaftspolitische Prozeß erfolglos abgebrochen werden.

Der Übergang in den mittelorientierten Prozeßteil erfolgt nur dann, **wenn der Zielwert nicht ohne wirtschaftspolitischen Eingriff erreicht werden kann**. Zunächst sind in einer weiteren Informationsphase die geeigneten Ziel-Mittel-Zusammenhänge zu erfassen und mögliche Mittelkombinationen zusammenzustellen. In der Entscheidungsphase werden die Mittel ausgewählt, die in der anschließenden Durchführungsphase zur Anwendung kommen sollen. Aufgabe der Kontrollphase im mittelorientierten Prozeßteil ist es, die Mittelausführung zu überprüfen. Wird die korrekte Ausführung des Mitteleinsatzes bestätigt, ist zur Kontrolle der Wirkungen auf die Zielvariablen der Rücksprung in den zielorientierten Prozeßteil erforderlich. In diesem Fall wird mit der Durchführung der *ex post*-Feststellung des Ziel-Ists fortgefahren. Kann der Vollzug des Mitteleinsatzes nicht bestätigt werden, ist die Modifikation des mittelorientierten Prozeßteils zu versuchen, indem sukzessive rückschreitend die vorangegangenen Phasen revidiert werden. Entweder gelingt es, eine erfolgversprechende Modifikation des mittelorientierten Teils vorzunehmen und einen erneuten Durchlauf dieses Prozeßteils vorzunehmen, oder es ist ein zusätzlicher Versuch der zielorientierten Modifikation notwendig. Eine Beendigung des wirtschaftspolitischen Prozesses kann demnach nur innerhalb des zielorientierten Prozeßteils erfolgen - mit Erfolg, wenn Ziel-Soll und Ziel-Ist übereinstimmen, und ohne Erfolg, wenn der Modifikationsversuch des zielorientierten Prozeßteils zum Abbruch führt.

Die gesamte Prozeßstruktur gilt jeweils für ein bestimmtes wirtschaftspolitisch angestrebtes Ziel. **Wird die Initiierung wirtschaftspolitischer Handlungen** nicht einmalig oder nur nach Beendigung einer vorangegangenen Zielverfolgung, sondern **permanent vorgenommen, ist die Überlagerung verschiedener wirtschaftspolitischer Prozesse zu berücksichtigen**. Zu einem bestimmten Zeitpunkt können mehrere wirtschaftspolitische Prozesse in einer unterschiedlichen Phase des Ablaufs stehen. Dies gilt auch für gleichzeitig begonnene, aber isoliert verfolgte wirtschaftspolitische Handlungen, deren Prozeßabläufe unterschiedlich lange dauern. Dabei können interdependente Abhängigkeiten auftreten, z.B. die Modifikationsphasen eines vorangegangenen wirtschaftspoltischen Prozesses Einfluß auf die Informationsphasen eines nachfolgenden besitzen oder wechselseitige Beeinflussungen der Entscheidungsphasen vorliegen, so daß die einzelnen Prozesse nicht mehr separat zu betrachten sind - gleichsam unter *ceteris paribus*-Bedingungen ablaufend. Die einzelnen Prozeßphasen der wirtschaftspolitischen Handlung sind daher nicht nur in der gezeigten Weise untereinander abhängig, sondern auch von den gleichen oder verschiedenen Prozeßphasen anderer, gleichzeitig laufender Prozesse beeinflußt.

Die nicht zuletzt wegen der Überlagerung von verschiedenen wirtschaftspolitischen Prozessen verstärkte **komplexe Ablaufstruktur der Wirtschaftspolitik erfordert eine Organisation des wirtschaftspolitischen Prozesses**. Obwohl jeder wirtschaftspolitische Prozeß für sich einmalig ist und grundsätzlich eine spezielle Ausgestaltung erfordert, sind in der wirtschaftspolitischen Praxis Automatismen der wirtschaftspolitischen Handlungen vorzufinden, die der Vereinfachung der komplexen Ablaufstruktur dienen. So bestehen beispielsweise genormte Muster für die Ablaufphasen bestimmter Prozeßteile, etwa für sämtliche Festlegungen von Zielwerten bestimmter Zielvariablen oder für eine Rangordnung von Zielen. Weiterhin können Prozeßmuster für bestimmte

Mitteleinsätze in einem generellen Handlungsablauf vorgeschrieben sein, so daß eine ständige Neubearbeitung der Prozeßphasen entfällt. Insbesondere trifft dies aber auf die Festlegung des wirtschaftspolitischen Trägers der einzelnen Prozeßphasen zu, die nicht für jeden einzelnen Prozeßablauf erneut vorgenommen wird. Für bestimmte Phasen können prinzipielle Regelungen durch die Einsetzung von Trägerinstitutionen vorgenommen werden oder eine bestimmte Trägerperson für einige oder sämtliche Phasen bestimmter Prozesse legitimiert sein, so daß bei wiederholten Prozessen mit gleichartiger Zielsetzung nur eine einmalige Festlegung eines Musterprozesses notwendig ist. Im Falle des gleichzeitigen Ablaufs mehrerer wirtschaftspolitischer Prozesse beinhaltet die Organisationsfrage zusätzlich das Problem der Koordination der wirtschaftspolitischen Handlungen, die ebenfalls hauptsächlich durch die institutionelle Regelung der Prozeßträgerschaft gelöst wird.

Die Organisation und Koordination der wirtschaftspolitischen Prozesse durch die Institutionalisierung des Trägers der einzelnen Prozeßphasen **eröffnet eine zweite Dimension des Prozeßablaufs** (vgl. *Fig. II-7*). Organisation und Koordination unterliegen ebenfalls einem Prozeß, der in die einzelnen Phasen der Information, Entscheidung, Durchführung, Kontrolle und Modifikation zerlegt werden kann. Im Ergebnis muß für jede einzelne Phase eine erfolgreiche Festlegung des Trägers dieser Phase vorliegen. Die Informationsphase zur Trägerfindung enthält die Ermittlung sämtlicher Alternativen der Trägerschaft. In der Entscheidungsphase wird eine dieser Alternativen ausgewählt und die Trägerschaft festgelegt. Die Durchführungsphase besteht in der eigentlichen Institutionalisierung des Trägers, deren Vollzug in der Kontrollphase zu überprüfen ist. Nur eine erfolgreiche Institutionalisierung des Trägers ermöglicht die Ausführung der entsprechenden wirtschaftspolitischen Phase innerhalb des ziel- oder mittelorientierten Prozeßteils. Andernfalls ist eine Modifikation des Trägerschaffungsprozesses notwendig, bis dieser Prozeß abgeschlossen ist. Der positive Abschluß des Prozesses der Trägerinstitutionalisierung - und zwar für sämtliche Phasen der ziel- und mittelorientierten Dimension - ist eine notwendige Bedingung für den Ablauf des eigentlichen wirtschaftspolitischen Prozesses.

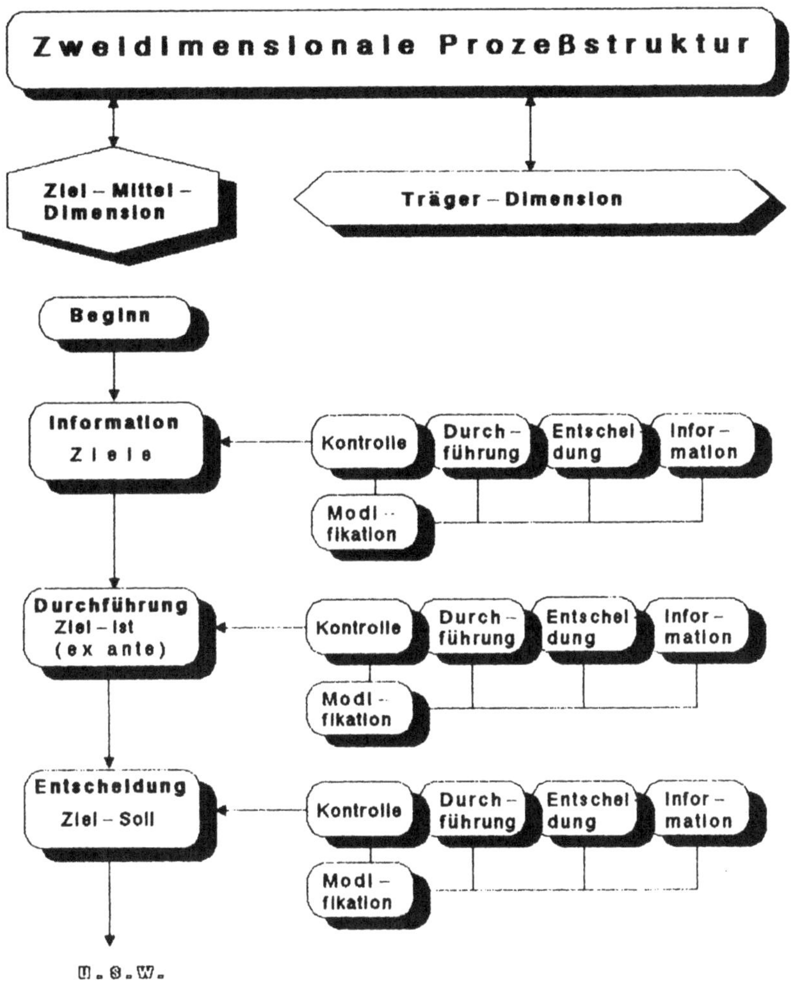

Fig. II-7: Zweidimensionale Prozeßstruktur der Wirtschaftspolitik

Der Prozeß zur Institutionalisierung der Trägerschaft kann prinzipiell für jeden wirtschaftspolitischen Prozeß separat erfolgen oder **zu einer Festlegung führen, die für eine Vielzahl von wirtschaftspolitischen Prozessen gültig ist.** Ebenso müssen die Träger der verschiedenen wirtschaftspolitischen Prozeßphasen nicht notwendigerweise unterschiedlich sein. In einem Trägerfindungsprozeß können einem bestimmten Träger sowohl die Trägerschaft von mehreren verschiedenen Prozeßphasen, als auch von einzelnen Phasen für mehrere aufeinanderfolgende Prozesse übertragen werden. Beispielsweise können alle Kontroll- oder Entscheidungsphasen einem festgelegten Träger für alle in einem bestimmten Zeitraum anfallenden wirtschaftspolitischen Prozesse zugewiesen werden. Dadurch ergeben sich zwangsläufig Interdependenzen und Restriktionen für die Ausgestaltung des eigentlichen wirtschaftspolitischen Prozeßablaufs in der ziel- und mittelorientierten Dimension. Aus diesem Grund wird der Aspekt des Trägerfindungsprozesses in der nachfolgenden Charakterisierung des wirtschaftspolitischen Strukturelements des Trägers der Wirtschaftspolitik eine dominierende Rolle spielen. Die Darstellung der Charakteristik des Prozeßelements der Wirtschaftspolitik kann sich diesbezüglich auf den Hinweis konzentrieren, daß auch der Prozeß der Trägerfindung einer Aufteilung in einzelne Ablaufphasen unterliegt.

Zusammenfassend ist das Strukturelement des wirtschaftspolitischen Prozesses durch einen zweidimensionalen Ablauf gekennzeichnet, der - in der ziel- und mittelorientierten Dimension mehrfach, in der trägerorientierten nur einfach - die Phasenelemente Information, Entscheidung, Durchführung und Kontrolle, eventuell ergänzt um die Modifikationsphasen, enthält. Weitere Charakteristiken ergeben sich aus der Organisation und Koordination des wirtschaftspolitischen Prozesses durch Überschneidungen und allgemeine Regulierungen mehrfacher Prozesse, deren spezifische Ausgestaltung in erster Linie von der Charakteristik des wirtschaftspolitischen Trägers abhängt.

6. Der Träger der Wirtschaftspolitik

Die Charakteristik des wirtschaftspolitischen Trägers bezieht sich auf Personen (Personengruppen oder Einzelpersonen), die den wirtschaftspolitischen Prozeß vollziehen. Auch die Charakterisierung von Institutionen, im Sinne von Behörden u.ä., basiert auf den Eigenschaften der dahinter stehenden Personen, denn der Begriff der wirtschaftspolitischen Handlung impliziert eine Tätigkeit, die von Menschen für Menschen ausgeführt wird. **Die strukturellen Eigenschaften des wirtschaftspolitischen Trägers begründen sich in der Beantwortung mehrerer prinzipieller Fragen hinsichtlich der gesellschaftspolitischen und wirtschaftspolitischen Organisation der betroffenen Menschen.** Organisation ist dabei im weitesten Sinne einer Vereinbarung von gemeinschaftlichem Handeln zu verstehen. Ausgangspunkt der Fragen ist daher die Feststellung, daß Wirtschaftspolitik als Teil der allgemeinen Politik im Rahmen einer gesellschaftlichen Gesamtheit von und für Personen praktiziert wird, die in einer bestimmten Weise zusammengefaßt sind. Die im Zusammenhang mit der Organisation der Gesellschaft entstehenden Grundfragen bezüglich der allgemeinpolitischen Trägerschaft entsprechen auch denen hinsichtlich der Organisation des wirtschaftspolitischen Trägers, so daß die Charakteristik des wirtschaftspolitischen Trägers mit der des allgemeinpolitischen Trägers in einem engen Zusammenhang steht. Damit ist zunächst nur die Übereinstimmung im verbalen Instrumentarium bei der Charakterisierung, nicht jedoch auch die inhaltliche Übereinstimmung angesprochen. Die beiden Grundfragen, die bei der gesellschaftspolitischen Organisation allgemein entstehen, lauten: Wer handelt für wen? Wodurch und wofür ist der Handelnde legitimiert? Die erste Frage betrifft die Personifikation des (wirtschafts-)politischen Trägers, die zweite seine Legitimation. Beide enthalten eine Fülle von Detailaspekten, deren Varianten insgesamt die Struktur des (wirtschafts-)politischen Trägers kennzeichnen.

Die Charakteristik der Personifikation des wirtschaftspolitischen Trägers ist entsprechend der ihr zugrundeliegenden Frage "Wer handelt für wen?" **unter einem aktiven und einem passiven Aspekt zu sehen.** Derjenige, der handelt, ist der aktive, derjenige für den gehandelt wird, der passive Träger der Wirtschaftspolitik. Ein weiterer Gesichtspunkt, der sowohl den aktiven

Träger wie auch den passiven Träger betrifft, ist die Personenstärke, d.h. die Anzahl der aktiven und passiven Trägerpersonen. Als Träger kann eine einzelne Person, aber auch eine Gruppe von Personen fungieren. Neben diesen beiden Möglichkeiten kann als dritter Typ der Personenstärke eines Trägers die gesellschaftliche Gesamtheit angesehen werden, die eigentlich eine extreme Form der Gruppe darstellt, nämlich die mit der maximalen Stärke, bildet. Die gesellschaftliche Gesamtheit der Individuen wird insbesondere in der Rolle des passiven Trägers der Wirtschafts- oder Gesellschaftspolitik eine unmittelbar einsichtige Variante der Trägerstärke. Als passive Träger kommen aber auch einzelne Personen oder Personengruppen in Frage. Ebenso ist die gesellschaftliche Gesamtheit als aktiver Träger möglich, z.B. hinsichtlich der Trägergrundlage der Entscheidungsphasen der Politik. Aus den drei Möglichkeiten der Personenstärke, verbunden mit der Unterscheidung in eine aktive und passive Trägerrolle, lassen sich neun Kombinationen bilden. Werden die aktiven Träger grundsätzlich auch zu den passiven gerechnet, d.h. die Konsequenz der Handlung auch den Handlungsvollziehern zugeordnet - der aktive handelt auch für sich selbst -, reduziert sich die Anzahl der Kombinationen auf sechs, da damit jene Kombinationen ausgeschlossen sind, in der die Anzahl der Handelnden größer ist als die derer, für die gehandelt wird. Die sechs vorliegenden Personifikationssysteme lassen sich in einer tabellarischen Übersicht darstellen (vgl. *Tab. II-2*), wobei teilweise neuartige, teilweise gebräuchliche Kennzeichnungen verwendet werden.

Die sechs Grundtypen eines Personifikationssystems lassen sich in ihrer Charakteristik anhand von gesellschafts- und wirtschaftspolitischen Beispielen verdeutlichen. Im idiopragmatischen System, dessen Bezeichnung sich aus den griechischen Worten ιδιοσ (= eigen, selbst) und πραγμα (= Handlung, Tat) zusammensetzt, besteht der aktive und passive Träger aus einem einzelnen Individuum, das für sich selbst handelt. Ist die Gesellschaft vollständig idiopragmatisch organisiert, handelt jeder für sich. Auf der allgemeinpolitischen Ebene liegt dann ein libertäres oder anarchisches System vor, das von Locke auch als "Naturzustand" bezeichnet wurde. Rein wirtschaftspolitisch bezogen entspricht dieses Personifikationssystem dem Zustand des *Laissez-faire* oder Paläoliberalismus, der im 19. Jahrhundert weitgehend vorlag. Das partiell monopragmatische System (μονοσ = allein) zeichnet sich durch die Festlegung eines Gruppenmit-

aktiver Träger / passiver Träger	Einzelner	Gruppe	Gesamtheit
Einzelner	idio-pragmatisch	entfällt	entfällt
Gruppe	partiell mono-pragmatisch	partiell koino-pragmatisch	entfällt
Gesamtheit	mono-pragmatisch	mero-pragmatisch	koino-pragmatisch

Tab. II-2: Personifikationssysteme des Handlungsträgers

glieds aus, der für die Gruppe handelt. Allgemeinpolitisch ist dieses System beispielsweise in früheren Zeiten bei Fürsten- oder Herzogtümern innerhalb eines Reichsverbandes verwirklicht gewesen. Heutzutage kann in bestimmten Gesellschaftssystemen die Handlungsgweise von Parteivorsitzenden oder Bezirksfunktionären als partiell monopragmatisches Personifikationssystem interpretiert werden. Im wirtschaftspolitischen Bereich trifft diese Art der Personifikation beispielsweise für den Haushaltsvorstand eines Mehrpersonenhaushalts oder für die von Eucken betrachtete "geschlossene Familienwirtschaft von dreißig Köpfen, die von einem Manne - etwa dem Ältesten - geleitet wird"[1] zu. Handelt ein Individuum für die Gesamtheit aller Personen, liegt ein vollständig monopragmatisches System vor. Die absolute Monarchie oder das Führerprinzip des Faschismus sind allgemeinpolitische Beispiele für dieses Personifikationssystem. Auf dem Gebiet der Wirtschaftspolitik stellt das klassische Staatsmonopol ein entsprechendes Äquivalent dar. Im meropragmatischen System (μερος = Teil) ist es ein Teil der Gesamtheit, eine Gruppe von Individuen, die Handlungen für die Gesamtheit der Individuen durchführt. Oligarchische oder elitäre Systeme, wie die parlamentarischen Demokratien oder Herrschaftssysteme mit einer politischen Führungsgruppe aus Funktionären oder Kastenmitgliedern, sind Beispiele für meropragmatische Personifikationssysteme auf allgemeinpolitischer Ebene. Für den wirtschaftspolitischen Raum können Oligopole in verschiedenen Formen genannt werden, beispielsweise die Versammlung der Ministerpräsidenten der Europäischen Gemeinschaft. Im koinopragmatischen Personifikationssystem (κοινοσ = gemeinsam) führt die Gesamtheit der Individuen die Handlungen für sich aus. Das entsprechende allgemeinpolitische System ist z.B. das der direkten Demokratie. Im Bereich der Wirtschaftspolitik liegt dieses Personifikationssystem - zumindest theoretisch - beim Idealtyp der zentralen Planwirtschaft vor. Die verbleibende Variante ist das partiell koinopragmatische Personifikations-system, in dem die Mitglieder einer Gruppe gemeinsam ihre für sie zutreffenden Handlungen bestimmen und durchführen. Beispiele für dieses System sind die Kibbuzim oder Genossenschaften auf wirtschaftspolitischer und das Rätesystem auf allgemeinpolitischer Ebene.

Bei Personifikationssystemen, die sich nicht auf die Gesamtheit der Individuen als passiven Träger beziehen, liegt lediglich eine partielle Erfassung der Gesamtheit vor (vgl. erste und zweite Zeile der *Tab. II-2*). Für den nicht erfaßten Teil der Gesamtheit können gleichartige oder andersartige Personifikationssysteme gegeben sein. **Die Art der Partitionierung des passiven Trägers ist** daher **eine weitere charakteristische Komponente des Personifikationssystems**. Ein politisches Beispiel für die Partitionierung einer Gesamtheit in mehrere Gruppen mit gleichartigen Personifikationssystemen ist der föderalistische Staat der Bundesrepublik Deutschland. Die Gesamtheit der Europäer, die in Nationalstaaten mit verschiedenen Verfassungen aufgeteilt ist, bietet dagegen ein Beispiel für eine unterschiedliche Partitionierung. Soll bei einem partitionierten Trägersystem die Politik für die Gesamtheit der Individuen praktiziert werden, ist ein zusätzliches Personifikationssystem, ein Hypersystem, erforderlich. Dabei können beispielsweise die partiellen Gruppen als Einzelelemente einer Gesamtheit höherer Stufe aufgefaßt werden, für die dann - wenn nicht weitere Stufen eingerichtet werden sollen - ein nichtpartitioniertes Personifikationssystem (vgl. dritte Zeile der *Tab. II-2*) zu finden ist. Beispielsweise könnte in Fortsetzung des oben angeführten Europabeispiels ein Gremium eingerichtet werden, in dem sämtliche Wirtschaftsminister vereinigt sind und einvernehmliche Entscheidungen treffen. In diesem Falle läge ein koinopragmatisches Hypersystem vor.

Eine weitere Veranlassung für die Bildung von Hypersystemen besteht bei Personifikationssystemen, deren aktive Träger nicht aus einem einzelnen Individuum besteht (vgl. zweite und dritte Spalte der *Tab. II-2*). Bedarf dieser nichtmonadische Träger der Festlegung einer einzelnen Person, die beispielweise die Durchführung einer wirtschaftspolitischen Maßnahme leitet, ist ein übergeordnetes Personifikationssystem erforderlich, bei dem die zuvor aktiven Träger in die Rolle des passiven Trägers überwechseln. Auch bei diesen Hypersystemen ist eine mehrfache Abstufung möglich. Das letzte Hypersystem muß jedoch zu einem einzelnen aktiven Träger führen und daher aus einem monopragmatischen Personifikationssystem bestehen. Ein historisches Beispiel allgemeinpolitischer Art, bei dem mehrere aktive Träger in einem Hypersystem zusammengefaßt waren, ist das Deutsche Reich des Mittelalters, genauer: Heiliges Römisches Reich Deutscher Nation, in dem der deutsche Kaiser von den Königen und Kurfürsten gewählt wurde. Ein zeitgemäßes Beispiel stellen die Parlamente dar, deren Mitglieder als Repräsentanten ihrer Wähler einen Präsidenten wählen.

Die in den Personifikationssystemen allgemein angesprochene **Gruppe läßt sich hinsichtlich ihrer Zusammensetzung näher spezifizieren**. Charakteristische Unterscheidungsmerkmale ergeben sich aus den Fragen, auf welche Weise und mit welcher Begründung es zu einer Gruppenbil-dung kommt. Daraus ergeben sich nicht zuletzt auch die Grundtendenzen des Gruppenverhaltens.[1] Aus den unterschiedlichen Entstehungsformen und Begründungsarten resultiert eine Vielzahl von verschiedenen spezifizierten Gruppen, die sich hinsichtlich der wirtschaftspolitisch relevanten Eigenschaften in fünf charakteristische Grundtypen zusammenfassen lassen. Die **natürliche Gruppe** umfaßt Personen, denen eine gleichartige naturbedingte Eigenschaft gemein ist. Beispiele sind Gruppen mit gemeinsamer Herkunft, wie Sippen, Stämme, ethnische Gruppen und Rassen, oder Gruppen mit gemeinsamen physischen Merkmalen, wie Kinder, Jugendliche, Alte, Behinderte oder einfach Männer und Frauen. Die **soziologische Gruppe** zeichnet sich durch - häufig historisch begründete - Bestrebungen aus, die Mitglieder einer Gesellschaft in mehrere gegeneinander abge-

---

1 Vgl.: M. OLSON, Die Logik des kollektiven Handelns, a.a.O.; sowie: E. BUCHHOLZ, Interessen - Gruppen - Interessengruppen, a.a.O..

grenzte und sich vollständig ergänzende Klassen aufzugliedern. Beispiele sind der Adel, der Klerus und das gemeine Volk oder Kapitalisten und die Arbeiterklasse, rsp. das Bürgertum, die Bourgeoisie, das Proletariat e.t.c.. Die **berufsbezogene Gruppe** stellt auf die Erwerbstätigkeit ihrer Mitglieder ab. Dazu gehören neben rein berufsständischen Vereinigungen auch größere Gruppierungen, wie Berufsverbände und Genossenschaften, Gewerkschaften und Unternehmerverbände, sowie Vereinigungen von im engeren Sinne nicht erwerbstätigen Personen, wie Studenten, Hausfrauen, Arbeitslose und andere. Ein weiterer Gruppentyp rekrutiert seine Mitglieder allein durch das Bekenntnis zu bestimmten, meist satzungsmäßig verankerten Zielen, die zu verfolgen sich die Gruppe zur Aufgabe gemacht hat. Diese **zweckorientierte Gruppe** ist am politisch auffälligsten bei den politischen Parteien vorzufinden. Aber auch Vereine, Zweckverbände - insbesondere wirtschaftlicher Art - und Initiativgruppen sind darunter einzuordnen. Ein Grundtyp besonderer Art ist die **institutionalisierte Gruppe**, deren Mitglieder einer bestimmten Institution oder einem institutionalisierten Gremium angehören. Dazu sind insbsondere zu zählen: Parlamente, Regierungen, Gerichtshöfe sowie Personengruppen, die in Behörden, Instituten oder sogenannten Anstalten des öffentlichen Rechts tätig sind. Weitere, für sämtliche Gruppentypen zutreffende Merkmale sind die Größe der Gruppe, gemessen an der Zahl ihrer Mitglieder, die Freiwilligkeit der Gruppenzugehörigkeit, die auch an der Qualität des Bekenntnisses zur Gruppenzugehörigkeit erkennbar ist, der Homogenitätsgrad der Gruppeninteressen und -wünsche sowie nicht zuletzt die Funktion der Gruppe als aktiver oder passiver Träger.

Die charakteristischen Eigenschaften der Legitimation des wirtschaftspolitischen Trägers, die mit der zweiten Frage, wodurch und wofür der politisch Handelnde legitimiert ist, angesprochen wird, **berühren zwei Aspekte**. Zum einen ist damit das Verfahren angesprochen, über das der wirtschaftspolitische Träger seine Handlungslegitimation erhält. Aus der prozessualen Sicht ist dieser Aspekt bereits bei der Charakterisierung der zweiten Dimension des wirtschaftspolitischen Handlungsablaufs abgehandelt. Ergänzend gilt es zu charakterisieren, welcher Modus des Legitimationsverfahrens bei der Personifikation des aktiven Trägers der Wirtschaftspolitik vorliegen kann. Die Form des Legitimationsverfahrens ist insbesondere bei den mono- und meropragmatischen Personifikationssystemen von Bedeutung, wenn der aktive Träger nicht vollidentisch mit dem passiven Träger ist. Zum anderen bezieht sich die Legitimation auf die Abgrenzung eines Legitimationsbereichs, der den Handlungsspielraum des wirtschaftspolitischen Trägers im weitesten Sinne beschreibt und Einschränkungen unterliegt, die auf unterschiedlichen Gesichtspunkten beruhen können.

Das Legitimationsverfahren beinhaltet im Kern die Organisation der Willensbekundung des passiven Trägers bezüglich der Auswahl des aktiven Trägers. Das Auswahlproblem besteht in der Festlegung eines Verfahrens, das eine Willensvielfalt der passiven Träger hinsichtlich der personellen Besetzung der aktiven Träger anpaßt. In besonderen Fällen bedeutet dies eine Reduktion der Willensvielfalt auf die Bildung eines einheitlichen Willens. Grundsätzlich besteht jedoch das Problem der Koordination von Wünschen. Beide Punkte, Willensreduktion und Koordination von Wünschen, sind daher gemeinsamer Gegenstand des Legitimationsverfahrens, die keiner - gelegentlich praktizierten - getrennten Behandlung bedürfen. Das Hauptproblem der Koordination von Wünschen besteht nicht nur auf der personellen Ebene der Legitimation, sondern auch auf der sachbezogenen Ebene, insbesondere bei bestimmten inhaltlichen Entscheidungen. Aus diesem Grunde könnte eine grundsätzliche Charakterisierung der Koordinationsverfahren als eigenständiges Strukturelement der Wirtschaftspolitik unter Trennung von Sach- und Personenbezug naheliegen. Jedoch ist auch bei der Koordination von Sachwünschen und Entscheidungen stets ein direkter Bezug zu Personen gegeben, die diese Wünsche äußern oder mit der Erfüllung dieser Wünsche beauftragt werden, rsp. die Entscheidungen treffen oder von den Konsequenzen der Entscheidung betroffen sind. Der Bezug des Koordinationsproblems auf die Trägerfrage stellt somit keine einschränkende Betrachtung dieses Strukturaspekts dar, sondern trägt der besonderen Bedeutung der Trägerfunktion Rechnung.

Die Charakterisierung der Legitimationsverfahren lehnt sich an die Form der Willensbekundung an (vgl. *Fig. II-8*). Zunächst ist zu unterscheiden, ob eine Willensbekundung seitens der passiven Träger überhaupt stattfindet. Nur in diesem Falle ist eine Organisation der Willensbekundung gegeben und charakterisierbar. Auch im Falle der nicht organisierten Willensbekundung kann der aktive Träger, der sich aufgrund unterschiedlicher Umstände, z.B. Tradition oder Macht, ergibt, als in seiner Funktion "legitimiert" angesehen werden. **Charakteristisches Merkmal des impliziten Legitimationsverfahrens ist die Art der Duldung des aktiven Trägers durch den passiven Träger.** Entweder wird diese Duldung erzwungen oder sie ergibt sich aus dem Desinteresse oder der stillschweigenden Zustimmung des passiven Trägers. Demzufolge lassen sich die Legitimationsverfahren ohne exlizite Willensbekundung in zwei Kategorien aufteilen: die Gewalt, mit der die passiven Träger zur Duldung des aktiven Trägers gezwungen werden, und die Gleichgültigkeit, die zu einer Duldung des aktiven Trägers ohne direkten Zwang führt.

Die auf expliziten Willensbekundungen beruhenden Legitimationsverfahren lassen sich nach der Art der Willenserfassung klassifizieren. Gemeinsam ist diesen Verfahren, daß die aktiven Träger im Gegensatz zu den zuvor genannten Legitimationsverfahren ausdrücklich geduldet werden, nachdem Einigkeit bezüglich der Organisation des Festlegungsverfahrens unter den passiven Trägern hergestellt wurde. Die auf dieser Grundlage bestehenden Legitimationsverfahren können nach zwei Gesichtspunkten unterteilt werden. Erstens ist zwischen systematischen und zufälligen Festlegungen zu unterscheiden, zweitens ist zu trennen, ob eine explizite oder implizite Willenserfassung vorliegt. Bei einer impliziten Willenserfassung erfolgt die Legitimation des aktiven Trägers durch Akklamation der passiven Träger. Der Unterschied zur stillschweigenden Duldung liegt in der expliziten Bekundung des Willens der passiven Träger. Eine explizite Willenserfassung liegt bei einer Wahl der aktiven Träger vor. Sowohl die impliziten, wie auch die expliziten Willenserfassungen durch Akklamation oder Wahl sind systematische Verfahren. Auf dem Zufall basiert dagegen das Losverfahren. Bei dieser Auswahlmethode ist zwar keine direkte Form der Willensbekundung gegeben, jedoch dem Willen der passiven Träger durch die Vereinbarung einer indirekten Willensbekundung aufgrund der Zufallsmethode entsprochen. Aus den insgesamt fünf Grundformen des Legitimationsverfahrens lassen sich auch gemischte Kombinationen bilden. Sie liegen insbesondere dann vor, wenn mehrstufige oder partitionierte Personifikationssysteme des Trägers bestehen.

Im Falle des Wahlverfahrens ist näher zu spezifizieren, in welcher Weise die Wahlauswertung erfolgt. Zum einen ist die Skalierung der einzelnen Präferenzen für die verschiedenen Wahl-

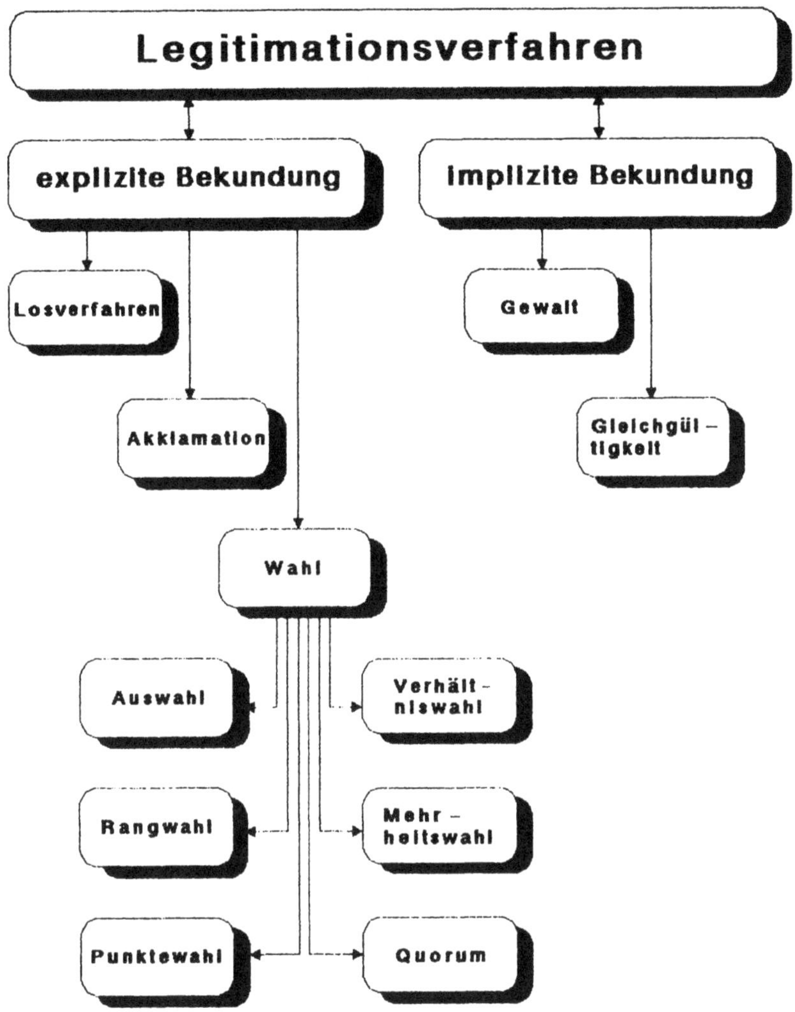

Fig. II-8: Charakteristik der Legitimationsverfahren

alternativen zu unterscheiden. Im einfachsten Falle der Auswahl (*one man, one vote*) kann die Präferenz des einzelnen Wählers nur durch die Vergabe einer Stimme für eine Alternative zum Ausdruck gebracht werden. Bei der Rangwahl kann der einzelne Wähler eine Rangordnung der verschiedenen Alternativen aufstellen. Im Falle der Punktewahl verteilt der Wähler eine gegebene Anzahl von Punkten auf die verschiedenen Alternativen. Die Auswahl stellt demnach eine besondere Variante der Punktewahl dar, da bei ihr nur ein Punkt vergeben werden kann. Je größer die zu vergebende Punktzahl ist, um so deutlicher kann der Wähler seine Präferenzen zum Ausdruck bringen. Gegenüber der Rangwahl hat das Punktewahlverfahren den Vorzug, eine qualifizierte Rangordnung zu liefern. Es ist daher mit einer Intervallskalierung der Wählerpräferenz vergleichbar. Eine Rationalskalierung der Wählerpräferenz würde dagegen erfordern, daß nicht alle Wähler die gleiche Punktanzahl vergeben müßten. Zum anderen ist bei den Wahlverfahren zu unterscheiden, ob eine Mehrheitswahl oder eine Verhältniswahl durchgeführt wird. Diese Alternative wird beeinflußt duch die Anzahl der auszuwählenden aktiven Träger. Sie korrespondiert daher mit der Charakteristik des Personifikationssystems. Ist ein einzelner Träger gesucht, bleibt nur das Mehrheitswahlverfahren. Bei einer Gruppe von aktiven Trägern kann jeder einzelne nach dem Mehrheitswahlsystem oder die Gruppe insgesamt nach dem Verhältniswahlsystem bestimmt werden. Innerhalb des Mehrheitswahlsystems kann noch der Begriff der Mehrheit numerisch spezifiziert werden. Mehrheit kann absolut oder relativ gemessen werden oder an ein Quorum angelehnt sein, das im Extremfall der Mehrheitsspezifikation die Einstimmigkeit der Wahl bedeuten kann.

Statt einer Charakterisierung der Legitimationsverfahren wird gelegentlich **auch eine Klassifizierung der Legitimationsbegründung vorgenommen**, wobei der Begriff der Trägerschaft durch den Begriff der Herrschaft ersetzt wird. Ein exponierter Vertreter dieser Betrachtungsweise ist Max Weber.[1] Die von ihm vorgeschlagene Aufteilung der Legitimationsbegründung in legal, traditionell und charismatisch läßt einen direkten Zusammenhang zwischen den Legitimationsverfahren und den Legitimationsbegründungen vermuten. Jedoch zeigt die Definition der entsprechenden Unter-

[1] M. WEBER, Die drei reinen Typen der legitimen Herrschaft, a.a.O., 475-88.

begriffe einige Widersprüchlichkeiten. Eine legale Trägerschaft "kraft Satzung"[1] kann auch auf einer Satzung beruhen, die einen traditionellen Bezug hat, etwa im allgemeinpolitischen Rahmen bei Systemen der parlamentarischen Monarchie. Eine traditionelle Trägerschaft "kraft Glaubens an die Heiligkeit der von jeher vorhandenen Ordnungen und Herrengewalten"[2] kann *de facto* auch bei freier Willensbekundung durch Wahl vorliegen, wenn die individuelle Willensbildung der passiven Träger entsprechend begründet ist. Ein bekanntes Beispiel dafür ist der sogenannte "Kanzlerbonus", der häufig als "traditionelles" Element in die Kalkulation des Ergebnisses des legalen Legitimationsverfahrens einbezogen wird. Gleiches gilt auch für die charismatisch begründete Trägerschaft "kraft affektueller Hingabe an die Person des Herrn und ihrer Gnadengaben (Charisma), insbesondere: magische Fähigkeiten, Offenbarungen oder Heldentum, Macht des Geistes und der Rede"[3] - ein Repertoire, um das sich jeder moderne Politiker und Wissenschaftler bemüht. Zwischen der Legitimationsbegründung im Sinne einer Begründung der Willensbildung und dem Legitimationsverfahren kann zweifellos eine Verbindung bestehen. Sie ist jedoch nicht zwingend und eindeutig vorgegeben. Vorrangiges Charakteristikum ist das Legitimationsverfahren. Spezielle Grundlage der Willensbildung im Rahmen des Legitimationsverfahrens können unterschiedliche Legitimationsbegründungen im Sinne von Willensbegründungen sein. Insofern bildet die Legitimationsbegründung eine zusätzliche Möglichkeit, die charakteristischen Eigenschaften eines konkreten Legitimationsverfahrens weiter zu spezifizieren.

Der zweite Aspekt der Legitimation des Trägers betrifft den Legitimationsbereich. In der Regel ist mit der Festlegung des aktiven Trägers die Zuweisung eines bestimmten Bereichs verbunden, innerhalb dessen sich die legitimen Aktivitäten des Trägers zu beschränken haben. Die Charakterisierung des Legitimationsbereichs kann nach fünf Gesichtspunkten erfolgen, wobei die Einschränkung der Legitimation auf einen bestimmten **personellen Bereich** bereits in der Struktur des Personifikationssystems durch die Gegenüberstellung und Abgrenzung des aktiven und pas-

1 Ebenda, 475.

2 Ebenda, 478.

3 Ebenda, 481.

siven Trägers erfaßt ist. In anderer Weise können Einschränkungen der Legitimation in zeitlicher, räumlicher, thematischer und funktioneller Hinsicht vorliegen. Der **zeitliche Bereich** der Legitimation kann periodisch, etwa durch Legislaturperioden, oder durch persönliche Amtszeiten festgelegt sein. Letztere sind auf Lebensdauer, für die Dauer der beruflichen Tätigkeit oder bis zur nächsten Durchführung des Legitimationsverfahrens gegeben, wozu auch beispielsweise das Verfahren der Abwahl eines gewählten Trägers gehört. Gelegentlich ist die zeitliche Legitimationsbeschränkung auch auf die Erfüllung einer bestimmten Aufgabe abgestellt (z.B. *ad hoc*-Kommissionen). Der **räumliche Bereich** der Legitimation bezieht sich auf die Unterteilung des geographischen Raumes, in dem der passive Träger lebt. Angelehnt an die allgemeinpolitische Legitimation sind Landes- und Kommunalbereiche, speziell auf die tarifpolitische Legitimation Tarifbereiche als Beispiele anzuführen. Eine Fixierung der Legitimation auf einen räumlichen Bereich ist im allgemeinen nur schwer und meist nur kurzfristig von einer Festlegung auf einen personellen Bereich zu trennen. Das Wahlrecht von ausländischen Gastarbeitern ist ein Beispiel für die langfristig entstehenden Probleme einer räumlichen und personellen Bereichsdivergenz. Die Einschränkung der Legitimation auf einen **thematischen Bereich** beruht auf einer Spezialisierung der aktiven Träger auf bestimmte Inhalte ihrer Tätigkeit, im wirtschaftlichen Bereich etwa auf die Behandlung von Währungs- oder Außenhandelsproblemen. Beispiele für die thematische Bereichsabgrenzung in der allgemeinpolitischen Trägerschaft bestehen bei der Einteilung in verschiedene Ministerien oder der Bildung von parlamentarischen Ausschüssen. Die Darstellung der **funktionellen Bereiche** einer Legitimation knüpft an die Erläuterung der Ablaufphasen des (wirtschafts-)politischen Prozesses an. Für die einzelnen Phasen können unterschiedliche aktive Träger legitimiert werden. Beispielsweise können für die Durchführungsphase Ministerien und Behörden, für die Entscheidungsphase Parlamente und für die Informationsphase wirtschaftswissenschaftliche Sachverständige oder Institute als legitime Träger der Wirtschaftspolitik fungieren. Im allgemeinpolitischen Bezug entspricht das Prinzip der Gewaltenteilung in Legislative, Exekutive und Judikative einer Aufteilung der Legitimation in funktionelle Bereiche.

Die damit abgeschlossene Charakterisierung der Legitimation und Personifikation eines Trägers enthält die strukturellen

Eigenschaften sowohl eines wirtschaftspolitischen, wie auch eines allgemeinpolitischen Handlungsträgers. **Zur endgültigen Erfassung der Eigenschaften des Strukturelements** Träger der Wirtschaftspolitik **ist** daher noch **die Verbindungscharakteristik zwischen allgemeinpolitischen und wirtschaftspolitischen Trägern darzustellen**. Die Verbindungscharakteristik wird durch den Grad der Systemkonformität bestimmt. Unter systemkonform ist dabei die strukturelle Übereinstimmung der jeweiligen Personifikation und Legitimation zu verstehen. Häufig wird dieser Begriff speziell auf die Mittel- oder Zielkonformität der Wirtschaftspolitik bezogen.[1] Im Trägerbezug ist diese spezielle Sicht jedoch mit erfaßt und umgekehrt läßt sich jede Überprüfung der Ziel- oder Mittelkonformität auf die der Trägerkonformität zurückführen. Eine Systemkonformität zwischen wirtschafts- und allgemeinpolitischen Trägern ist nicht zwingend vorgegeben und unterliegt nicht einer Ja-Nein-Entscheidung. Systemdivergenzen sind im Gegenteil die Regel und sogar innerhalb des wirtschaftspolitischen Bereichs möglich, wie beispielsweise in der Unterscheidung von staatlichen und privaten Gütersektoren unmittelbar deutlich wird. Inwieweit es möglich ist, bestimmte Grade der Systemdivergenz insbesondere über längere Zeit aufrecht zu erhalten, ist dagegen eine andere Frage, die im Rahmen der Betrachtung der wirtschaftspolitischen Grenzen zu behandeln ist.

---

[1] M. STREIT, Theorie der Wirtschaftspolitik, a.a.O., Kap. 10.

Literatur zum II. Teil

1. Struktur der Wirtschaftspolitik

L. CZAYKA, Systemwissenschaft, Eine kritische Darstellung mit Illustrationsbeispielen aus den Wirtschaftswissenschaften, Pullach 1974.

K. A. FOX - J. K. SENGUPTA - E. THORBECKE, The Theory of Quantitative Economic Policy, 2. e., Amsterdam 1973.

W. FUCHS, Rationalität, in: Ders. (Hrsg.), Lexikon zur Soziologie, 2. A., Opladen 1978.

F. GEIGANT, Rationalverhalten, in: Ders. - D. SOBOTKA - H. M. WESTPHAL (Hrsg.), Lexikon der Volkswirtschaftslehre, München 1975.

F. v. KUTSCHERA, Wissenschaftstheorie I, Grundzüge der allgemeinen Methodologie der empirischen Wissenschaften, München 1972.

TH. PÜTZ, Grundlagen der theoretischen Wirtschaftspolitik, 3. A., Stuttgart 1975.

H. G. SCHACHTSCHABEL, Wirtschaftspolitische Konzeptionen, 2. A., Stuttgart 1967.

H. A. SIMON, From Substantive to Procedural Rationality, in: S. LATSIS (Ed.), Method and Appraisal in Economics, Cambridge 1976.

2. Ziele und Mittel

O. ANDERSON u. a., Bevölkerungs- und Wirtschaftsstatistik, Berlin-Heidelberg-New York 1983.

G. BÖHME, Quantifizierung - Metrisierung, Zeitschrift für allgemeine Wissenschaftstheorie, 7 (1976), 209-22.

R. A. DAHL - C. E. LINDBLOM, Sieben Grundziele der Wirtschaftspolitik, in: G. GÄFGEN (Hrsg.), Grundlagen der Wirtschaftspolitik, 4. A., Köln 1972, 211-36.

W. EUCKEN, Grundsätze der Wirtschaftspolitik, 4. A., Tübingen 1968.

H. GIERSCH, Allgemeine Wirtschaftspolitik, Grundlagen, Wiesbaden 1961.

R. HUJER - R. CREMER, Methoden der empirischen Wirtschaftsforschung, Verfahren zur Diagnose und Prognose makroökonomischer Prozesse, München 1978.

E. S. KIRSCHEN u. a., International vergleichende Wirtschaftspolitik, Versuch einer empirischen Grundlegung, Berlin 1967.

W. KRUG - M. NOURNEY, Wirtschafts- und Sozialstatistik: Gewinnung von Daten, München-Wien 1982.

A. LOWE, Politische Ökonomik, Frankfurt 1965.

K. MARX, Zur Kritik der Politischen Ökonomie, Vorwort und Einleitung, Berlin(Ost) 1974.

B. ORTH, Einführung in die Theorie des Messens, Stuttgart 1974.

V. PARETO, Ausgewählte Schriften, C. MOUGARDINI (Hrsg.), Frankfurt 1975.

TH. PÜTZ, Grundlagen der theoretischen Wirtschaftspolitik, 3.A., Stuttgart 1975.

E. ROTH(Hrsg.), Sozialwissenschaftliche Methoden, Lehr- und Handbuch für Forschung und Praxis, München-Wien 1984.

A. SMITH, Der Wohlstand der Nationen, Eine Untersuchung seiner Natur und seiner Ursachen, a.d.E.v. H.C. RECKTENWALD, München 1978.

E. TUCHTFELD, Grundlagen der Wirtschaftspolitik, Wirtschaftswissenschaftliches Studium, 9(1980), 373-80.

3. Ziel-Mittel-Zusammenhang

M. BECKMANN - H.P. KÜNZI, Mathematik für Ökonomen, 3 Bde., Berlin-Heidelberg-New York 1969, 1973 u. 1984.

I.N. BRONSTEIN - K.A. SEMENDJAJEW, Taschenbuch der Mathematik, 21. A., Thun-Frankfurt 1984.

M.D. INTRILIGATOR, Mathematical Optimization and Economic Theory, Englewood Cliffs 1971.

K. NEUMANN, Operations Research Verfahren, 3 Bde., München-Wien 1975 u. 1977.

B.TH. RAMB, Funktionen (I), Das Wirtschaftsstudium, 5(1976), 485-6.

S.J. TURNOVSKY, Macroeconomic Analysis and Stabilization Policy, Cambridge 1977.

4. Wissenschaftstheoretische Grundlage

H. ALBERT, Theorie und Prognose in den Sozialwissenschaften, in: E. TOPITSCH (Hrsg.), Logik der Sozialwissenschaften, 8.A., Köln 1972, 126-43.

P. FEYERABEND, Wider den Methodenzwang, Skizze einer anarchistischen Erkenntnistheorie, Frankfurt 1976.

J.G. FICHTE, Erste Wissenschaftslehre von 1804, Stuttgart 1969.

W. FRERICHS - K. KÜBLER, Gesamtwirtschaftliche Prognoseverfahren, München 1980.

M. FRIEDMAN, Essays in Positive Economics, Chicago 1953.

E. GRUNBERG, Bemerkungen über die Verifizierbarkeit ökonomischer Gesetze, in: R. JOCHIMSEN - H. KNOBEL (Hrsg.), Gegenstand und Methoden der Nationalökonomie, Köln 1971, 69-87.

K.-H. HARTWIG, Kritisch-rationale Methodologie und ökonomische Forschungspraxis, Zum Gesetzesbegriff in der Nationalökonomie, Frankfurt-Bern-Las Vegas 1977.

R. HUJER - R. CREMER, Methoden der empirischen Wirtschaftsforschung, Verfahren zur Diagnose und Prognose makroökonomischer Prozesse, München 1978.

R. JOCHIMSEN - H. KNOBEL, Zum Gegenstand und zur Methodik der Nationalökonomie, in: R. JOCHIMSEN - H. KNOBEL (Hrsg.), Gegenstand und Methoden der Nationalökonomie, Köln 1971, 11-66.

W. LEINFELLNER, Einführung in die Erkenntnis- und Wissenschaftstheorie, 2. A., Mannheim 1967.

O. MORGENSTERN, Die Grenzen der Wirtschaftspolitik, Wien 1934.

K. R. POPPER, Logik der Forschung, 5. A., Tübingen 1973.

K. R. POPPER, Die Zielsetzung der Erfahrungswissenschaft, in: H. ALBERT (Hrsg.), Theorie und Realität, 2. A., Tübingen 1972, 29-41.

TH. PÜTZ, Grundlagen der theoretischen Wirtschaftspolitik, 3. A., Stuttgart 1975.

K. W. ROTHSCHILD, Wirtschaftsprognose, Methoden und Probleme, Berlin-Heidelberg-New York 1969.

H. SPINNER, Pluralismus als Erkenntnismodell, Frankfurt 1974.

W. STEGMÜLLER, Wissenschaftliche Erklärung und Begründung, Probleme und Resultate der Wissenschaftstheorie und Analytischen Philosophie, Bd. 1, Berlin 1974.

A. STOBBE, Gesamtwirtschaftliche Theorie, Berlin 1975.

H. J. STÖRIG, Kleine Weltgeschichte der Philosophie, Bd. 2, Frankfurt 1969.

G. H. v. WRIGHT, Erklären und Verstehen, Frankfurt 1974.

4. Prozeß der Wirtschaftspolitik

K. A. FOX - J. K. SENGUPTA - E. THORBECKE, The Theory of Quantitative Economic Policy, 2. e., Amsterdam 1973.

TH. PÜTZ, Grundlagen der theoretischen Wirtschaftspolitik, 3. A., Stuttgart 1975.

M. STREIT, Theorie der Wirtschaftspolitik, Düsseldorf 1979.

5. Träger der Wirtschaftspolitik

E. BUCHHOLZ, Interessen - Gruppen - Interessengruppen, Elemente einer wirtschaftssoziologischen Organisationslehre - unter besonderer Berücksichtigung der deutschen Verbandsforschung, Tübingen 1970.

W. EUCKEN, Grundsätze der Wirtschaftspolitik, 4. A., Tübingen 1968.

J. LOCKE, Über die Regierung, Stuttgart 1974.

M. OLSON, Die Logik des kollektiven Handelns, Tübingen 1968.

TH. PÜTZ, Grundlagen der theoretischen Wirtschaftspolitik, 3. A., Stuttgart 1975.

M. STREIT, Theorie der Wirtschaftspolitik, Düsseldorf 1979.

M. WEBER, Die drei reinen Typen der legitimen Herrschaft, in: Ders., Gesammelte Aufsätze zur Wissenschaftslehre, 4. A., Tübingen 1973, 4475-88.

III. Grenzen der Wirtschaftspolitik

1. Ansatzpunkte und Interdependenzen

Mit der Darstellung der wirtschaftspolitischen Struktur und der Erläuterung der charakteristischen Eigenschaften der einzelnen Strukturelemente ist die Grundlage für die Betrachtung der Grenzen der Wirtschaftspolitik geschaffen. **Für die Durchführung der Grenzenbetrachtung sind aus der Struktur der Wirtschaftspolitik** zunächst **einige Ansatzpunkte zu entwickeln**, die zu einer Systematik der Grenzziehung führen. In der einfachsten Form könnte auf jedes einzelne der Strukturelemente in der entwickelten Abgrenzung und Reihenfolge zurückgegriffen und in einem zweiten Durchgang die separaten Grenzen der Strukturelemente aufgezeigt werden. Diese Vorgehensweise hat jedoch zwei Nachteile. Erstens würden sich viele Aspekte der Grenzenbetrachtung stets wiederholen und zweitens die Grenzen, die sich aus den interdependenten Beziehungen zwischen den einzelnen Strukturelementen ergeben, nicht deutlich genug sichtbar werden. Eine andere Strategie der Grenzenbetrachtung begründet sich auf der Rückbetrachtung der wirtschaftspolitischen Strukturelemente unter Berücksichtigung der bestehenden Dependenzen und Interdependenzen. Dabei lassen sich einige Strukturelemente zusammenfassen und gemeinsam erörtern, während für andere eine Unterteilung nach übergeordneten Aspekten der Grenzziehung notwendig wird.

Die Neugliederung der wirtschaftspolitischen Struktur aus der Sicht der Grenzenbetrachtung greift auf die Zweiteilung der Wirtschaftspolitik in einen wirtschaftstheoretischen und einen politisch-praktischen Teil zurück. Der wirtschaftstheoretische umfaßt die Strukturelemente Ziele und Mittel, Ziel-Mittel-Zusammenhang und wissenschaftstheoretische Grundlage. Der politisch-praktische Teil enthält die Strukturelemente Prozeß und Träger der Wirtschaftspolitik. Die starken Interdependenzen zwischen den beiden politisch-praktischen Strukturelementen zeigen sich bereits in der Darstellung ihrer charakteristischen Eigenschaften, so daß eine zusammengefaßte Erörterung der politisch-praktischen Grenzen der Wirtschaftspolitik zweckmäßig ist. Im wirtschaftstheoretischen Teil bleibt die Betrachtung der Grenzen, die sich aus dem Strukturelement der wissenschafstheoretischen Grundlage ergeben, als eigenständiger Gliederungsteil, da Art und Weise der Gewinnung wirtschaftspolitischer Theorien in fundamentaler Bedeutung die Grenzen der Wirtschaftspolitik bestimmen. Die Erörterung der wissenschaftstheoretischen Grenzen beschränkt sich dabei im wesentlichen auf die Darstellung der Argumente für oder gegen eine bestimmte methodologische Konzeption und ihre Folgen für die Eigenschaften der darauf aufbauenden wirtschaftspolitischen Theorien.

Die verbleibenden **Elemente Ziele und Mittel sowie der Ziel-Mittel-Zusammenhang der Wirtschaftspolitik stehen an der Nahtstelle zwischen dem wirtschaftstheoretischen und dem politisch-praktischen Teil der Wirtschaftspolitik.** Aus der Sicht der wissenschaftstheoretischen Grundlage ergeben sich - in allen vier methodologischen Konzeptionen unterschiedlich ausgeprägt - ein rationaler und ein empirischer Aspekt bei der Betrachtung der Grenzen dieser Strukturelemente. In gleicher Weise unterliegen diese Elemente auch aus der politisch-praktischen Sicht einer Grenzenanalyse unter rationalen und empirischen Aspekten. Die Unterscheidung zwischen den Zielen und den Mitteln ist wegen der Gleichartigkeit der bestehenden Grenzen nicht grundsätzlich notwendig, so daß sich eine gemeinsame Betrachtung der Grenzen der wirtschaftspolitischen Variablen unter rationalen und empirischen Gesichtspunkten anbietet. Bei der Grenzenbetrachtung des Ziel-Mittel-Zusammenhangs sind in Anlehnung an die charakteristischen Eigenschaften dieses Strukturelements auch die Grenzen zu erfassen, die sich aus den möglichen Nebenbedingungen, den Ziel- und Mittelrestriktionen, ergeben. Die verschiedenartigen Zusammenhänge zwischen den Zielen und Mitteln lassen sich unter dem Sammelbegriff wirtschaftspolitische Relationen zusammenfassen. Die Grenzen der wirtschaftspolitischen Relationen sind dann ebenfalls unter rationalen und empirischen Gesichtspunkten zu betrachten. Für die Betrachtung der Strukturelemente Ziel, Mittel und Ziel-Mittel-Zusammenhang ergeben sich aus der Zusammenfassung in wirtschaftspolitische Variablen und wirtschaftspolitische Relationen aus rationaler und empirischer Sicht insgesamt vier Aspekte der Grenzenbetrachtung. Hinzu kommen die beiden Gesichtspunkte wissenschaftstheoretische Grundlage und politische Praxis. Interdependente Beziehungen, die für die Betrachtung der Grenzen bedeutsam sind, bestehen zwischen allen sechs Ansatzpunkten (vgl. *Fig. III-1*).

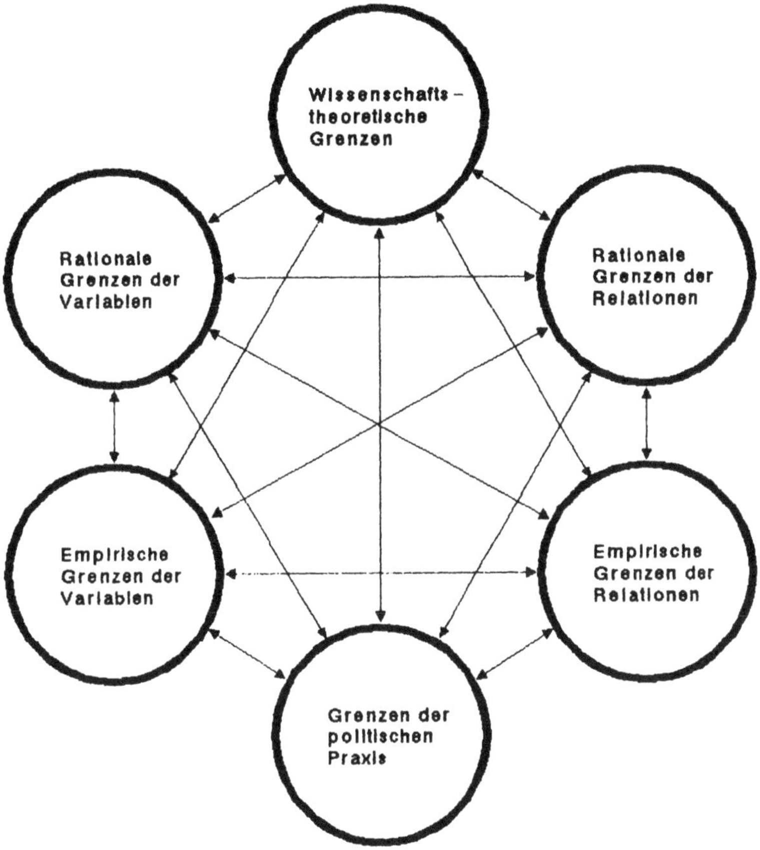

Fig. II-1: Interdependenzen der wirtschaftspolitischen Grenzen

Die wissenschaftstheoretischen Grenzen korrespondieren einzeln und insgesamt **mit den beiden Grenzen der wirtschaftspolitischen Variablen und Relationen.** Einerseits bestimmt die wissenschaftstheoretische Grundlage über die explizit gewählte Methodologie die Auswahl und den Charakter der wirtschaftspolitischen Ziele, Mittel und Ziel-Mittel-Zusammenhänge. Die Einschränkungen, denen jedes methodologische Grundkonzept für sich unterliegt, übertragen sich damit auf die Grenzen der wirtschaftspolitischen Variablen und Relationen. Andererseits besteht auch ein einschränkender Einfluß in umgekehrter Richtung durch die Vorauswahl bestimmter Ziele und Mittel und die Vorkonzeption von Ziel-Mittel-Zusammenhängen. Die einschränkenden Interdependenzen beziehen sich sowohl auf den empirischen, wie auch auf den rationalen Aspekt, der auf der Seite der wissenschaftstheoretischen Grundlage teilweise explizit angesprochen ist und auf der Seite der wirtschaftspolitischen Variablen und Relationen stets existiert.

Die Interdependenzen zwischen den Grenzen der wirtschaftspolitischen Variablen und Relationen ergeben sich unmittelbar. Beschränkungen auf der Variablenseite wirken sich entsprechend auf die sie enthaltenden Relationen aus. Einschränkungen der wirtschaftspolitischen Relationen beeinträchtigen die Verwendbarkeit der insgesamt vorliegenden wirtschaftspolitischen Variablen, da sie zu einer Selektion führen. Die Interdependenzen aus der empirischen und der rationalen Sicht sind überwiegend durch die Wahl der entsprechenden methodologischen Konzeption geprägt. Insbesondere im Falle der synthetischen Methodologie des kritischen Rationalismus sind sie direkt angesprochen. Nur Variablen und Relationen, die sowohl innerhalb des rationalen, wie auch des empirischen Grenzbereichs liegen, können zur praktischen Anwendung kommen.

Zwischen der wirtschaftstheoretischen und der politisch-praktischen Seite der wirtschaftspolitischen Grenzen bestehen zunächst **Interdependenzen mit grundsätzlichem Charakter,** die für alle Einzelverbindungen mehr oder weniger ausgeprägt zutreffen. Für diese generellen Interdependenzen bestehen auf der politisch-praktischen Seite mit den Strukturelementen Prozeß und Träger der Wirtschaftspolitik zwei spezielle Ansatzpunkte. Der eine liegt in der Informationsphase des wirtschaftspolitischen Prozesses. Sein Bezugspunkt ist die "praktisch verwertbare"

Wirtschaftstheorie. Die Grenzen bei der Bildung von Wirtschaftstheorien, die für die Wirtschaftspolitik praktisch verwertbar sind, gehen direkt in die Informationsphasen des wirtschaftspolitischen Prozesses ein, denn die fundamentale Aufgabe dieser Phase ist es, gesicherte Informationen über wirtschaftspolitische Ziele und Mittel sowie Ziel-Mittel-Zusammenhänge zusammenzutragen. Gesicherte Informationen bedeuten im Sinne der politisch-praktischen Seite der Wirtschaftspolitik praktisch verwertbare Informationen. Die Gleichsetzung von wissenschaftlich gesichert mit praktisch verwertbar ist jedoch nicht überschneidungsfrei und deckungsgleich. Wird der Wissenschaftsbegriff sogar losgelöst von der praktischen Verwertbarkeit gebildet, kann sich daraus eine radikale Begrenzung der praktischen Wirtschaftspolitik auf eine "Nullmenge" ergeben. Andererseits bewirkt das Diktat der politischen Verwertbarkeit eine erhebliche Einengung des wissenschaftstheoretischen Freiraums und der Betrachtung der möglichen wirtschaftspolitischen Variablen und Relationen. Dieses Diktat ist nicht zuletzt eine der möglichen Konsequenzen aus den negativ verlaufenden Kontrollphasen des wirtschaftspolitischen Prozesses, die in Verbindung mit einer notwendigen Modifikation der Informationsphase auftritt. Es besteht somit eine direkte Interdependenz zwischen der wissenschaftstheoretischen und der politisch-praktischen Grenzziehung durch die Notwendigkeit, wissenschaftlich gesicherte und praktisch verwertbare wirtschaftstheoretische Grundlagen zu entwickeln.

Der zweite Ansatzpunkt für die Interdependenz zwischen den wissenschaftlichen und politisch-praktischen Grenzen der Wirtschaftspolitik setzt bei dem Träger der Wirtschaftspolitik an. Bei dieser Interdependenz wird der Begriff der praktisch verwertbaren Wirtschaftstheorie durch den der "politisch durchsetzbaren" abgelöst. Die Konzentration auf politisch durchsetzbare Wirtschaftstheorien bedeutet eine Einschränkung der praktisch verwertbaren Theorien und damit eine weitere Einengung der Theorien, die je nach methodologischer Grundlage als wissenschaftlich gesichert angesehen werden. Die Bewertung einer Wirtschaftstheorie als wirtschaftspolitisch durchsetzbar ist primär eine subjektive Interpretationsfrage, die in erster Linie durch den Träger der Durchführungsphase der Wirtschaftspolitik beantwortet wird. Sie betrifft aber auch die Träger der Entscheidungs- und Kontrollphase - kurz die politischen Träger der

Wirtschaftspolitik. Auf der anderen Seite der Interpretations- und Abgrenzungsfront steht der Wirtschaftswissenschaftler als Hauptträger der Informationsphase. Die Interdependenzen bei der Grenzziehung von wissenschaftlich gesicherten und politisch durchsetzbaren Wirtschaftstheorien sind daher nicht zuletzt durch das Kräfte- und Einflußverhältnis von Wirtschaftswissenschaftlern und Wirtschaftspolitikern bestimmt.

Neben den grundsätzlichen Interdependenzen zwischen den wirtschaftstheoretischen und politisch-praktischen Grenzen liegen **direkte Beziehungen zwischen der politischen Praxis und den wirtschaftspolitischen Variablen und Relationen sowie den wissenschaftstheoretischen Grundlagen** vor, die zu einer gegenseitigen Einschränkung führen. Wirtschaftspolitische Ziele werden von dem politischen Träger sowohl rational wie auch empirisch erfaßt und in Zielvorstellungen transformiert. Gleichermaßen entstehen grob gefaßte Vorstellungen über die Mittel zur Erreichung dieser Ziele. Aus beidem ergibt sich eine Einschränkung der wirtschaftstheoretisch zu betrachtenden Variablen aus politischer Sicht. In umgekehrter Richtung führen die Schranken der empirischen und/oder rationalen Erfassung von wirtschaftspolitischen Variablen, die auf der theoretischen Seite entstehen, zu einer Eingrenzung der politisch-praktischen Behandlung der entsprechenden Ziele und Mittel. In ähnlicher Weise verhält es sich mit den Grenzen der wirtschaftspolitischen Relationen. Aus wirtschaftstheoretischer Sicht bestehende Einschränkungen wirken sich unmittelbar auf den Handlungsspielraum der politischen Praxis aus. Umgekehrt beeinträchtigen politische Rahmenbedingungen für die grundsätzliche Gestaltung des Ziel-Mittel-Zusammenhangs die Bandbreite der sinnvollen wirtschaftswissenschaftlichen Untersuchung wirtschaftspolitischer Relationen. Die Interdependenzen der Grenzen von wirtschaftspolitischen Relationen und politischer Praxis bestehen wie bei den wirtschaftspolitischen Variablen sowohl in der rationalen, wie auch in der empirischen Sicht. Schließlich ist noch auf die direkte Interdependenz der Grenzen auf der wissenschaftstheoretischen und der politisch-praktischen Ebene zu verweisen, die trotz der scheinbar großen Entfernung dieser beiden Ebenen besteht. Sie begründet sich in der Kontrastierung von wissenschaftlich gültiger und als gültig anerkannter Wirtschaftstheorie, wobei die Anerkennung auf der Verwendung in der wirtschaftspolitischen Praxis beruht. Damit besteht eine direkte und einschränkende Verbindung zwischen dem konkreten Rahmen der wissenschaftstheoretischen Grundpositionen, der bestimmte wirtschaftspolitische Praktiken verhindert, und der festgelegten politisch-praktischen Grundposition, die bestimmte wissenschaftstheoretische Konzeptionen als unzulässig deklariert.

Die Untergliederung der wirtschaftspolitischen Struktur in sechs Ansatzpunkte für die Analyse der wirtschaftspolitischen Grenzen **und die zwischen diesen Ansatzpunkten bestehenden Interdependenzen** der Grenzziehung **eröffnet eine alternative Vorgehensweise bei der Darstellung der Grenzen**. Zum einen können den zwölf Verbindungslinien entsprechend die interdependenten Einschränkungen spezifiziert werden, wobei eine ergänzende Betrachtung der Grenzen innerhalb der jeweils verbundenen Ansatzpunkte notwendig ist. Zum anderen kann von den sechs Ansatzpunkten ausgehend zunächst eine interne Grenzenanalyse erfolgen, die an den in ihnen enthaltenen wirtschaftspolitischen Strukturelementen direkt ansetzt. Diese interne Grenzziehung ist um eine externe zu erweitern, indem die jeweiligen Dependenzen von den Grenzen der anderen Ansatzpunkte betrachtet werden. Die Dualität der Problematik zeigt, daß beide Vorgehensweisen gleichermaßen Vor- und Nachteile besitzen. Hier wird die zweite Vorgehensweise aus mehreren Gründen gewählt. Zunächst ist dadurch jeder Ansatzpunkt und damit jedes Strukturelement der Wirtschaftspolitik in seinen internen Grenzen nur einmal zu betrachten. Diese Grenzen sind zudem für die interdependenten Grenzeinflüsse entscheidend. Ein weiterer Vorteil ergibt sich durch die sukzessive Erweiterung bei der Betrachtung der interdependenten Einflüsse. Mit jedem weiteren Ansatzpunkt werden die Interdependenzen zu den bereits dargestellten erläutert. Zusätzlich wird diese Vorgehensweise durch die Wahl der Reihenfolge in der Betrachtung der sechs Ansatzpunkte erleichtert, die einer logischen Anordnung folgt. Zuerst wird die Betrachtung der wissenschaftstheoretischen Grenzen vorgenommen, anschließend die Grenzen der wirtschaftspolitischen Relationen erörtert, dann die der wirtschaftspolitischen Relationen aufgezeigt und schließlich die politisch-praktischen Grenzen analysiert.

2. Wissenschaftstheoretische Grenzen

Die grundsätzliche Charakteristik des wirtschaftspolitischen Strukturelements der wissenschaftstheoretischen Grundlage bezieht sich auf das wissenschaftliche Erkenntnisziel und die Methodologie der Wissensgewinnung. Die expliziten Eigenschaften dieser beiden Charakterisierungsmerkmale bestehen - wie die vorangegangene Strukturanalyse zeigte - aus Alternativen, die sich teilweise gegenseitig widersprechen. Daraus ergeben sich **zwei grundsätzliche Aspekte der wissenschaftstheoretischen Grenzziehung**. Erstens ist festzustellen, welche **Grenzen bei der Verfolgung der unterschiedlichen Wissenschaftsziele** vorliegen. Zweitens sind die **Grenzen der verschiedenen Methodologien** darzulegen. Beide Grenzziehungen erfolgen somit in direkter Anlehnung an die Struktur der wissenschaftstheoretischen Grundlage, wobei die Grenzen der einzelnen strukturellen Alternativen durch interdependente Beziehungen verschärft werden.

Die Grenzen des Wissenschaftsziels der Lenkung ökonomischer Größen **bestehen in der grundsätzlichen Ablehnung der Lenkung als wissenschaftliches Erkenntnisziel**. Als Begründung wird von John Stuart Mill angeführt, daß wissenschaftliche Theorien, die zu Lenkungszwecken verwendet werden, ein Widerspruch in sich wären, da das Lenkungsziel kein wissenschaftliches Ziel sei. Lenkungstheorien sind ihm nach den Kunstlehren zuzuordnen, die sich selbst ein Ziel setzen und Wege suchen, dieses Ziel zu erreichen.[1] Die Konsequenz dieser wissenschaftstheoretischen Grenzziehung wäre, daß prinzipiell keine wissenschaftlich begründete Wirtschaftspolitik existiert. Neben dieser radikalen Disqualifizierung des Lenkungsziels als wissenschaftliches Erkenntnisziel besteht eine abgeschwächte Form der Ablehnung. "Während der Laie hauptsächlich an dem Vermögen der Wissenschaft, Ereignisse zu kontrollieren, interessiert ist, interessiert sich der Wissenschaftler eher für ihr Vermögen, richtig zu erklären und vorherzusagen. Die Fähigkeit, Ereignisse zu kontrollieren, ist ein Nebenprodukt erfolgreicher Erklärung. Diese Fähigkeit kann ein psychologisches Motiv für wissenschaftliche Arbeit sein und als ihre soziale Rechtfertigung gelten. Sie ist jedoch selbst weder

---

[1] J.S.MILL, Einige ungelöste Probleme der politischen Ökonomie, a.a.O, 149.

Aspekt der Wissenschaft noch ein methodologischer Maßstab, an dem diese gemessen werden kann."[1] Bei dieser Wissenschaftseinschätzung wird die Eigenschaft einer Theorie, für Lenkungszwecke verwendbar zu sein, zu einem Nebenprodukt degradiert, das keinesfalls im Zentrum des wissenschaftlichen Bemühens stehen darf. Diese Eigenschaft stellt jedoch eine notwendige Bedingung für die wirtschaftspolitische Anwendung der Theorie dar. Die Vernachlässigung oder Ablehnung des Lenkungsaspekts kann zu einer erheblichen quantitativen und qualitativen Einschränkung bei der Bildung wirtschaftspolitisch verwendbarer Theorien führen. Die Einschränkungen greifen jedoch nur, wenn die sie verursachende wissenschaftstheoretische Grundposition zum Tragen kommt. Diese wissenschaftstheoretische Grenze der Wirtschaftspolitik ist daher vom Träger der wissenschaftlichen Theorienbildung, dem Wissenschaftler abhängig, der diese Auffassung übernehmen kann oder nicht. Häufiger wird die gegenteilige Ansicht vertreten. Gerade weil die Erreichung des Lenkungsziels für die wirtschaftspolitische Verwendbarkeit einer wirtschaftswissenschaftlichen Theorie eine unabdingbare Voraussetzung darstellt, ist dieses Wissenschaftsziel nicht nur legitim, sondern alleiniger Maßstab der Wissenschaftlichkeit. Inwieweit es überhaupt Theorien gibt, die diese Fähigkeit haben, und in welcher Form diese Eigenschaften von den anderen möglichen Zielen der Wissenschaft beeinträchtigt werden, bleibt einer speziellen Grenzbetrachtung der einzelnen wissenschaftlichen Theorien mit Lenkungsfähigkeiten überlassen.

Die wissenschaftstheoretischen Grenzen des Prognoseziels basieren ebenfalls auf einer normativ begründeten Ablehnung dieser Theorieeigenschaft als eine wissenschaftliche. Die Existenz dieser wissenschaftstheoretischen Beschränkung ist daher wie bei dem Lenkungsziel von der Einstellung des Trägers der wissenschaftlichen Tätigkeit abhängig. Jedoch bestehen auch grundsätzliche Bedenken hinsichtlich der Prognostizierbarkeit von Ereignissen schlechthin. Einerseits wird auf die Notwendigkeit der Prognosefähigkeit von Theorien als Gütezeichen einer einer wissenschaftlichen Theorie verwiesen[2] und Prognosen als ein nicht

---

1 E. GRUNBERG, Gegenstand und externe Grenzen der Wirtschaftswissenschaft, a.a.O., 69.

2 Vgl.: M. FRIEDMAN, Essays in Positive Economics, a.a.O, 39-41.

wegzudenkendes Element der Wirtschaftspolitik apostrophiert[1], ohne das keine Lenkung möglich ist, andererseits wird die Wissenschaftlichkeit von Prognosen generell angezweifelt. Für die zweite Einstellung existieren eine Reihe von Argumenten, die alle darauf hinauslaufen, daß das Stellen von Prognosen erhebliche Schwierigkeiten bereitet[2] und letztlich praktisch unmöglich ist[3]. Darüberhinaus ist zu klären, wie und warum wissenschaftliche Prognosen von unwissenschaftlichen Weissagungen zu trennen sind. Weissagungen z.B. von Wahrsagern oder Hellsehern können durchaus effektiver und erfolgreicher sein als wissenschaftliche Prognosen. Weissagungen sind daher schon in der Antike ernsthaft behandelt worden, wobei nach Cicero zwei Arten der Weissagung, die künstliche (Interpretation von Vogelflug, Blitz, Eingeweiden von Opfertieren, Lose, etc.) und die natürliche (Träume, Aussagen in Extase und Trance u.ä.), unterschieden wurden. Entscheidend waren jedoch weniger die Gründe (und damit die Erklärung), sondern vielmehr der Erfolg der Weissagungen.[4] Demgegenüber werden in der heutigen Zeit in der Regel nur "wissenschaftliche" Prognosen anerkannt, die aus hinreichend bestätigten Theorien abgeleitet werden.[5] Die Grenzen der Prognosefähigkeit wirtschaftspolitisch verwendeter Theorien sind auf diese Weise mit den Bestätigungsgrenzen einer Theorie verbunden. Dies führt jedoch zu einem unlösbaren Zirkelschluß, wenn - wie bei Friedman - die Bestätigung einer Theorie erst aufgrund der bewiesenen Prognosefähigkeit erfolgen kann.

Die Grenzen der Prognose als wissenschaftliches Erkenntnisziel, die sich aufgrund des Fehlens exakter wissenschaftlicher Theorien ergeben, **werden teilweise aufgehoben, wenn abgemilderte Definitionen des Prognosbegriffs verwendet werden**. Sie führen jedoch gleichzeitig zu einer Einengung des Theoriebegriffs. Beispiele sind die von Hayek konzipierten "Muster-Vorhersagen"

---

1 W.A.JÖHR - F.KNESCHAUREK, Die Prognose als Basis der Wirtschaftspolitik, a.a.O., 341.

2 K.W.ROTHSCHILD, Wirtschaftsprognose, a.a.O., 1.Kap..

3 P.URBAN, Die Unmöglichkeit wissenschaftlicher Voraussagen über die Zukunft und einige ihrer wirtschafts- und gesellschaftspolitischer Konsequenzen, a.a.O., 101-24.

4 CICERO, Von den Weissagungen (de divinatione), a.a.O., 21.

5 J.WILD, Probleme der theoretischen Deduktion von Prognosen, a.a.O., 554.

aufgrund von "Muster-Erklärungen"[1] oder die Beschränkungen auf extrem kurzfristige Prognosen, um den *ceteris paribus*-Bedingungen einer Theorie gerecht zu werden[2]. Die Auswirkungen der wissenschaftstheoretischen Grenzen, die sich aus dem Prognoseziel ergeben, sind unabhängig von der Grundposition bei der Einschätzung der Wissenschaftlichkeit dieses Ziels grundsätzlich davon abhängig, ob die Prognosefähigkeit der Theorie als notwendige Eigenschaft für ihre wirtschaftspolitische Verwendung angesehen wird. Entscheidet sich der Träger dafür, daß das nicht der Fall ist, sind diese wissenschaftstheoretischen Grenzen - sofern sie sich nicht auf andere Aspekte der wissenschaftstheoretischen Grundlage auswirken - obsolet.

Die wissenschaftstheoretischen Grenzen, die sich aus dem Erklärungsziel der wissenschaftlichen Theorie ergeben, beruhen auf der Problematik eines Kausalzusammenhangs, denn konkretes Ziel der Erklärung ist die Aufdeckung einer Kausalität als Verbindung von Ursache und Wirkung. Die Probleme kausaler Zusammenhänge beginnen schon bei der Definition der Kausalität, auf deren unterschiedliche Varianten im einzelnen nicht eingegangen werden muß.[3] Aber auch die Erfüllung bestimmter sich bei jeder Definition der Kausalität ergebender Einzelmerkmale erscheint unmöglich.[4] Wird die Möglichkeit der wissenschaftlichen Ermittlung von Kausalzusammenhängen nicht generell in Frage gestellt, was die extremste Begrenzung dieses Wissensziel zur Folge hätte, sind hinsichtlich des Erklärungsziels - ähnlich wie bei der Prognose - einige grundlegende Einschränkungen vorzunehmen. Die gravierendste ist die Einschränkung der Forderung eine invarianten Erklärung des Zusammenhangs. Während die Kausalität eigentlich die Eigenschaft einer Gesetzmäßigkeit mit zeitlich unbeschränkter Gültigkeit beinhaltet, wird nunmehr die Invarianz eingeschränkt und als Erklärungsziel die Erstellung von Quasi-Theorien gesetzt. Quasi-Theorien sind "den Theorien klassischen

---

1 F. A. HAYEK, Die Theorie komplexer Phänomene, a.a.O..

2 E. GRUNBERG, Gegenstand und externe Grenzen der Wirtschaftswissenschaft, a.a.O., 84.

3 W. STEGMÜLLER, Wissenschaftliche Erklärung und Begründung, a.a.O., Kap. VII; sowie: Ders., Das Problem der Kausalität, a.a.O., 171-90.

4 F. J. CLAUß, Unbestimmbarkeit in Natur- und Sozialwissenschaften, a.a.O., 439-78.

Stils analog strukturierte empirische Aussagensysteme, in denen an irgendeiner Stelle Hypothesen von raum-zeitlich beschränkter Gültigkeit auftreten"[1]. Gleichwohl bleibt damit die Hoffnung verbunden, daß Quasi-Theorien in allgemeinen Gesetzmäßigkeiten begründet sind.[2] Es bleibt jedoch als Einschränkung des Erklärungsziels die Unerklärbarkeit der Gründe für die raum-zeitliche Beschränkung der Theorie. Eine ähnliche Problematik ist bei einer zweiten Form der Erklärungseinschränkung gegeben, der Erklärung unter *ceteris paribus*-Bedingungen. Die erklärenden Theorien gelten nur unter bestimmten Rahmenbedingungen, deren Nichteinhaltung oder fehlende Existenz die theoretische Erklärung hinfällig machen oder zumindest beeinträchtigen können. In konsequenter Weiterführung des *ceteris paribus*-Gedankens liegen die Einschränkungen des Erklärungsziels bei Beschränkungen der Theorie auf Tendenzaussagen[3] oder auf die bereits angeführten "Muster-Erklärungen"[4]. In die gleiche Richtung zielen auch einschränkende Erklärungen, die sich durch die Aufnahme stochastischer Elemente in den Erklärungszusammenhang ergeben. Sämtliche genannten Einschränkungen des Erklärungsziels beruhen letztlich direkt oder indirekt auf bestimmten Grenzen der Wissenschaftsmethodik, da sie primär durch Widersprüchlichkeiten der empiristischen und rationalistischen Ebene veranlaßt werden. Die Grenzen des Erklärungsziels lassen sich daher durch die nachfolgend erläuterten methodologischen Grenzen entsprechend präzisieren.

Die wissenschaftstheoretischen Grenzen, die sich aus dem Wissenschaftsziel der Beschreibung ergeben, sind von fundamentaler Bedeutung für alle anderen Wissenschaftsziele. Das Ziel der Beschreibung scheint zwar das Wissenschaftsziel mit dem geringsten Anspruchsniveau darzustellen, gleichwohl führt es zu erheblichen Einschränkungen. Zum einen kann argumentiert werden, daß die Beschreibung das einzig sinnvolle und realistische Ziel der Wissenschaft ist, da jedes wissenschaftliche Bemühen letztlich auf eine Beschreibung hinausläuft, bzw. nie darüber hinaus kommt, insbesondere wenn eine Erklärung angestrebt wird - wie Nietzsche es in einem seiner philosophischen Aphorismen einmal

---

1 H. ALBERT, Theorie und Prognose in den Sozialwissenschaften, a.a.O., 132.

2 E. TOPITSCH, Zum Gesetzesbegriff in den Sozialwissenschaften, a.a.O., 329.

3 A. MARSHALL, Principles of Economics, a.a.O., 31-4.

4 F. A. HAYEK, Die Theorie komplexer Phänomene, a.a.O..

ausdrückte.[1] Würde dieser Ansicht gefolgt, wäre eine zielgerichtete Wirtschaftspolitik auf wissenschaftlicher Ebene prinzipiell unmöglich. Aber auch die Interpretation der wissenschaftlichen Beschreibung als notwendige Grundlage der Wissenschaft muß berücksichtigen, daß der Beschreibung bestimmte Grenzen gesetzt sind, die sich insbesondere in der später folgenden Darstellung der Grenzen wirtschaftspolitischer Variablen zeigen. Diese Grenzen sind grundsätzlich dadurch verursacht, daß in der wissenschaftlichen Bewertung deskriptiver Aussagen auf Kriterien zurückgegriffen werden muß, die bei der Feststellung der Operationalisierbarkeit ökonomischer Größen verwendet werden.[2] Die sich in der Operationalisierbarkeit der wirtschaftspolitischen Variablen auswirkenden Grenzen der wissenschaftlichen Beschreibung wiegen um so schwerer, je stärker die Beschreibungsfunktion von Theorien als Ausgangspunkt übergeordneter Wissenschaftsziele dient.

Insgesamt gesehen können somit die wissenschaftstheoretischen Grenzen, die sich aus der wissenschaftlichen Zielsetzung ergeben, sehr eng gesetzt sein. Auch partielle Einschränkungen von Wissenschaftszielen, die vordergründig eine Erweiterung der wissenschaftstheoretischen Grenzen anstreben, können letztlich zu einer stärkeren Gesamteinschränkung führen. So lassen insbesondere die erheblichen Abstriche hinsichtlich des Prognose- und Erklärungszieles den Spielraum für im Lenkungssinne verwendbare wirtschaftspolitische Theorien geringer werden. Jedoch sind die Festlegung der Wissenschaftsziele und die Erfordernisse einer wirtschaftspolitisch verwendbaren Theorie nicht zwangsläufig und in eindeutiger Weise einander zugeordnet. Der Bezug - und damit die Grenzziehung - wird letztlich durch normative Einschätzungen hergestellt, die primär seitens des Wissenschaftlers als unmittelbarer Träger der Wissenschaft bestehen. Seine Entscheidung für eines oder mehrere Wissensziele korrespondiert dabei mit seiner Entscheidung für eine bestimmte Methode der Wissensgewinnung. **Die wissenschaftstheoretischen Grenzen der wissenschaftlichen Zielsetzung stehen** daher **in einem interdependenten Verhältnis zu den Grenzen der Methodologie**. Auch die methodologi-

---

1 F.NIETZSCHE, Die fröhliche Wissenschaft, a.a.O., Aphorismus 112.

2 R.HUJER - R.CREMER, Methoden der empirischen Wirtschaftsforschung, a.a.O., 249.

sche Frage ist - gerade wegen ihrer Abhängigkeit von der Zielsetzungsfrage - nicht eindeutig beantwortet, sondern von der subjektiven Auswahl des Wissenschaftlers abhängig. Die Grenzen der von ihm gewählten Methodologie resultieren nicht zuletzt aus den Gründen, aus denen überhaupt unterschiedliche Methodologiekonzepte bestehen.

Die Grenzen der klassischen Methodologien, des klassischen Rationalismus und des klassischen Empirismus, **ergeben sich aus der Gegenläufigkeit der Argumentation** für und gegen eine der beiden Methodologien. Verfechter der einen Richtung sind die schärfsten Kritiker der anderen, da sie aus dieser Kritik die Unterstützung ihrer eigenen Auffassungen von Methodologie beziehen. Der anderen Auffassung wird allenfalls eine ergänzende Funktion zugesprochen. So behaupten die Rationalisten: "Da es ein hoffnungsloses Unterfangen ist anzunehmen, daß wir in der politischen Ökonomie oder in irgendeinem anderen Bereich der Sozialwissenschaften die Wahrheit finden, indem wir die konkreten Tatsachen in all ihrer Komplexität, mit der die Natur sie umgeben hat, betrachten und uns bemühen, durch ein induktives Verfahren aus einem Vergleich von Einzelheiten ein allgemeingültiges Gesetz abzuleiten, bleibt uns keine andere Wahl als die *a priori*-Methode oder die Methode der 'abstrakten Spekulation'."[1] Dem Instrumentarium der Rationalisten, der logischen Deduktion, verbunden mit intuitiv gewonnenen rationalen Grundannahmen, halten die Empiristen ihre drei Stufen zum Aufstellen wissenschaftlich einwandfreier Allgemeinsätze entgegen: "Erstens wird der Geist von Vorurteilen, Antizipationen, gereinigt. Diese Reinigung ist notwendig, weil nur ein vorurteilsfreier Geist die Tatsachen der Natur so zu erfassen mag, wie sie wirklich sind, und nicht, wie die Einbildungskraft sie sich vorstellt. Zweitens werden Tatsachen durch Beobachtungen gesammelt. Drittens faßt der vorurteilsfreie Geist automatisch die gesammelten Tatsachen in einem Allgemeinsatz zusammen."[2] Das Induktionsverfahren stößt jedoch auf logische Grenzen, denn "selbst wenn wir tausende von Raben untersucht und für schwarz befunden haben, können wir nicht folgern, daß alle Raben schwarz sind".[3] Die logisch dedu-

---

1 J.S. MILL, Einige ungelöste Probleme der politischen Ökonomie, a.a.O., 171.

2 P.K. FEYERABEND, Wissenschaftstheorie, a.a.O., 331.

3 Ebenda.

zierten Erkenntnisse der Rationalisten, deren "vorurteilsfreier Geist" durch die intuitiv gebildeten Grundannahmen getrübt ist, können dagegen im Widerspruch zu den empirischen Tatsachen stehen.

Das synthetische Methodologiekonzept, das insbesondere die kritischen Einwände gegen die klassischen Methodologien aufzufangen und die entsprechenden Grenzen zu überwinden versucht, **führt zu einer Synthese der Grenzen**. Dies gilt nicht nur für die Synthese der beiden klassischen Methodologien, sondern auch für die dialektische Verarbeitung von spezifischen Einzelthesen. Die Synthese muß zwangsläufig die Grenzen von These und Antithese berücksichtigen, so daß nach dem Prinzip des kleinsten gemeinsamen Nenners mit der Fortsetzung des dialektischen Prozesses ein immer weiter eingeengter Kern der synthetischen Aussage entsteht. Im Rahmen des synthetischen Methodologiekonzepts des kritischen Rationalismus besteht eine dialektische Verarbeitung des klassisch-rationalistischen und des klassisch-empiristischen Elements. So wird dem Empirismus eine rationale Grundlage geschaffen, indem die Beobachtungssprache, die Form der Erfassung von Tatsachen, auf rationaler Ebene entwickelt und das Induktionsprinzip auf einer induktiven Logik aufgebaut wird, während die rational entwickelten Wissenssätze zunächst nur als Hypothesen angesehen werden, die sich in der Erfahrung von Tatsachen bewähren müssen. Die Synthese von rationalen und empirischen Elementen erfolgt mit dem Ziel, durch die Verarbeitung der beiden Positionen zu einer gemeinsamen Methodologie die jeweils bestehenden Gegenargumente zu entkräften. Dabei entsteht jedoch das Dilemma, daß mit der Adaption der konträren Position die zuvor entwickelten Einschränkungen übernommen werden, was zu einer doppelten Beschränkung der synthetischen Methodologie des kritischen Rationalismus führt.[1]

Die erste Variante des kritischen Rationalismus, die Verifikationsmethode, enthält mit ihrem Streben nach empirischer Bestätigung der rational entwickelten Hypothese **nach wie vor das Induktionsproblem**. Wenn eine rationale Hypothese, wie z.B. die Annahme einer gesamtwirtschaftlichen Produktionsfunktion als Ursache-Wirkung-Zusammenhang zwischen dem Einsatz bestimmter

[1] G. RADNITZKY, Das Problem der Theorienbewertung, a.a.O., 67-97.

Produktionsfaktoren und dem gesamtwirtschaftlichen Ertrag der Produktion, in seiner allgemeinen Spezifikation, z.B. als Cobb-Douglas-Typ, festgelegt und durch empirische Beobachtungen in seiner numerischen Spezifikation bestätigt ist, kann aus dieser Verifikation nicht geschlossen werden, daß die spezielle numerische Form der Produktionsfunktion auch in Zukunft bestehen bleiben wird. Die Verifikation kann sich wie jede empirisch gestützte Betrachtung immer nur auf eine endliche Anzahl von gegenwärtigen und vergangenen empirischen Tatbeständen beziehen. Allgemeingültige Sätze gelten jedoch für alle Tatbestände - auch für die unbekannten zukünftigen. In logischer Konsequenz gilt daher, daß rationale Hypothesen niemals empirisch verifizierbar sind.[1]

Die elementaren Schwächen der Verifikationsmethode haben zur philosophischen Konstruktion der Falsifikationsmethode geführt, nach der die rationalen Hypothesen einem empirischen Widerlegungsversuch unterworfen werden. Dieses Verfahren entspricht der Logik mathematischer Gegenbeweise, nach der ein allgemeiner Satz widerlegt ist, wenn ein Gegenbeispiel gezeigt werden kann. **Die Falsifikationsmethode ist** jedoch auch **mit großen Einschränkungen behaftet**, die sich insbesondere in der wissenschaftlichen Praxis zeigen und die Grenzen der rationalen und empirischen Aspekte der wirtschaftspolitischen Variablen und Relationen widerspiegeln. Im Falle einer tatsächlichen Falsifikation einer Hypothese kann die Ursache dafür einerseits eine falsche Hypothese sein, was die - möglicherweise permanente - Änderung der Hypothese auf der rationalen Ebene notwendig macht. Da die Hypothesen aufgrund rationaler Überlegungen gewonnen und nach streng logischen Gesetzen abgeleitet werden, ist die Modifikationsbreite der Hypothesen jedoch nicht beliebig ausweitbar. Andererseits kann als Falsifikationsursache aber auch eine fehlerhafte Beobachtung der empirischen Tatbestände vorliegen, so daß eine Überprüfung der Beobachtungssprache oder eine Korrektur der empirischen Datenerfassung erforderlich ist. Welche der beiden Ursachen die Falsifikation bewirkt hat, ist in den seltensten Fällen zweifelsfrei feststellbar. Im Ergebnis bestehen für die Falsifikationsmethode daher zwei extreme Formen der Einschränkung. Einerseits liegt die Ansicht vor, daß empirische Theorien

---

[1] K.R. POPPER, Logik der Forschung, a.a.O., 14.

generell nicht falsifizierbar sind, da jede rational entwickelte Hypothese über passende Datenhypothesen (Datenmanipulationen) mit beliebigen empirischen Beobachtungen in Übereinstimmung gebracht werden können.[1] In der anderen Betrachtungsrichtung gilt, daß "Anomalien" einer jeden Theorie zu ihrer Falsifikation führen, so daß "alle oder fast alle wissenschaftlichen Theorien bereits falsifiziert sind".[2]

Die Diskussion der Grenzen der Falsifikationsmethode ist noch immer und genauso aktuell wie die Anwendung dieser Methode.[3] Dabei wird insbesondere die Frage diskutiert, ob überhaupt ein kontinuierlicher wissenschaftlicher Fortschritt auf evolutorischer Ebene möglich ist[4] oder nur aufgrund revolutionärer Paradigmen-Wechsel stattfinden kann[5]. Neben dieser noch nicht - und vielleicht auch nie - abgeschlossenen Diskussion auf der allgemeinen erkenntnisphilosophischen Ebene sind aber auch verschiedene methodologische Reaktionen zu verzeichnen,[6] die sich im wesentlichen in zwei Richtungen bewegen. Erstens sind Versuche zu verzeichnen, die einschränkenden Kriterien abzumildern, indem rationale und empirische Abstriche an den qualitativen und quantitativen Erkenntnisansprüchen einer Theorie vorgenommen werden, wie sie bereits bei den Grenzen der wissenschaftlichen Zielsetzung angeklungen sind. Die Auswirkung ist zum einen die verschärfte Beachtung von *ceteris paribus*-Bedingungen der Hypothesen, zum anderen die Einführung von stochastischen Theorien mit einer Wahrscheinlichkeitsstruktur der empirischen Beobachtungen. Die sich daraus ergebenden Probleme und Einschränkungen werden im Rahmen der Grenzziehung wirtschaftspolitischer Relationen erläutert. Die zweite Reaktionsrichtung, das pluralistische Methodologiekonzept, erscheint zunächst als Rückzug in die Position des Skeptizismus, enthält jedoch auch pragmatische Aspekte, indem sie der tatsächlich bestehenden pluralistischen Einstellung zu den methodologischen Fragen Rechnung trägt.

---

[1] K.J. DÜSBERG, Sind empirische Theorien falsifizierbar?, a.a.O., 11-27.

[2] G. RADNITZKY, Das Problem der Theorienbewertung, a.a.O., 70.

[3] Vgl.: I. LAKATOS - A. MUSGRAVE (Hrsg.), Kritik und Erkenntnisfortschritt, a.a.O.; S. LATSIS (Ed.), Method and Appraisal in Economics, a.a.O..

[4] Vgl.: K.R. POPPER, Objektive Erkenntnis, Ein evolutorischer Entwurf, a.a.O..

[5] Vgl.: T.S. KUHN, Die Struktur wissenschaftlicher Revolutionen, a.a.O..

[6] Vgl.: G. RADNITZKY, Das Problem der Theorienbewertung, a.a.O..

Die Grenzen des pluralistischen Methodologiekonzepts sind in der Methodenvielfalt begründet. Bei diesem Konzept werden die Grenzen der anderen Methodologiekonzepte bewußt akzeptiert und damit übernommen, aber in ihrer Bedeutung als unterrangig eingestuft. Jede wissenschaftliche Theorie ist unabhängig von der speziellen Methode ihrer Gewinnung möglich und gültig, wenn sie nur von dem Wissenschaftler, der sie entwirft, als wissenschaftliche Erkenntnis verstanden wird. Die Wissenschaft wird damit auf einer individualistischen Ebene begründet, das begründungsphilosophische Normierungsbegehren der traditionellen Wissenschaftsauffassung als "eine bisher unerforschte Form des Irrsinns" in Frage gestellt.[1] Gleichzeitig wird dadurch wieder das gesamte Spektrum wissenschaftlicher Methoden eröffnet und beispielsweise eine Renaissance der Sinneserkenntnisse[2], z.B. der Sensualismus und der Intellektualismus als Sonderform des Skeptizismus, ermöglicht. Mit der Vielfalt der speziellen wissenschaftlichen Methoden geht eine entsprechende Fülle von möglicherweise sich widersprechenden Theorien einher. Die Frage der absolut wahren Theorie, die bei den anderen Methodologiekonzepten im Vordergrund steht, stellt sich bei dem pluralistischen Methodologiekonzept nicht mehr. Die objektive Erkenntnis, nach der die positivistisch ausgerichteten Wissenschaftstheoretiker weiterhin streben,[3] ist als Charakteristikum des Wissens entfallen. Allein pragmatische und instrumentalistische Überlegungen führen zu einer Unterscheidung zwischen "guten" und "schlechten" Theorien. Eine gute Theorie ist im wirtschaftspolitischen Sinne eine Theorie, die sich erfolgreich anwenden läßt. Sie muß bestimmte Ziele mit bestimmten Mitteln erreichen können und von den wirtschaftspolitischen Trägern akzeptiert sein. Warum diese Theorie "funktioniert", kann unverständlich bleiben, da dieses Verständnis nicht mehr eine notwendige wissenschaftliche Bedingung ist.

Die Subjektivität der Theoriengewinnung innerhalb des pluralistischen Methodologiekonzepts beinhaltet jedoch nicht nur das Problem des Fehlens objektiver Maßstäbe der Wissenschaft, son-

---

1 P.K.FEYERABEND, Der wissenschaftstheoretische Realismus und die Autorität der Wissenschaften, a.a.O., Kap.12.

2 Vgl.: A.SCHMID, Erkenntnislehre, a.a.O..

3 Vgl.: K.R.POPPER, Objektive Erkenntnis, a.a.O..

dern auch **das Problem der Ideologie**. Durch die Relativierung der wissenschaftlichen Theorie auf die Person des Wissenschaftlers und die mit der Individualisierung verbundenen Ausweitung der Theorienvielfalt besteht im Gegenzug der Theorienkonzentration die Gefahr der Schulenbildung. Im Überlebenskampf der konkurrierenden Theorien bleiben dann diejenigen übrig, die die meisten Anhänger um sich scharen können und die stärkste dogmatische Unterstützung finden. Der Unterschied zwischen Ideologie und Erkenntnis verschwindet. Die Forderung einer undogmatischen Wissenschaft und die Ablehnung einer ideologischen Wissenschaft beinhalten jedoch das Problem der Einschätzung einer Wissenschaft als dogmatisch und ideologisch. Das pluralistische Methodologiekonzept nimmt bewußt in Kauf, daß auch dogmatische und ideologische Theorien - vielleicht auch nur solche - bestehen. Damit wird nicht nur diese Form der Einschränkung wissenschaftlicher Theorien aufgehoben, sondern auch eine Entideologisierung auf höherer Ebene erreicht, denn die einseitige Bevorzugung bestimmter Arten von Theorien aufgrund der anderen, konkreten Methodologiekonzepte entspricht einer Ideologisierung auf der Meta-Ebene der Wissenschaftstheorie. Undogmatisch und mit den unproblematischsten ideologischen Einschränkungen behaftet ist allein die pluralistische Methodologie, deren Theorien in einer echten Konkurrenzsituation stehen, da sie von keinem Methodologiemonopol beeinflußt werden.

Der Ideologieaspekt wirtschaftspolitischer Theorien führt unmittelbar zum Träger der Wirtschaftspolitik. **Zwischen der wissenschaftstheoretischen Grundlage und dem Träger der Wirtschaftspolitik liegen** jedoch nicht nur wegen des begründeten Verdachts, daß letztlich alle wirtschaftspolitischen Theorien als Ideologien anzusehen sind, **besonders starke, gegenseitig einengende Interdependenzen vor**. Allgemein besteht zunächst eine dependente Beziehung zwischen der Wissenschaftstheorie und der gesellschaftlichen Akzeptanz einer bestimmten Theorie. Ist die Theorie grundsätzlich auf die Akzeptanz der Gesellschaft angewiesen - was insbesondere für die wirtschaftspolitisch bedeutsamen Theorien zutrifft -, steht dahinter die gesellschaftliche Akzeptanz der zugrundeliegenden Wissenschaftstheorie. Daraus folgt, daß sich nur solche Theorien durchsetzen, die entweder die Gesellschaft überzeugen oder innerhalb des Überzeugungsraums der Gesellschaft angelegt sind. Die gesellschaftliche Akzeptanz einer Wissenschaftstheorie kann dabei explizit oder implizit vorliegen und *a priori* oder *a posteriori* festgelegt sein. Die zweite Alternative ist nicht zuletzt deshalb von Bedeutung, weil sie erhebliche Auswirkungen auf die politische Einschätzung von wissenschaftlichen Einzelleistungen und die materielle Ausstattung von wissenschaftlichen Forschungsaufträgen beinhalten kann. Liegen Theorien bereits vor, erhebt sich lediglich die Frage der politischen Adaption. Sollen dagegen wissenschaftliche Theorien entwickelt werden und ist dazu eine öffentliche finanzielle Förderung vorgesehen, können die gesellschaftlichen Restriktionen wissenschaftstheoretischer Art schwerwiegende Einschränkungen der wissenschaftlichen Forschungsbereiche hervorrufen.[1]

Die Interdependenz zwischen den wissenschaftstheoretischen Grenzen und der gesellschaftlichen Akzeptanz wissenschaftlicher Aussagen zeigt sich speziell in der **Konformität von methodologischer Konzeption und gesellschaftlicher Organisation.**[2] Gerade im Bezug auf die wirtschaftspolitisch verwendeten Theorien ist festzustellen, daß besonders einschränkende Gesellschaftssysteme solche methodologischen Konzeptionen präferieren, die eine besonders starke Einschränkung der Theorienbildung bewirken, *et vice versa.* In autoritären Gesellschaftssystemen ist - in der Regel ausnahmslos - nur eine bestimmte Klasse von subjektivistisch begründeten, ideologischen und dogmatischen Theorien zu finden oder generell zulässig. Die pluralistische Methodologie erfordert dagegen eine freie Gesellschaftsordnung, um "Erkenntnisse für freie Menschen"[3] zu gewinnen. Demokratische Gesellschaftssysteme nehmen bei dieser Grenzziehung der wissenschaftlichen Theorien eine besondere Rolle ein, da sie Elemente autoritärer und freier Gesellschaften gleichzeitig - wenn auch nicht gleichermaßen - enthalten. Dem autoritären Element entsprechend müssen Demokratien zu allgemeingültigen - im Sinne von mehrheitlich akzeptierten - Theorien kommen. Subjektivistische Theorien mit allgemeingültigem Anspruch, also Ideologien, stehen dagegen im Widerspruch zum freiheitlichen Element demokratischer Systeme, wobei mit zunehmender Einschränkung der freien Entfaltung in

---

[1] Vgl.: G. RADNITZKY, Prinzipielle Problemstellungen der Forschungspolitik, a.a.O., 367-403; ders., Dogmatik und Skepsis: Folgen der Aufgabe der Wahrheitsidee für Wissenschaft und Politik, a.a.O., 24-51.

[2] B.-TH. RAMB, Wirtschaftspolitik·Methodologie·Gesellschaftsordnung, a.a.O..

[3] P.K. FEYERABEND, Wissenschaft für freie Menschen, a.a.O., insb. 2.Teil.

einer Demokratie die Durchsetzbarkeit ideologischer Theorien anwächst. Als theoretische Überlegungen von Einzelnen sind subjektivistische Theorien hingegen wieder konform zum Freiheitsgedanken der Demokratie, jedoch wird die Frage der gesellschaftlichen Akzeptanz um so problematischer, je freiheitlicher die Demokratie gestaltet ist. Überwiegend werden dem Mehrheitskonzept entsprechend nur die "mehrheitsfähigen" Theorien die hinreichende Wahrscheinlichkeit einer demokratischen Akzeptanz finden. Aus diesem Grunde werden in den demokratischen Gesellschaftssystemen vornehmlich synthetische Wissenschaftsmethodologien praktiziert. Eine besondere Rolle spielen dabei die positivistischen, "objektiv" überprüfbaren Theorien. Das methodologische Konzept des kritischen Rationalismus in seiner Falsifikationsvariante ist daher eine prädestinierte wissenschaftstheoretische Grundlage von - insbesondere wirtschaftspolitisch verwendeten - Theorien, die in demokratischen Gesellschaftssystemen mit einem ausgeprägten Mehrheitsprinzip Anwendung finden sollen. Auf die sich aus der Falsifikationsmethode ergebenden Grenzen ist bereits hingewiesen worden. Da diese Methode jedoch weiterhin nahezu standardmäßig verwendet wird, ist den Einschränkungen, die sich aus der Beibehaltung dieser methodologischen Wissenschaftsgrundlage ergeben, bei der Erörterung der Grenzen wirtschaftspolitischer Relationen besondere Beachtung zu schenken.

3. Grenzen der wirtschaftspolitischen Relationen

Die Grenzen der wirtschaftspolitischen Relationen, der Ziel-Mittel-Zusammenhänge und der Ziel- und Mittelrestriktionen, **konzentrieren sich** in Anlehnung an die Charakteristik dieses wirtschaftspolitischen Strukturelements auf zwei Aspekte, die **numerische Spezifikation der Relationen und die Lösbarkeit des Relationensystems**. Die Probleme, die beim Auffinden numerisch spezifizierter Relationen entstehen, sind allgemein verfahrenstechnischer Natur. Die Lösbarkeitsbeschränkungen ergeben sich aus den mathematisch-technischen Restriktionen, die in Verbindung des variabel spezifizierten wirtschaftspolitischen Relationensystems mit den vorgegebenen wirtschaftspolitischen Zielvektoren entstehen.

Die Lösbarkeitsgrenzen können zum einen **durch unmittelbare Beschränkungen des Wertebereichs der Zielvariablen entstehen.** Dies trifft bei entsprechenden Funktionsformen auch für einfache Relationen zwischen einer Mitteleinsatzvariablen und einer Zielgröße zu, selbst wenn die Mittelvariable keinen Beschränkungen unterliegt, wie drei Beispiele verdeutlichen. Bei einem Zusammenhang zwischen dem Ziel Y und dem Mitteleinsatz X in der Form $Y = a \cdot X^2$ führen beliebige Mitteleinsatzwerte stets zu positiven Zielwerten. Negative Zielwerte sind unerreichbar. Bei Produktionsfunktionen mit stetig fallenden Grenzproduktivitäten ist auch bei ständig steigendem Faktoreinsatz eine obere Schranke der Produktion gegeben, die nicht überschritten werden kann. Eine Arbeitslosenquote $u = 0$ ist unmöglich zu erreichen, wenn die entsprechende Ziel-Mittel-Relation durch *Okuns Law*

$$\text{(III-1)} \qquad u = u^* + a(Y_P - Y)$$

gegeben ist[1] und die Mittelvariable, die Produktionsnachfrage Y, durch das Produktionspotential Y_P nach oben beschränkt ist. Es sei denn, die natürliche Arbeitslosenquote u^* hat den Wert Null.

Die Einschränkung der Mitteleinsatzwerte bewirkt eine zusätzliche Einschränkung des Zielbereichs. Mit zunehmender Anzahl von

[1] S.T.TURNOVSKY, Macroeconomic Analysis and Stabilization Policy, a.a.O., 93f.

Mittelrestriktionen reduziert sich die verfügbare Menge von Mitteleinsatzkombinationen, auch wenn die Mittelvariablen selbst keinen direkten numerischen Beschränkungen unterliegen. Dem Ziel-Mittel-Zusammenhang entsprechend verringert sich der Wertebereich der Zielvariablen. Lautet die Mittelrestriktion der beiden Mittelvariablen X_1 und X_2 beispielsweise

$$(III-2) \quad X_1 + 2 \cdot X_2 = 8$$

und liegt eine Ziel-Mittel-Relation der Form

$$(III-3) \quad Y = 0.25 \cdot X_1 + 0.5 \cdot X_2$$

vor, kann kein anderer Zielwert als $Y = 4$ erreicht werden. In allgemeiner Form lassen sich die restriktionsbedingten Lösbarkeitsgrenzen bei linearen Systemen wirtschaftspolitischer Relationen angeben. Ist der Ziel-Mittel-Zusammenhang durch die Matrixgleichung

$$(III-4) \quad \mathbf{y} = \mathbf{A} \cdot \mathbf{x},$$

wobei $\mathbf{y}$ den Vektor der n Zielvariablen , $\mathbf{A}$ die (nxm)-Matrix der Wirkungskoeffizienten und $\mathbf{x}$ den Vektor der m Mittelvariablen kennzeichnen, und gilt für l bestehende Mittelrestriktionen die Gleichung

$$(III-5) \quad \mathbf{0} = \mathbf{B} \cdot \mathbf{x}$$

mit dem Nullvektor $\mathbf{0}$ und der (lxm)-Matrix der restriktiv wirkenden Koeffizienten, existiert mehr als eine Kombination von gültigen Werten der Mittelvariablen nur dann, wenn der Rang der kombinierten ([l+n]xm)-Matrix $\mathbf{A/B}$, der die Anzahl der linear unabhängigen Gleichungen im System der Ziel-Mittel-Zusammenhänge und Mittelrestriktionen angibt, kleiner als die Anzahl der Mittelvariablen ist. Darüber hinaus ist nach einer Festlegung der n Zielwerte das System nur dann erfüllbar - oder kontrollierbar[1] -, wenn der Rang der Matrix genau n+l beträgt.

---

[1] Vgl. auch: S. J. TURNOVSKY, Macroeconomic Analysis and Stabilization Policy, a.a.O., 309.

Zu den Mittelrestriktionen ist grundsätzlich zu bemerken, daß sie sich in der Regel weniger aus bestimmten ökonomischen Gesetzen ergeben, wie dies mehr bei den Ziel-Mittel-Zusammenhängen mit ihren rein mathematisch bedingten Bereichseinschränkungen der Fall ist, sondern **meistens auf politischen Entscheidungen seitens der wirtschaftspolitischen Träger beruhen**, wenn etwa das Geldmengenwachstum einen bestimmten Prozentsatz nicht übersteigen darf oder die Staatsverschuldung nach oben begrenzt ist. Die politisch bedingten Mittelrestriktionen weisen auf die Interdependenz zwischen den Grenzen der wirtschaftspolitischen Relationen und den praktisch-politischen Grenzen hin.

Rein mathematischer Natur sind dagegen bestimmte **Grenzen der nichtlinearen wirtschaftspolitischen Relationen, die sich bei der rechnerischen Lösung ergeben**. Für einige Gleichungsformen, insbesondere Gleichungen höheren Grades als drei und Gleichungen mit mehr als zwei Variablen, existieren keine allgemeinen Lösungsverfahren, selbst wenn sich bei einigen feststellen läßt, daß Lösungskombinationen grundsätzlich existieren. In diesen Fällen können nur Näherungsverfahren angewendet werden, deren aufwendige Berechnungen sich zwar mittels leistungsfähiger Computer bewerkstelligen läßt, deren Genauigkeit und Treffsicherheit jedoch von unterschiedlicher Qualität sein kann. Dies trifft insbesondere für Optimierungsverfahren bei der optimalen Verfolgung wirtschaftspolitischer Ziele zu. Näherungsverfahren zur Lösung wirtschaftspolitischer Relationen beinhalten somit zum einen höhere wirtschaftspolitische Kosten durch die Kosten des aufwendigeren Verfahrens. Zum anderen besteht durch die Ungewißheit über die Richtigkeit der Lösungskombination eine verstärkte Unsicherheit bezüglich des Erfolgs der wirtschaftspolitischen Zielverfolgung. Der Mißerfolg verursacht jedoch ebenfalls Kosten. Die Verwendungsschranken nichtlinearer Relationen sind daher entsprechend eng gesetzt, so daß auch aus mit Kostenüberlegungen verbundenen mathematisch-technischen Gründen wirtschaftspolitische Relationen überwiegend in linearen Funktionszusammenhängen erfaßt werden. Diese Einschränkung ist aus rein rationalen Gesichtspunkten nicht gerechtfertigt, wenn die logische Deduktion nichtlineare wirtschaftspolitische Relationen hervorbringt, beispielsweise durch die Beschreibung einer Produktionsfunktion als Polynom dritten Grades, und sich diese Relationen auf mathematischem Wege nicht linearisieren lassen, z.B. durch die Logarithmierung einer exponentiellen Funktion wie die Cobb-Douglas-Produktionsfunktion. Die mathematischen Lösungsprobleme führen jedoch häufig dazu, kompliziertere nichtlineare Funktionszusammenhänge durch lineare Approximationen zu ersetzen, die sich zudem empirisch leichter messen lassen.

Die Neigung zur Vernachlässigung oder grundsätzlichen Mißachtung besteht auch bei den **Grenzen wirtschaftspolitischer Relationen mit** ganzzahligen, binären oder allgemein **diskreten Variablenwerten**. Ihre Existenz ist wesentlich evidenter als die der nichtlinearen Relationen, da zahlreiche Mittelvariablen nur in bestimmten Abstufungen eingesetzt oder Zielgrößen nur bestimmte Werte einnehmen können. Beispielsweise läßt sich die Einführung oder Abschaffung einer bestimmten wirtschaftspolitischen Verordnung oder eines Gesetzes als binäre Mittelvariable mit den Werten 0 und 1 darstellen oder die Festlegung von Diskontsätzen nur in diskreten Zahlenabständen von minimal 1/4 Prozentpunkten durchführen. Gleichwohl wird in der Wirtschaftswissenschaft - insbesondere bei den wirtschaftspolitischen Relationen - überwiegend die Stetigkeit der Funktionszusammenhänge unterstellt und damit eine beliebig feine Abstufung der Variablenwerte vorausgesetzt. Auch hier ist die Begründung in der besseren - oder überhaupt erst dadurch erreichten - mathematischen Lösbarkeit der wirtschaftspolitischen Relationensysteme zu finden. Die künstliche Verstetigung diskreter wirtschaftspolitischer Relationen verlagert die diskretionär bedingten Grenzen dieser Funktionszusammenhänge auf die Grenzen ihrer exakten Spezifikation. Künstliche Verstetigung und lineare Approximation von wirtschaftspolitischen Relationen bieten daher zwar eine Aufhebung der Lösbarkeitsgrenzen, bewirken jedoch eine zunehmende Beschränkung der wirtschaftspolitischen Relationen auf der Spezifikationsebene.

Die **Grenzen der dynamischen wirtschaftspolitischen Relationen** beinhalten zunächst alle zuvor aufgeführten Möglichkeiten der Beschränkung. Die Beachtung der Zeitverschiebungen in den Relationen wirkt sich dabei als zusätzliche Restriktion aus. Die Erreichung bestimmter Zielwerte zu bestimmten Zeitpunkten erfordert je nach Dauer der Wirkungsverzögerungen einen entsprechenden zeitlichen Vorlauf bei der Mittelfestsetzung. Die Problematik des letztmöglichen Zeitpunkts für diese Festlegung der geeigneten Mittelkombination wird zusätzlich verschärft durch die Möglichkeit divergierender Mitteleinsatzwerte, die anhand eines Beispiels verdeutlicht werden kann.[1] Der Ziel-Mittel-Zusammenhang sei durch die Funktionsoperation

$$(III\text{-}6) \quad Y_t = 0.4 \cdot X_{t-1} + 0.6 \cdot X_{t-2} + 10$$

gegeben. Der Zielwert Y wird somit nur durch eine Mittelvariable X beeinflußt, wobei der Mitteleinsatz nach einer Periode noch nicht so stark wirkt wie nach zwei Perioden. Ohne einen Mitteleinsatz ($X_{t-1} = X_{t-2} = 0$) beträgt der Zielwert ständig 10 Einheiten. Soll der Zielwert jedoch auf $Y_t=12$ erhöht werden, muß der Mitteleinsatz aus der Gleichung

$$(III\text{-}7) \quad 12 = 0.4 \cdot X_{t-1} + 0.6 \cdot X_{t-2} + 10$$

ermittelt werden. Dazu existieren, wenn keine Mittelrestriktionen bestehen, prinzipiell unendlich viele Lösungskombinationen. Wird jedoch der Zielwert erst ab dem Zeitpunkt t-1 angestrebt, liegt mit $X_{t-2}=0$ ein Mitteleinsatzwert bereits vor. Um den Zielwert in der nächsten Periode noch zu erreichen, muß ein Mitteleinsatz von $X_{t-1}=5$ erfolgen. Soll in der nachfolgenden Periode t+1 der gleiche Zielwert $Y_{t+1}=12$ bestehen, ist ein Mitteleinsatz von $X_t=-2.5$ erforderlich. Für die weiteren Perioden mit gleichem Niveau des Zielwertes betragen die nachfolgenden Mitteleinsätze $X_{t+1}=8.75$, $X_{t+2}= -8.125$, $X_{t+3}=17.1875$, $X_{t+4}=-20.78125$ u.s.w.. Die Mitteleinsätze divergieren in einer alternierenden Folge:

$$(III\text{-}8) \quad X_{t+1} = -1.5 \cdot X_t + 5$$

Diese Instabilität des Mitteleinsatzes mit ständiger Gegensteuerung in zunehmender Intensität führt in der Regel sehr schnell zu politisch bedingten Bereichsgrenzen der Mitteleinsatzwerte. Um den Mitteleinsatz zu stabilisieren, wird daher häufig die Konstanz der Mitteleinsatzwerte ($X_{t+1}=X_t$) gefordert. Aus der Rekursionsgleichung (III-8) ergibt sich ein konstanter Mitteleinsatz für die Erreichung des Zielwertes Y=12 der Wert X=2, der zum Zeitpunkt t-2 jedoch noch nicht gegeben ist. Der gewünschte Zielwert kann daher, wenn die politische Entscheidung zum Zeit-

---

[1] Ein ähnliches Beispiel bietet: R.S. HOLBROOK, Optimal Economic Policy and the Problem of Instrument Instability, a.a.O., 57-65.

punkt t-1 erfolgt und eine Instabilität des Mitteleinsatzes vermieden werden soll, frühstens zum Zeitpunkt t+1 erreicht werden. Dieses Dilemma ist in der wirtschaftspolitischen Praxis in allgemeiner Form häufig gegeben, wenn bei kurzen Regierungsperioden ein bestimmter Zielwert vor dem Periodenende erreicht werden soll, um beispielsweise eine Wiederwahl zu erleichtern. Da die kurzfristige Strategie einem stabilen Mitteleinsatz widerspricht, muß in der folgenden Regierungsperiode scharf entgegengesteuert werden, wenn das Niveau des Zielwertes beibehalten werden soll.

Bevor die Grenzen der Lösbarkeit wirtschaftspolitischer Relationensysteme greifen, ist zunächst die numerische Spezifikation der wirtschaftspolitischen Relationen zu sichern. **Die Grenzen der numerischen Spezifikation wirtschaftspolitischer Relationen sind** daher **den Grenzen der Lösbarkeit vorgeschaltet**. Diese logische Konsequenz wird von einer Verfahrensweise der wissenschaftlichen Praxis überlagert, nach der - in Anlehnung an die spezifische Charakteristik der Form des Ziel-Mittel-Zusammenhangs (vgl. *Fig. II-3*) - die Lösbarkeit bereits auf der Stufe der analytischen Spezifikation überprüft werden kann und die dabei auftretenden Probleme zu Modifikationen der analytischen Spezifikation führen, bevor eine numerische Spezifikation versucht wird. Demzufolge bestehen auch wissenschaftspraktisch bedingte interdependente Einschränkungen zwischen den Grenzen der Lösbarkeit und der Spezifizierbarkeit. Andererseits verdeutlicht diese Interdependenz, daß die Grenzen der Spezifikation wirtschaftspolitischer Relationen zum einen auf der analytischen Ebene und zum anderen auf der numerischen Ebene bestehen. Die unterschiedlichen Ausprägungen der Grenzen sind entsprechend der abgestuften Charakteristik der Spezifikationsformen in einer Rangfolge darstellbar, die von "nicht allgemein spezifizierbar" bis zu "nicht numerisch spezifizierbar" reicht.

Die Existenz der Spezifikationsgrenzen hängt in erster Linie von der methodologischen Grundlage ab, mit der die Kenntnisse über die wirtschaftspolitischen Relationen gewonnen werden. Die Grenzen der verschiedenen methodologischen Konzeptionen stehen dadurch in einer unmittelbaren Interdependenz zu den Grenzen der Spezifikation wirtschaftspolitischer Relationen. Dies wird insbesondere bei den rationalen und empirischen Aspekten der methodologischen Grundlagen deutlich. Die rationale Erfassung der wirtschaftspolitischen Relationen entspricht dabei der analytischen Ebene der Spezifikation, während der empirische Aspekt die Grundlage der numerischen Spezifikationsebene bildet. Die Spezifikationsgrenzen lassen sich daher auch aus rationaler und empirischer Betrachtung der methodologischen Grundlagen darstellen. Methodologien, die beispielsweise allein auf die rationale Erfassung der wirtschaftspolitischen Relationen abheben, beinhalten von vorne herein eine starke Einschränkung hinsichtlich der numerischen Spezifizierbarkeit, während die rationalen Spezifikationsgrenzen weitgehend unwirksam bleiben. Die synthetische Methodologie des kritischen Rationalismus, die sowohl die rationalen, wie auch die empirischen Aspekte unmittelbar berücksichtigt und das Ziel der numerischen Spezifikation wirtschaftspolitischer Relationen explizit enthält, läßt dagegen alle Arten der Spezifikationsgrenzen wirtschaftspolitischer Relationen deutlich werden.

Aus der Sicht des klassischen Rationalismus erfolgt **die gravierendste Einschränkung der Spezifikation durch die Ablehnung der Bestimmbarkeit der allgemeinen Funktionsform wirtschaftspolitischer Relationen**. Die numerische Spezifikation ist zwangsläufig unmöglich. Die auf rein rationalistischer Ebene gewonnenen Relationen beschränken sich dabei häufig auf die Angabe von tendentiellen Zusammenhängen beispielsweise der Form: Wenn die Staatsausgaben steigen, fällt die Arbeitslosenquote, oder wenn die Geldmenge ausgeweitet wird, steigt das Preisniveau. Jede dieser tendentiellen wirtschaftspolitischen Relationen enthält nur die mathematische Grundform einer Ungleichung im Sinne einer positiven oder negativen Beziehung zwischen den Änderungen der jeweils betrachteten Größen. Bezeichnet ΔG die Änderung der Staatsausgaben, Δu die der Arbeitslosenquote, ΔM die der Geldmenge und ΔP die des Preisniveaus, lassen sich die genannten wirtschaftspolitischen Relationen zwar in mathematischer Schreibweise darstellen

$$\text{(III-9)} \quad \Delta u/\Delta G < 0 \quad \text{und} \quad \Delta P/\Delta M > 0$$

und als Festlegung des Vorzeichens der ersten Ableitung der Zusammenhangsfunktionen $u = f(G)$ und $P = g(M)$ interpretieren, eine eindeutige analytische Spezifikation der entsprechenden Funktionsrelationen ist jedoch nicht möglich, da die Höhe der Differentialquotienten nicht spezifiziert ist. Allenfalls werden gelegentlich Größenintervalle angegeben, wie z.B. bei der Aussage von Keynes zur marginalen Konsumneigung, bei der zwischen der marginalen Konsum ΔC und dem marginalen Einkommen ΔY die Relation

(III-10) $\Delta Y > \Delta C > 0$

besteht.[1] Aus dieser Ungleichungskette folgt:

(III-11) $1 > \Delta C/\Delta Y > 0$

Das Hauptproblem dieser Form der Relationenspezifikation ist die offene Höhe des Differentialquotienten, der im Falle eines nicht konstanten Wertes auch nicht über die nachfolgend behandelten ökonometrischen Verfahren geschätzt werden kann. Die Gründe für die Beschränkung der theoretischen Aussagen auf einfache Ungleichungsrelationen liegen häufig in den Grenzen der Verwendbarkeit exakterer und "höherer" mathematischer Methoden in den Sozialwissenschaften,[2] werden aber auch in den Grenzen der empirischen Erfaßbarkeit dieser ökonomischen Beziehungen gesehen, wie gerade aus der Keynes-Tinbergen-Kontroverse[3] deutlich wird, auf die später noch eingegangen wird. Darüber hinaus werden diese einfachen Relationen zusätzlich durch *ceteris paribus*-Annahmen eingeschränkt, die ebenfalls eine nähere Spezifikation verhindern und damit eine empirische Überprüfung unmöglich machen.[4] Die wirtschaftspolitische Verwendung nichtspezifizierter oder nur grob spezifizierter Relationen ist nur in einem geringen Ausmaß gegeben. Sowohl die Festlegung der Mitteleinsätze, als auch die Vorgabe von Zielwerten ist nur in dem quantitativen Rahmen möglich, den die Ziel-Mittel-Relation bereitstellt. So

---

1 J.M.KEYNES, Allgemeine Theorie der Beschäftigung, des Zinses und des Geldes, a.a.O., 98.

2 Vgl.: R.BOUDON, Mathematische Methoden und Modelle, a.a.O.; J.TINBERGEN, Möglichkeiten und Grenzen der Anwendung mathematischer Verfahren in der Wirtschaftswissenschaft, a.a.O., 638-52.

3 J.M.KEYNES, Professor Tinbergen's Method, a.a.O.; J.TINBERGEN, On a Method of Statistical Business-Cycle Research - A Reply, a.a.O.; J.M.KEYNES, Comment, a.a.O..

4 I.JOHANSSON, Ceteris paribus Clauses, Closure Clauses and Falsibility, a.a.O., 16-22.

kann z.B. auf der Grundlage der Relation (III-9) nur das Ziel einer Erhöhung der Beschäftigung angestrebt werden, nicht jedoch eine bestimmte Beschäftigungshöhe. Hinsichtlich des Mitteleinsatzes kann allein angegeben werden, daß die Staatsausgaben zu erhöhen sind, nicht jedoch um welchen Betrag die Erhöhung erfolgen soll, um eine bestimmte Ausweitung der Beschäftigung zu erhalten. Bei der Anwendung von wirtschaftspolitischen Relationen mit *ceteris paribus*-Bedingungen kommt hinzu, daß selbst bei richtig gerichtetem Mitteleinsatz (z.B. Erhöhung der Staatsausgaben) eine falsche Zielreaktion (Rückgang der Beschäftigung) eintreten kann, wenn eine Änderung der Rahmenbedingungen (z.B. Erhöhung des Reallohns) vorliegt.

Die Diskrepanzen, die bei der Anwendung nichtspezifizierter oder *ceteris paribus*-bedingter Relationen auftreten können, lassen sich durch rationale Modifikationen der entsprechenden wirtschaftspolitischen Relationen auffangen, indem der deterministische Charakter der Zusammenhänge aufgehoben und die Relationen durch die Einbeziehung von Störgrößen zu stochastischen Beziehungen erweitert werden. Die wahrscheinlich erste Überlegung in diese Richtung stammt bereits von John Stuart Mill.[1] Die Störgröße hat dabei die Aufgabe, Unsicherheiten (beispielsweise der Vorhersage), die durch geringfügige Veränderungen der Rahmenbedingungen oder durch zufällige, in der Regel unbedeutende Ereignisse hervorgerufen werden, in die wirtschaftspolitische Relation einzubeziehen. **Die Einbeziehung von stochastischen Störgrößen**, die sich auf der rationalen Ebene begründet, **zeigt** jedoch **die Grenzen der wirtschaftspolitischen Relationen *per definitionem*** **an**. Eine sichere Wirkungsweise dieser Relationen ist ausgeschlossen. Insbesondere entsteht die Frage, ob mit der Einführung einer Störgröße nicht ein Element entsteht, das den Prinzipien einer kausalen Verknüpfung von Ursache und Wirkung widerspricht, da diese unter anderem eine deterministische - und nicht eine stochastische - Verbindung zwischen Mitteln und Zielen verlangt. Gleichzeitig ist die Störgröße ein Element, das letztlich auf einer empirischen Argumentation beruht und damit die rein rationalistische Betrachtungweise aufweicht. Für die Vertreter der empiristischen Methodologie ist es dagegen äußert willkommen und für die Anhänger der synthetischen Methodologie

[1] J.S.MILL, Einige ungelöste Probleme der politischen Ökonomie, a.a.O., 172-6.

des kritischen Rationalismus genau das Element, das die Möglichkeit einer Verknüpfung von rationaler und empirischer Betrachtung der wirtschaftspolitischen Relationen eröffnet.[1]

Die stochastische Sicht hat insbesondere die Entstehung der Ökonometrie als entscheidendes Instrument zum Auffinden empiristisch oder empirisch-rational begründeter Relationen ermöglicht - ein Instrumentarium, das sich zur monopolistischen Standardmethode für die numerische Spezifikation wirtschaftspolitischer Relationen entwickelt hat. **Die Grenzen der numerischen Spezifikation stehen** daher **in einem direkten Zusammenhang mit den Grenzen der ökonometrischen Methoden**. Die ökonometrischen Einschränkungen werden besonders deutlich, wenn Aufgabe und Verfahren der Ökonometrie einander gegenübergestellt werden, die - auch aufgrund historisch bedingter Mißverständnisse - in einem interdependenten Spannungsverhältnis stehen. Zudem gibt es einerseits keine eindeutige Definition der ökonometrischen Aufgabe, andererseits aber eine zunehmende Fülle von ökonometrischen Verfahren, die sich oft gegenseitig weniger ergänzen als widersprechen und teilweise sogar in sich nicht ganz widerspruchsfrei sind. Die zunehmende Veränderung des ökonometrischen Instrumentariums wird hauptsächlich durch eine ständige Modifikation der Aufgabenstellung verursacht, die präziser gefaßt werden soll. Gleichzeitig besteht aber auch eine Beeinflussung der ökonometrischen Aufgabenstellung durch die Aufdeckung der generellen Grenzen ökonometrischer Methoden.

Es mangelt zwar nicht an Hinweisen auf die beschränkten Aussagemöglichkeiten, jedoch geschieht dies häufig mit einem Hinweis auf die einengenden Prämissen, unter denen die Ökonometrie arbeiten muß, den rational vorgegeben Hypothesen, deren wirtschaftstheoretische Absicherung als gegeben zu betrachten ist.[2] Diese Externalisierung der ökonometrischen Grenzen, die nur bei der synthetischen Methodologie des kritischen Rationalismus mit seinen empirischen und rationalen Elementen, nicht jedoch bei

---

1 R. HUJER - R. CREMER, Methoden der empirischen Wirtschaftsforschung, a.a.O., 196 u. 202; H. SCHNEEWEIß, Ökonometrie, a.a.O., 22.

2 Vgl.: B. SCHIPS, Möglichkeiten und Grenzen ökonometrischer Modelle, a.a.O., 351-61; H.O.A. WOLD, Ends and Means in Econometric Model Building, a.a.O., 355-434.

einer rein empiristischen Sicht gegeben ist, löst aber nicht vollständig das Problem der ökonometrischen Grenzen, deren grundsätzlichen Aspekte nur selten - zuerst wohl von Keynes - herausgestellt sind.[1] **Die umfassende ökonometrische Grenzziehung muß bei den Grenzen der Aufgabenstellung und den Grenzen der Verfahrenstechniken ansetzen.** Beide führen unter der Beachtung ihrer Interdependenzen zu erheblichen Einschränkungen der numerischen Spezifikation wirtschaftspolitischer Relationen.

Der Definition der ökonometrischen Aufgabe mangelt es bis heute an einer eindeutigen Formulierung. In den Anfangsjahren der ökonometrischen Wissenschaft gab es bereits zahlreiche verschiedene Definitionen der Ökonometrie selbst.[2] Einheitlich ist ihnen nur das, was schon bei der Gründung der ökonometrischen Gesellschaft 1930 manifestiert wurde, daß die Ökonometrie die Bereiche Ökonomie, Statistik und Mathematik vereinigend enthalten soll. Doch auch bei den neueren Definitionen der ökonometrischen Aufgabe herrscht keine einheitliche Auffassung. Allen Definitionsvarianten sind jedoch zwei Aspekte gemein. Der erste ist die bereits erwähnte Aussage, daß die Ökonometrie im Überschneidungsbereich der drei Einzeldisziplinen Ökonomie, d.h. rational gebildeter ökonomischer Hypothesen, Statistik und Mathematik liegt. **Aus dem Überschneidungsbereich der Ökonometrie folgt** aber auch, **daß alle Grenzen der drei Einzeldisziplinen Ökonomie, Statistik und Mathematik auf die ökonometrischen Grenzen einwirken.** Die bereits dargelegten Grenzen rationaler ökonomischer Hypothesen und die Grenzen bei der Verwendung mathematischer Verfahren beschneiden den ökonometrischen Aktionsradius ebenso, wie die statistischen Grenzen, die noch im einzelnen bei der Betrachtung der Grenzen wirtschaftspolitischer Variablen erläutert werden.

---

[1] Vgl.: J.M.KEYNES, Professor Tinbergen's Method, a.a.O.; desweiteren: L.CZAYKA (Hrsg.), Erkenntnisprobleme der Ökonometrie, a.a.O.; D.FRIEDRICH, Schätzprobleme sowie Verfahren und Möglichkeiten der Analyse ökonometrischer Modelle, a.a.O.; sowie auf die statistischen Probleme konzentriert: F.HUHLE, Statistik als Erkenntnismittel der Wirtschaftspolitik, a.a.O.; D.F.HENDRY, Econometrics - Alchemy or Science?, a.a.O., 387-406.

[2] G.TINTNER, The Definition of Econometrics, a.a.O., 31-40.

Ein zweiter gemeinsamer Aspekt der unterschiedlichen Definitionen ökonometrischer Aufgaben ist die Interpretation der ökonometrischen Untersuchung als Kausalanalyse. **Die Grenzen der Kausalanalyse bestimmen** damit **zusätzlich die ökonometrischen Grenzen**. Die Problematik, die aus der Verbindung von Kausalität und Ökonometrie entsteht, ist ein ständiger Diskussionspunkt seit dem Bestehen der ökonometrischen Analyse.[1] Sie ist der Kern der bereits erwähnten Keynes-Tinbergen-Kontroverse und bestimmt die aktuelle Diskussion der Kausalitätstests.[2] Ohne die wohl auch noch weiterhin laufende Kontroverse abschließend zu entscheiden, kann grundsätzlich festgestellt werden, daß Kausalbeziehungen letztlich über ökonometrische Methoden nicht herausgefunden werden können. Zwar lassen sich die Eigenschaften eines kausalen Zusammenhangs so definieren, daß sie in mathematische Formulierungen transformiert werden können, für die Kausalität selbst gibt es jedoch kein mathematisches Äquivalent.[3] Weiterhin sind die mathematischen Formulierungen der kausalen Definitionsparameter zwar für eine Konfrontation mit empirischen Daten geeignet, aus der empirischen Bestätigung der formalen Kausaleigenschaften kann jedoch ebenfalls keine Kausalität bewiesen werden. Die sogenannten *Nonsense*-Korrelationen sind ein überzeugendes Beispiel dafür. Eine positive ökonometrische Untersuchung kann daher nicht als hinreichende Bedingung für das Vorliegen eines wirtschaftspolitischen Zusammenhangs mit kausalem Charakter angesehen werden. Es liegt nahe, positive ökonometrische Analysen wenigstens als eine notwendige Bedingung für die Existenz kausaler Relationen zu betrachten. Ergibt die ökonometrische Analyse unbefriedigende Ergebnisse, müßte die zugrundeliegende rationale Hypothese hinsichtlich ihres kausalen Erklä-

---

1 Vgl. insb.: H. M. BLALOCK, Causal Inferences in Nonexperimental Research, a.a.O.; A.S.C. EHRENBERG, The Elements of Lawlike Relationships, a.a.O., 280-302; P.D. McCLELLAND, Causal Explanation and Model Building in History, a.a.O.; B.-TH. RAMB, Zeitentwicklungsanalyse, a.a.O., 2. Kap.; H.O.A. WOLD, Causality and Econometrics, a.a.O., 162-77; ders., Causal Inference from Observational Data, a.a.O., 28-61; A. ZELLNER, Causality and Econometrics, a.a.O., 9-54.

2 Vgl.: C.W.J. GRANGER, Investigating Causal Relations by Econometric Models and Cross-Spectral Methods, a.a.O., 424-38; C.W. SCHWERT, Tests of Causality: The Message in the Innovations, a.a.O., 55-96; C.A. SIMS, Macroeconomics and Reality, a.a.O., 1-48.

3 B.-TH. RAMB, Zeitentwicklungsanalyse, a.a.O., 6.

rungsanspruchs zurückgewiesen werden. Diese Vorgehensweise entspricht unmittelbar dem Falsifikationsprinzip, so daß die diesbezüglich geäußerten Einschränkungen auch hier zutreffen. Die Ökonometrie ist demnach auch nicht geeignet, hypothetischen Relationen einen nichtkausalen Charakter nachzuweisen.

Wird dieser Einschränkung der ökonometrischen Möglichkeiten, kausale Relationen zu erkennen, Rechnung getragen, könnte die Ökonometrie zumindest wirtschaftspolitische Relationen ohne kausalen Erklärungsanspruch zu ermitteln versuchen, was einer Beschränkung des Wissensziels auf die Prognose- und Lenkungsfähigkeit der wirtschaftspolitischen Relationen entsprechen würde. Die Ökonometrie wäre dann eine rein empiristische Methode der numerischen Spezifikation von Ziel-Mittel-Zusammenhängen. Diese Vorgehensweise wird auch als "Messen ohne (rational entworfene) Theorie" bezeichnet,[1] obwohl es in der Realität schwer möglich ist, eine Auswahl von zu messenden Zusammenhängen ohne rudimentäre rationale Überlegungen zu treffen, die möglicherweise nur im Unterbewußtsein wirken. Die bewußte Aufgabe der rationalen Begründung wirtschaftspolitischer Relationen bewirkt allerdings eine immense Ausweitung der potentiellen wirtschaftspolitischen Relationen, die nur durch eine ökonometrische Negativauslese verringert werden könnte. **Aus einem negativen ökonometrischen Ergebnis kann** jedoch **nicht die Ablehnung der analysierten wirtschaftspolitischen Relation erfolgen**, weil die noch näher erläuterte Datenproblematik der wirtschaftspolitischen Variablen hinzu kommt. Die Falsifikation kann nur dann korrekt erfolgen, wenn sichergestellt ist, daß das Datenmaterial "wahr" ist. Die Korrektheit des Datenmaterials kann jedoch nicht durch eine Verifikation nachgewiesen werden, nicht zuletzt weil dies dem Prinzip der Falsifikation widerspricht. Ein negatives ökonometrisches Ergebnis kann daher grundsätzlich zwei Gründe haben. Entweder ist das empirische Datenmaterial falsch oder die vorgegebene Relation. Welcher Fehler vorliegt, kann jedoch nicht ermittelt werden, da beide Überprüfungen in einer Analyse gleichzeitig erfolgen.

Die verfahrensbedingten Grenzen der Ökonometrie lassen sich am Beispiel der ökonometrischen Spezifikation eines allgemeinen

---

[1] T.C. KOOPMANS, Measurement without Theory, a.a.O., 161-72.

Ziel-Mittel-Zusammenhangs demonstrieren. Dieser Ziel-Mittel-Zusammenhang bestehe aus einer Zielvariablen Z und zwei Mittelvariablen X und Y:

(III-12) $Z = f(X,Y)$

Die Auswahl der Mittelvariablen kann auf einer rational entwickelten ökonomischen Hypothese beruhen oder - wenn auf eine kausale Erklärung des Zusammenhangs verzichtet wird - beispielsweise aus einer intuitiven Zusammenstellung hervorgehen. In jedem Fall ist zur ökonometrischen Behandlung die wirtschaftspolitische Relation in eine stochastische Form zu bringen, indem jeder empirischen Realisation des Ziel-Mittel-Zusammenhangs zum Zeitpunkt t eine Störgröße ε beigefügt wird:

(III-13) $Z_t = f(X_t, Y_t) + \varepsilon_t$

In Anlehnung an die rationalen Erfordernisse der wissenschaftlichen Theorie, aber auch im Hinblick auf eine effiziente Verwendung der wirtschaftspolitischen Relation für die Prognose- und Lenkungszwecke werden **zahlreiche Annahmen bezüglich der stochastischen Eigenschaften der Störgrößen** gemacht.[1] Die beiden wichtigsten beziehen sich auf den Erwartungswert und die Varianz der Störgrößen. Erstens muß der Erwartungswert der Störgröße $E(\varepsilon_t) = 0$ sein, d.h. die real eintretenden Werte der Störgröße schwanken zufällig um den Wert Null und sind nicht irgendwelchen systematischen Veränderungen unterworfen. Insbesondere sind sie nicht von den beiden Mittelvariablen, aber auch nicht untereinander abhängig, etwa der Form $\varepsilon_t = g(\varepsilon_{t-1})$. Zweitens muß die Varianz der Störgrößen einen bestimmten konstanten Wert $V(\varepsilon_t) = \sigma^2$ annehmen. Die numerische Spezifikation der wirtschaftspolitischen Relation muß beide Bedingungen erfüllen, da sonst erhebliche Einschränkungen bei der wirtschaftspolitischen Anwendung entstehen.

Wie auch immer die numerische Spezifikation aussieht, **es besteht stets ein wirtschaftspolitischer Unsicherheitsfaktor durch die Existenz der Störgröße an sich.** Bei einem exakten Mitteleinsatz Xt und Yt wird eine geplante Zielgröße

[1] Vgl. z.B.: H. SCHNEEWEIß, Ökonometrie, a.a.O., 37-41.

(III-14) $Z_{Pt} = f(X_t, Y_t) = Z_t - \varepsilon_t$

angestrebt, die wegen der Störgröße nicht mit dem realisierten Zielwert übereinstimmen muß. Es ist somit nur eine unscharfe Zielverfolgung möglich. Folgt die Störgröße einer Normalverteilung um Null, kann der tatsächliche Zielwert mit 95%-iger Wahrscheinlichkeit in dem Intervall

(III-15) $Z_{Pt} - 2 \cdot \sigma < Z_t < Z_{Pt} + 2 \cdot \sigma$

angenommen werden.[1] Je größer die Varianz σ^2 der Störgrößen einer wirtschaftspolitischen Relation ist, um so ungenauer und unsicherer wird die Erreichung des gewünschten Zielwertes.

Die störgrößenbedingte Unsicherheit wird durch die Probleme der korrekten Bestimmung des geplanten Zielwertes verstärkt. Die dabei auftretenden Ungenauigkeiten lassen sich verdeutlichen, wenn die allgemeine Relation $f(X_t, Y_t)$ in ihrer allgemeinen Funktionsform spezifiziert wird. Für den in der Regel vorliegenden Fall eines linearen Ziel-Mittel-Zusammenhangs

(III-16) $Z_P = a_x \cdot X + a_y \cdot Y + a_z$

entstehen vier grundsätzliche Probleme. Erstens müssen die Mitteleinsatzwerte X_t und Y_t exakt vorgegeben werden. Unsicherheiten in der Festlegung und Durchsetzung der Mitteleinsätze wirken sich den Koeffizienten der linearen Gleichung entsprechend zielverfälschend aus. Sind beispielsweise X_{Pt} und Y_{Pt} die geplanten Mitteleinsatzwerte, wird statt des geplanten Zielwertes

(III-17) $Z_{Pt} = a_x \cdot X_{Pt} + a_y \cdot Y_{Pt} + a_z$

über die tatsächlichen Mitteleinsätze X_t und Y_t der tatsächliche Zielwert

(III-18) $Z_t = Z_{Pt} + a_x \cdot (X_t - X_{Pt}) + a_y \cdot (Y_t - Y_{Pt}) + \varepsilon_t$

erreicht. Zu dem Störgößenfehler kommen die mit den Wirkungskoeffizienten multiplizierten Abweichungen der tatsächlichen und

---

[1] Vgl.: H. SCHNEEWEIß, Ökonometrie, a.a.O., 78.

geplanten Mitteleinsatzwerte hinzu. Das zweite Problem betrifft die Koeffizienten a_x, a_y und a_z, die korrekt spezifiziert sein müssen. Sind statt der richtigen die fehlerhaften Koeffizienten α_x, α_y und α_z ermittelt worden, wird nicht der geplante Zielwert

$$\text{(III-19)} \qquad Z^p_t = \alpha_x \cdot X^p_t + \alpha_y \cdot Y^p_t + \alpha_z \ ,$$

sondern - unter gleichzeitiger Berücksichtigung der fehlerhaften Mitteleinsätze - der Zielwert

$$\text{(III-20)} \qquad Z_t = Z^p_t + (a_x - \alpha_x) \cdot X^p_t + (a_y - \alpha_y) \cdot Y^p_t + (a_z - \alpha_z) + a_x \cdot (X_t - X^p_t) + a_y \cdot (Y_t - Y^p_t) + \varepsilon_t$$

erreicht. Zu der Fehlergröße in (II-18) sind noch die mit den geplanten Mitteleinsatzwerten gewichteten Abweichungen der Koeffizienten hinzu gekommen. Drittens muß gewährleistet sein, daß die eingesetzten Mittel wirklich exogen bestimmt werden können. Hängen die Mitteleinsatzwerte von anderen, nicht erkannten Variablen ab, entspricht die Auswirkung auf den Zielfehler der bei unsicherer Festlegung der Mitteleinsätze nach (III-18). Besteht jedoch ein nicht erkannter Zusammenhang zwischen den beiden verwendeten Mittelvariablen selbst, beispielsweise der Form

$$\text{(III-21)} \qquad Y_t = b_x \cdot X_t + b_y \ ,$$

wird - selbst bei einem exakten Mitteleinsatz X_t und korrekt spezifizierten Koeffizienten a_x, a_y und a_z - statt des angestrebten Zielwertes

$$\text{(III-22)} \qquad Z^p_t = a_x \cdot X_t + a_y \cdot Y^p_t + a_z$$

tatsächlich der Zielwert

$$\text{(III-23)} \qquad Z_t = Z^p_t + a_y \cdot b_x \cdot X_t - a_y \cdot Y^p_t + a_y \cdot b_y + \varepsilon_t$$

erreicht. Schließlich muß viertens gewährleistet sein, daß auch die Koeffizienten nicht von den vorhandenen Mittelvariablen oder anderen abhängig sind, d.h. nicht im Zeitablauf variieren. Dieser Sachverhalt würde generell ähnliche Zielfehler hervorrufen, wie die fehlerhafte Spezifikation der Koeffizienten in (III-20), jedoch mit variabler Einflußstärke.

Mit Hilfe der ökonometrischen Verfahren ist es möglich, erstens die Koeffizienten und die Störgrößen zu schätzen und zweitens im beschränkten Umfang die Korrektheit der Spezifikation anzugeben. Grundlage dafür ist eine endliche Menge von N in der Vergangenheit beobachteten Ziel- und Mittelrealisationen (Zt, Xt, Yt/t=1,...,N) und eine vorgegebene allgemein spezifizierte Form des Ziel-Mittel-Zusammenhangs - in der Regel die hier behandelte lineare Funktion.[1] Das am häufigsten verwendete Verfahren zur Herleitung der verschiedenen Schätzwerte ist die Methode der kleinsten Störgrößenquadrate. Sie bedeutet die "wohlwollendste" numerische Schätzung der allgemein spezifizierten wirtschaftspolitischen Relation hinsichtlich der Vollständigkeit der vorgegebenen Mittelvariablen, d.h. die Störgrößeneinflüsse werden gezielt minimalisiert. **Die Grenzen der ökonometrischen Schätzung setzen** danach genau **an den Problemen an, die die** vorhergehend beschriebene **Unsicherheit der Zielerreichung verursachen**. Die hauptsächlichen Einschränkungen der ökonometrischen Spezifikation wirtschaftspolitischer Relationen liegen in den Bereichen Schätzfehler, Fehlspezifikation, Identifikation und Stabilität der Schätzung.

Die Schätzfehler entstehen auf zwei Ebenen, der Datenebene und der Verfahrensebene. Einerseits liegen fehlerhafte Erfassungen der vergangenen Ziel- und Mittelwerte vor, deren Auswirkungen auf die Schätzergebnisse und damit die Verwendbarkeit der geschätzten wirtschaftspolitischen Relationen von erheblich einschränkender Bedeutung sind[2] und die nur in ganz seltenen Fällen - etwa bei vollständiger Kenntnis einer nur einseitig vorliegenden Verzerrung - durch eine Modifikation des Schätzverfahrens oder der Schätzergebnisse ausgeglichen werden können.[3]

---

[1] Die besonderen Probleme bei nichtlinearen ökonometrischen Modellen sind hervorragend erläutert bei: H.P.GALLER, Optimale Wirtschaftspolitik mit nichtlinearen ökonometrischen Modellen, a.a.O..

[2] Vgl.: H.R.SCHÄRER, Genauigkeit der Regressionsanalyse, a.a.O.; W.G. COCHRAN, Errors of Measurement in Statistics, a.a.O., 637-66; F.T.DENTON - J.KUIPERS, The Effect of Measurement Errors on Parameter Estimates and Forecast, a.a.O., 198-206; O.MORGENSTERN, Über die Genauigkeit wirtschaftlicher Beobachtungen, a.a.O., VI.Kap.; H.SCHNEEWEIß, Ökonometrie, a.a.O., 216-7.

[3] H.SCHNEEWEIß, Ökonometrie, a.a.O., 7.Kap..

Andererseits liegen aber auch Schätzfehler vor, die aufgrund des Schätzverfahrens zwangsläufig entstehen. Beispielsweise ist jeder geschätzte Koeffizient mit einem Schätzfehler behaftet, dessen Ausmaß von drei Faktoren abhängig ist: Die Anzahl der beobachteten Vergangenheitswerte, die für die Schätzung verwendet werden, die Varianz der geschätzten Störgrößen und die Varianz der Beobachtungswerte.[1] Der Schätzfehler der Koeffizienten ist um so größer, je geringer die Anzahl der zur Schätzung verwendeten Beobachtungswerte ist (was insbesondere bei neu entwickelten oder erst seit kurzem erkannten und erfaßten wirtschaftspolitischen Relationen der Fall ist), je größer die Varianz der geschätzten Störgrößen ist (die bei der Schätzmethode der kleinsten Störgrößenquadrate schon so gering wie möglich gehalten ist und deren Auswirkung aus (III-15) direkt ersichtlich wird) und je geringer die Varianz der vergangenen Mitteleinsatzwerte ist. Insbesondere der letzte Punkt ist überaus bedeutsam. Ist ein wirtschaftspolitisches Mittel in der Vergangenheit selten oder nicht intensiv variiert eingesetzt worden, kann aufgrund der geringen Varianz der entsprechenden Werte der spezielle Einfluß dieses Mittels nur sehr ungenau numerisch spezifiziert werden. Wird nun die Einsatzintensität dieses Mittels ausgeweitet, wird die Gefahr der Zielverfehlung weitaus größer sein als bei Mitteleinsätzen, die in der Vergangenheit stark variiert wurden und deren Wirkungsgrad daher genauer spezifiziert werden kann. Hier ergibt sich eine Interdependenz zwischen den ökonometrisch-technischen Grenzen und den Einschränkungen der wirtschaftspolitischen Praxis. "Alt bewährte" Mittel besitzen aufgrund der sicheren Erkenntnis über ihre Wirkungsweise - die gut oder schlecht sein kann - eine stärkere Präferenz des Einsatzes als neue "unbekannte" Mittel. Zum zweiten wird eine "hektische" Wirtschaftspolitik unterstützt, da nur deutliche Variationen des Mitteleinsatzes zu messbaren Zieleinwirkungen führen. Generell gilt für den Schätzfehler einer ökonometrischen Schätzung der Verstärkungseffekt durch die anderen drei genannten Problembereiche, deren Auswirkungen sich insbesondere in den Schätzwerten der Störgrößen niederschlagen. Die geschätzten Störgrößen werden dazu besonderen Testverfahren unterzogen.

---

[1] H.SCHNEEWEIß, Ökonometrie, a.a.O, 60 u. 104f.

Liegt eine Autokorrelation der geschätzten Störgrößen vor, kann dies als Anzeichen einer Fehlspezifikation angesehen werden. **Bei einer Fehlspezifikation sind wesentliche Einflußfaktoren auf den Zielwert mit den vorliegenden Mittelvariablen nicht erfaßt oder** die für die Schätzung **gewählte Funktionsform** des Ziel-Mittel-Zusammenhangs **falsch.**[1] Beides führt zu erheblichen Einschränkungen der praktischen Verwendbarkeit der wirtschaftspolitischen Relationen.[2] Häufig wird versucht, dieses Problem dadurch zu lösen, daß weitere Einflußfaktoren auf die Zielvariable mit in die wirtschaftspolitische Relation übernommen werden und die ökonometrische Analyse entsprechend ausgeweitet wird. Diese Vorgehensweise ruft jedoch - sofern sie überhaupt aufgrund rationaler Hypothesen befürwortet werden kann, wenn auf die rationalistische Begründung der empirischen Analyse zu achten ist - in zunehmendem Maße das Problem der Kollinearität zwischen den Mittelvariablen und damit das Identifikationsproblem hervor.[3] Die Kollinearität bezeichnet einen statistischen Zusammenhang zwischen den Mittelvariablen, der kausale oder auch technische Ursachen haben kannn, weil beispielsweise bestimmte wirtschaftspolitische Mittel in der Vergangenheit stets parallel angewendet wurden. Die Zielverfehlungswirkung ist am Beispiel der Gleichungen (III-21) bis (III-23) verdeutlicht. Hinzu kommt als Auswirkung des ökonometrischen Schätzverfahrens die Verhinderung der exakten Spezifikation der entsprechenden Variablenkoeffizienten und damit eine weitere Einschränkung der effizienten wirtschaftspolitischen Verwendung der geschätzten Relation.[4] Anders ausgedrückt bestehen unterschiedliche numerische Koeffizientenkombinationen des Ziel-Mittel-Zusammenhangs, der somit nicht exakt identifizierbar ist.

Die ökonometrische Ermittlung der wirtschaftspolitischen Relationen schwankt stets zwischen der *Szylla* der Fehlspezifikation durch fehlende Einflußgrößen, insbesondere erkennbar an der

---

[1] Vgl.: H.SCHNEEWEIß, Ökonometrie, a.a.O., 148 u. 188; sowie: C.W.J. GRANGER - P.NEWBOLD, Spurious Regressions in Econometrics, a.a.O., 111-20.

[2] R.HUJER - R.CREMER, Methoden der empirischen Wirtschaftsforschung, a.a.O., 191.

[3] Vgl.: H.SCHNEEWEIß, Ökonometrie, a.a.O., 151; sowie: T.C.KOOPMANS, Identification Problems in Econometric Model Construction, a.a.O., 125-44.

[4] Vgl.: H.SCHNEEWEIß, Ökonometrie, a.a.O., 138.

Autokorrelation der geschätzten Störgrößen, **und der *Charybdis* des Identifikationsproblems**, das sich bei einem Überangebot an Einflußfaktoren in der Kollinearität der Mittelvariablen niederschlägt. Dieses Dilemma läßt sich auch nicht mit verfeinerten ökonometrischen Methoden lösen, indem beispielsweise zunächst möglichst viele Einflußfaktoren in die zu schätzende wirtschaftspolitische Relation hineingenommen werden, die dann sukzessive aufgrund von Signifikanztests der geschätzten Koeffizienten eliminiert werden.[1] Gerade die Koeffizienten kollinearer Mittelvariablen besitzen eine große Ungenauigkeit, so daß die Eliminierung der Mittelvariablen rein zufällig erfolgen kann. Eine Lösung des Problems wird häufig ausschließlich von der ökonomischen Theorie erwartet, also auf rein rationalistischem Wege für möglich erachtet.[2] Damit fordern jedoch die Ökonometriker von den Ökonomen letztlich genau die Hilfe, die sie eigentlich gewähren sollen. Aber selbst wenn diese Problematik gelöst ist und eine Ziel-Mittel-Relation auf ökonometrische Weise gewonnen wird, die frei von Anzeichen der Fehlspekulation ist und keine Identifikationsprobleme aufweist, besteht noch ein Identifikationsproblem "höherer Ordnung", auf das bereits Keynes hingewiesen hat.[3] Es ist bei einem positiven ökonometrischen Ergebnis noch nicht bewiesen, daß damit die einzige wirtschaftspolitische Relation gefunden ist, die zu der gegebenen Zielvariablen führt. Andere Mittelvariablen oder andere Ausprägungen des Ziel-Mittel-Zusammenhangs können ebenfalls geeignete Relationen zur Beeinflussung der Zielvariablen bilden. So lange kein Ausschließlichkeitsbeweis erfolgt, liegt lediglich eine von potentiell mehreren wirtschaftspolitisch geeigneten Relationen vor. Die Praxis zeigt allerdings, daß für die wirtschaftspolitische Verwendung zahlreiche ökonomische Theorien vorliegen, die sich auf mehr oder weniger erfolgreiche ökonometrische Begründungen berufen.

---

1 Vgl.: H.SCHNEEWEIß, Ökonometrie, a.a.O., 152.

2 Vgl.: E.MALINVAUD, Econometrics Faced with the Needs of Macroeconomic Policy, a.a.O., 1363-75; G.MENGES, Weiche Modelle in Ökonometrie und Statistik, a.a.O., 144-55; H.SCHLESINGER, Wert und Grenzen gesamtwirtschaftlicher Vorausschätzungen, a.a.O., 401-16; H.SCHNEEWEIß, Ökonometrie, a.a.O., 144.

3 J.M.KEYNES, Professor Tinbergen's Method, a.a.O., 560.

Das größte und schwerwiegendste Problem der Ökonometrie mit den engsten Einschränkungen der durch sie gewonnenen wirtschaftspolitischen Relationen **ist das Stabilitätsproblem,** das nach wie vor den heftigsten Diskussionen in der ökonometrischen Wissenschaft ausgesetzt ist.[1] Das Stabilitätsproblem äußert sich in der Frage der Konstanz der geschätzten Koeffizienten wirtschaftspolitischer Relationen sowie der konstanten Varianz der Störgrößen. Besteht Ungewißheit über die Stabilität einer wirtschaftspolitischen Relation, entsteht eine entsprechende Unsicherheit in der Wirksamkeit des Mitteleinsatzes und der Genauigkeit der Zielerreichung. In der Logik entspricht die Instabilität wirtschaftspolitischer Relationen einer Fehlspezifikation der numerischen Ausprägung, d.h. die korrekte Spezifikation bedarf der Konstanz der geschätzten Koeffizienten und Störgrößenvarianz. Aus ökonometrischer Sicht beruht das Stabilitätsproblem auf der Tatsache, daß zur Schätzung der Koeffizienten und Störgrößen nur endlich viele und vor allem allein in der Vergangenheit liegende Beobachtungen der Variablenausprägungen verwendet werden können. Selbst wenn auf dieser Grundlage eine zufriedenstellende Schätzung erzielt wird und vor allem in der Vergangenheit keine Instabilitäten vorliegen[2], können in der Gegenwart und der Zukunft liegende Realisationen der Variablen die Schätzung der Koeffizienten und Störgrößen so stark verändern, daß diese Unsicherheit die erfolgreiche Anwendung der wirtschaftspolitischen Relation verhindert. Erschwerend kommt hinzu, daß die Instabilität der wirtschaftspolitischen Relation möglicherweise erst dadurch entsteht, daß sie erstmals gezielt oder intensiver als zuvor eingesetzt wird.[3] Die Feststellung, ob eine

---

[1] Vgl.: D. FRIEDRICH, Schätzprobleme sowie Verfahren und Möglichkeiten der Analyse ökonometrischer Modelle, a.a.O., 174ff, 196f u. 412; J.M. KEYNES, Professor Tinbergen's Method, a.a.O., 560 u. 566f; G. MENGES, Die ökonometrische Struktur und die Frage ihrer Konstanz, a.a.O., 989-1004; ders.-H. DIEHL, Das Stabilitätsproblem in der Ökonometrie, a.a.O., 27-52; J.A. NELDER, Regression, Model-Building and Invariance, a.a.O., 303-15; B.-TH. RAMB, Zeitentwicklungsanalyse, a.a.O.; H. SCHNEEWEIß, Ökonometrie, a.a.O., 24f.

[2] Zur Ermittlung vergangener Instabilitäten vgl.: B.-TH. RAMB, Zeitentwicklungsanalyse, a.a.O..

[3] Vgl. dazu: R.E. LUCAS, Econometric Policy Evaluation: A Critique, a.a.O., 19-46; W. BRAINARD, Uncertainty and the Effectiveness of Policy, a.a.O., 411-25; K.J. ARROW, The Future and the Present in Economic Life, a.a.O., 157-69.

wirtschaftspolitisch anwendbare Relation invariant ist und die erwünschten Ergebnisse bringen kann, ist jedoch allein dann erst möglich, wenn sie eingesetzt wird und die in der Zukunft tatsächlich eintretenden Werte mit den in der Gegenwart erwarteten Zukunftswerte vergleichbar sind.[1] Bis heute ist keine wirtschaftspolitisch bedeutsame Relation spezifiziert, deren numerische Strukturschätzung nicht aufgrund von neuen empirischen Daten revidiert werden mußte, so daß die Frage entsteht, ob es überhaupt wirtschaftspolitische Relationen mit konstanten Koeffizienten und Störgrößenvarianzen gibt.[2] Auf ökonometrischer Ebene sind damit die wissenschaftstheoretischen Bedenken hinsichtlich einer induktiven Vorgehensweise gewissermaßen empirisch bestätigt. Selbst wenn sehr viele Beobachtungen vorliegen, die eine bestimmte wirtschaftspolitische Relation in konstanter Form bestätigen, kann daraus nicht geschlossen werden, daß diese Relation auch in der Zukunft bestehen bleiben muß. Eine nur beschränkte Lösung des Stabilitätsproblems wird durch das fortlaufende Einbeziehen der aktuellen Beobachtungen in die Ermittlung der Schätzwerte erreicht, da die ungewissen Zukunftswerte immer "einen Schritt voraus" sind. Zudem entstehen durch die sukzessive Verarbeitung von Beobachtungen zusätzliche praktische und formelle Schätzprobleme.[3]

Die Grenzen der numerischen Spezifikation wirtschaftspolitischer Relationen durch die ökonometrischen Schätzmethoden sind insgesamt gesehen sehr eng zu setzen, wobei das Hauptproblem in der Konstanz der geschätzten Werte besteht. Aus wirtschaftspolitischer Sicht verbleibt allein die Hoffnung, daß die ökonometrisch ermittelten wirtschaftspolitischen Relationen "schon dann Erkenntniswert besitzen und für praktische Zwecke brauchbar sind, wenn die gemessenen Beziehungen wenigstens für eine gewisse (nicht zu kurze) Zeit stabil bleiben"[4]. Auch neuere technische Ansätze der empirischen Wirtschaftsforschung, die durch

1 Vgl.: E. HEUß, Die Vorstellung von der Machbarkeit in der Wirtschaftspolitik, a.a.O., 23-9.

2 Vgl.: H. SCHNEEWEIß, Ökonometrie, a.a.O., 24; E. DÜRR, Ordnungspolitische Aspekte quantitativer Prognosen und Zielprojektionen, a.a.O., 239-49

3 Vgl.: H.P. GALLER, Optimale Wirtschaftspolitik mit nichtlinearen ökonometrischen Modellen, a.a.O., 44-7.

4 H. SCHNEEWEIß, Ökonometrie, a.a.O., 24.

"*fine tuning*" oder "weiche Modelle" die ökonometrischen Schwierigkeiten beheben sollen, sind mit großer Skepsis zu betrachten.[1] Es verbleiben stets die grundsätzlichen Beschränkungen, die sich aus dem Datenmaterial ergeben und kaum überwunden werden können. Eine Quintessenz der Ökonometriker lautet daher: "Unter dem Aspekt der wirtschaftspolitischen Verwertbarkeit wird es allerdings in erster Linie darauf ankommen, die Aktualität (und Validität, d.A.) ... der Datenbasis zu verbessern."[2] Sie leitet jedoch gleichzeitig zu den Grenzen der wirtschaftspolitischen Variablen über.

---

1 Vgl.: R.HUJER - R.CREMER, Methoden der empirischen Wirtschaftsforschung, a.a.O., 272-88; dies. - H.KNEPEL, Feinabstimmung ökonometrischer Prognosemodelle, a.a.O., 41-70; kritisch dazu: G.MENGES, Weiche Modelle in Ökonometrie und Statistik, a.a.O..

2 Bezeichnender Schlußsatz bei: R.HUJER - R.CREMER, Methoden der empirischen Wirtschaftsforschung, a.a.O., 287.

4. Grenzen der wirtschaftspolitischen Variablen

Die Einschränkungen der wirtschaftspolitischen Möglichkeiten aufgrund der rationalen und empirischen Grenzen der wirtschaftspolitischen Variablen lassen sich am besten in Anlehnung an die strukturellen Eigenschaften der wirtschaftspolitischen Ziele und Mittel darstellen, die sowohl rationale, wie auch empirische Elemente enthalten. Ihr übergeordnetes Charakterisierungsmerkmal ist die Operationalisierbarkeit. Sie betrifft sowohl die Zielvariable als auch die Mittelvariable und führt in der Realität zu verschiedenen Abstufungen. **Die Grenzen der wirtschaftspolitischen Variablen entsprechen somit der Stufe der erreichbaren Operationalisierbarkeit**, die vor allem durch die Einschränkung der Quantifizierbarkeit und der Meßbarkeit gegeben ist. Die Operationalisierbarkeit liegt dabei im Spannungsfeld zwischen der rationalen Definition und der empirischen Messung der wirtschaftspolitischen Variablen.

Dabei wird die Interdependenz zwischen den Grenzen der wirtschaftspolitischen Variablen und den Grenzen der wissenschaftstheoretischen Grundlage deutlich. Bei rein rationalistischem Vorgehen bestehen lediglich Grenzen hinsichtlich einer widerspruchsfreien Definition der wirtschaftspolitischen Ziele und Mittel. Ihre numerisch gemessene Beobachtung ist weitgehend uninteressant. In der rein empiristischen Behandlung der Wirtschaftspolitik ergibt sich die Definition der Variablen aus dem, was gemessen wird. Zwar ist ohne eine tendentielle Definitionsvorgabe keine Messung möglich, die eigentliche Ausformulierung der Definition ist jedoch durch die Messung festgelegt. Erst beim Verlassen der klassischen wissenschaftstheoretischen Vorstellungen und der Verknüpfung der beiden Aspekte im Rahmen der synthetischen Methodologien entstehen die nichttrivialen Operationalisierungsprobleme, deren die Wirtschaftspolitik einschränkende Lösung in der Regel aus einem Kompromiß besteht. Weder wird die rational geforderte Definition ganz erfüllt, noch die empirischen Daten vollständig erfaßt. Anders ausgedrückt werden die Definitionen den Daten und die Daten den Definitionen angepaßt, so daß sowohl die Definitionen, wie auch die Daten der wirtschaftspolitischen Variablen fehlerhaft werden. Beides läßt sich zum einen an der speziellen Erörterung bestimmter Ziel- und Mittelvariablen, zum anderen bei der allgemeinen Untersuchung der Meßmethoden verdeutlichen.

Die Definition wirtschaftspolitischer Ziele unterliegt hinsichtlich der Operationalisierbarkeit augenscheinlich **den stärksten Einschränkungen**. Insbesondere wenn es sich um globale Zielvariablen wie volkswirtschaftlicher Wohlstand, gesellschaftliche Wohlfahrt, Gesamtnutzen und ähnliches handelt, ist die Problematik einer operationalisierbaren Defintion evident und nicht neu.[1] Gerade das letztlich alles umfassende Ziel der gesellschaftlichen Wohlfahrt hat nicht zuletzt aufgrund der erheblichen Probleme einer empirisch erfaßbaren Definition - verbunden mit dem ungebrochenen Bemühen, eine solche zu finden oder deren Existenz zu widerlegen - zu einer anhaltenden und erbitterten Diskussion sowohl innerhalb des speziellen Wissenschaftsgebietes der Wohlfahrtsökonomie, wie auch auf der allgemeinpolitischen Ebene geführt.[2] Die wirtschaftspolitischen Grenzen, die sich aus der Zielvariablen Wohlfahrt ergeben, sind offensichtlich und für andere wirtschaftspolitische Ziele prädestinierend. Die Operationalisierbarkeit kann auf keinen Fall direkt erreicht werden, sondern nur über Indikatoren. Deren Akzeptanz als Wohlfahrtsindikator liegt jedoch im Entscheidungsbereich der wirtschaftspolitischen Träger.

Die mangelhafte Operationalisierbarkeit allgemeiner wirtschaftspolitischer Zielvariablen führt zu einer Beschränkung der wirtschaftspolitischen Blickrichtung **auf sogenannte Zwischenziele** oder untergeordnete Ziele, wie reales Wachstum, Preisniveaustabilität, Vollbeschäftigung und andere gesamtwirtschaftliche Ziele ($Z_1,\dots,Z_n$), die auf das nach wie vor angestrebte Ziel der Gesamtwohlfahrt Z einwirken:

$$Z = f(Z_1,\dots,Z_n) \tag{III-24}$$

---

[1] Vgl. z. B.: W. S. JEVONS, The Theory of Political Economy, a. a. O., Chap. I; A. MARSHALL, Principles of Economics, a. a. O., Chap. II.

[2] Zum Spektrum der Diskussion vgl.: H. P. WIDMAIER (Hrsg.), Politische Ökonomie des Wohlfahrtsstaates, a. a. O.; kritisch dazu: P. HARBUSCH, Wohlfahrtsstaat, a. a. O.; TH. PÜTZ, Grundlagen der theoretischen Wirtschaftspolitik, a. a. O., 86-95; vor allem jedoch: K. J. ARROW, Social Choice and Individual Values, a. a. O., insb. 59f; ergänzend dazu: G. TULLOCK, The General Irrelevance of the General Impossibility Theorem, a. a. O., 256-70.

Das wirtschaftspolitische Zielproblem wird jedoch dadurch nicht vermindert, sondern nur auf andere Bezugsgrößen verlagert und in gewisser Weise verstärkt. Um eine effiziente Festlegung der Zwischenzielwerte vornehmen zu können, muß der Einfluß der Zwischenziele auf das eigentliche Ziel bekannt sein. Dabei entstehen aber gerade die Probleme, die bei den Grenzen der wirtschaftspolitischen Relationen erläutert sind, wobei die Zwischenziele die Funktion der Mittelvariablen zur Erreichung des eigentlichen Ziels übernehmen. Um diese Relation herauszufinden, ist aber gerade die Operationalisierbarkeit des Endziels erforderlich, so daß die Einführung von Zwischenzielen aufgrund der mangelhaften Operationalisierbarkeit des Endziels letztlich als sinnloses Unterfangen einzuordnen ist.

Gleichzeitig wird das Problem möglicherweise vorhandener Zielkonflikte verschärft. Zielkonflikte entstehen insbesondere dann, wenn mehrere (Zwischen-)Zielwerte als Zielbündel gleichzeitig angestrebt werden.[1] Sie beruhen auf einem interdependenten Zusammenhang zwischen den verschiedenen Zielvariablen:

$$(III\text{-}25) \quad g(Z_1, \ldots Z_n) = 0$$

Nicht alle Zielwerte können autonom vorgegeben werden, da die Gleichung (III-25) nur n-1 Freiheitsgrade besitzt. Ob jedoch überhaupt Zielkonflikte vorliegen oder nicht, ist eine Frage, deren Beantwortung den Grenzen der Ermittlung wirtschaftspolitischer Relationen unterliegt. Beispielsweise ist es nach wie vor ungeklärt, ob ein Zielkonflikt zwischen der Vollbeschäftigung und der Preisniveaustabilität existiert, da die Interdependenz zwischen der Arbeitslosenquote und der Inflationsrate immer noch nicht spezifiziert ist.[2] Selbst bei gesicherter Existenz und Erfassung von Zielinterdependenzen verbleibt jedoch das Problem, welche der alternativen Festlegungen der Einzelziele - z.B. hohe Inflationsrate und dafür niedrige Arbeitslosigkeit oder umgekehrt - gewählt werden soll. Dazu wäre wieder die Festlegung des

---

1 Vgl.: E.TUCHTFELD, Zielprobleme in der modernen Wirtschaftspolitik, a.a.O..

2 Vgl.: A.WOLL - B.FAULWASSER - B.-TH.RAMB, Beschäftigung, Geld und Preisniveaustabilität, a.a.O.; B.-TH.RAMB, Die horizontale "Phillips-Kurve" - Die Quasineutralität der Arbeitslosenquote bezüglich der Inflationsrate, a.a.O., 419-36.

Einflusses der verschiedenen Alternativen auf ein übergeordnetes Ziel erforderlich.

Auch die separate Betrachtung gesamtwirtschaftlicher Ziele, gleichsam **als isolierte Indikatoren** des übergeordneten Zieles, **vermindert die Problematik nicht.** Zunächst führt das Problem der Auswahl des speziellen Indikators wieder zum Entscheidungsproblem seitens des wirtschaftspolitischen Trägers. Darüber hinaus liegt auch bei den gesamtwirtschaftlichen Einzelzielen das Problem der Operationalisierbarkeit vor, die nahezu den gleichen Einschränkungen unterworfen ist wie bei dem allgemeinen Wohlfahrtsziel.[1] Beispielsweise bereitet schon die Definition des realen Wachstums erhebliche Schwierigkeiten.[2] Soll darunter das Niveau des realen Bruttosozialprodukts verstanden werden oder das Pro-Kopf-Einkommen oder das Produktionspotential? Ist überhaupt das Wachstum der immateriellen Güter oder der in den Haushalten produzierten Güter nicht ebenfalls mit einzubeziehen? Daneben besteht die grundsätzliche Problematik der Festlegung eines Deflationierungsverfahrens, mit dem aus den nominellen die realen Größen ermittelt werden.[3] Auch hinsichtlich der Zielvariablen Arbeitslosigkeit bestehen beispielsweise zahlreiche Definitions- und Abgrenzungsprobleme.[4] Sollen dazu nur Personen gezählt werden, die bei den Arbeitsämtern als Arbeitslose registriert sind, oder nur diejenigen, die Arbeitslosengeld oder Arbeitslosenunterstützung erhalten? Sind als Arbeitslose nicht besser alle Erwerbslosen zu bezeichnen und inwieweit müssen die "stillen Reserven" einbezogen werden? Besonders problematisch ist jedoch die definitorische Festlegung des Preisniveaus, dessen relative Änderungsraten die Inflationsrate repräsentieren.[5] Hierbei wird der einschränkende Charakter einer repräsentativen wirtschaftspolitischen Variablen in unmittelbarer Weise deutlich, da das Preisnievau auf der Bestimmung von Preisindizes beruht, die ihrerseits wieder von einer willkürlichen Auswahl

---

[1] Vgl. dazu: H.J. THIEME, Die Operationalisierung gesamtwirtschaftlicher Ziele, a.a.O., 233-48.

[2] Vgl.: A. WOLL, Wachstum als Ziel der Wirtschaftspolitik, a.a.O..

[3] Vgl.: O. ANDERSON u.a., Bevölkerungs- und Wirtschaftsstatistik, a.a.O., 265-8.

[4] Ebenda, 362-4.

[5] Ebenda, 279-81.

von "Warenkörben" und "Preisrepräsentanten" abhängen. Die Entscheidung für einen bestimmten Warenkorb und für ein bestimmtes Verfahren zur Ermittlung der Einzelpreise schränkt in entsprechender Weise die Aussagefähigkeit der wirtschaftspolitischen Variablen Preisniveau ein.

Ein für alle gesamtwirtschaftlichen Zielvariablen zutreffender Grenzziehungsaspekt ist das Aggregationsproblem.[1] Gesamtwirtschaftliche Ziele beschreiben Phänomene, die aus einer Zusammenfassung von Einzelerscheinungen bestehen. Beispielsweise ist die gesellschaftliche Wohlfahrt im allgemeinen definiert als die Summe der individuellen Nutzenniveaus, das reale Bruttosozialprodukt als Zusammenfassung aller in einer bestimmten Periode produzierten Gütereinheiten und das Preisniveau als kombinierte Erfassung einer vorgegebenen Menge von Einzelpreisen. Welche Methode der Aggregation auch immer gewählt wird, die Verwendungsfähigkeit der aggregierten wirtschaftspolitischen Variablen unterliegt zwei grundsätzlichen Einschränkungen. Erstens sind aggregierte Größen keine natürlichen, d.h. direkt erfaßbare Größen, sondern künstlich gebildete Konstrukte. Zweitens haftet den aggregierten Werten ein Informationsverlust an, der zunächst näher erläutert sei.

Der Informationsverlust aggregierter Zielvariablen beruht auf der Kompression von Daten. Die in den Einzelerscheinungen enthaltene Informationsvielfalt wird zu einem einzigen Informationsdatum zusammengefaßt, von dem aus keine Rückschlüsse auf die einzelnen Daten möglich sind. Aus dieser Irreversibilität der Informationsverdichtung entsteht eine beschränkte Aussagefähigkeit der aggregierten Werte, die sich in einer Mehrdeutigkeit der wirtschaftspolitischen Variablen niederschlägt. Zu den gleichen Werten einer aggregierten Variablen können eine Vielzahl von verschiedenen Kombinationen der Einzelwerte führen. Beispielsweise kann ein konstantes Preisniveau vorliegen, wenn sich die relativen Preise in entsprechenden Relationen zueinander verändern, wobei eine unendlich große Anzahl von Kombinationen möglich ist. In umgekehrter Richtung existiert eine begrenzte Aussagefähigkeit, wenn die Änderung der aggregierten Werte

[1] Vgl. dazu: H. SCHNEEWEIß, Das Aggregationsproblem, a.a.O., 1-26; H. THEIL, Linear Aggregation of Economic Relations, a.a.O..

betrachtet werden. Eine aggregierte wirtschaftspolitische Variable kann im Extremfall sowohl aufgrund der Änderung einer einzelnen, wie auch bei Veränderung aller Einzelerscheinungen variieren. Ein Wachstum des realen Bruttosozialprodukts kann beispielsweise durch die Mehrproduktion eines einzelnen Großunternehmens oder durch die gleichmäßige Produktionsausweitung aller erfaßten Betriebe erzeugt werden. Ob ein Extremfall vorliegt oder welche der dazwischen liegenden Kombinationen von Einzeländerungen die aggregierte Variable verändert hat, kann aus dem verdichteten Informationswert nicht entnommen werden.

Der artifizielle Charakter aggregierter Zielvariablen resultiert aus dem Verfahren der Informationsverdichtung. Die aggregierten Werte werden durch eine arithmetische Behandlung von Einzelwerten erzeugt. Welche mathematischen Operationen anzuwenden sind, ob beispielsweise die Summe, der Mittelwert oder die Varianz der Einzelwerte berechnet wird oder ein anderes Aggregationsverfahren anzuwenden ist, entscheidet die willkürliche Definition der aggregierten Variablen. In dieser künstlichen Eigenschaft aggregierter Variablen wird auch die Charakteristik eines Indikators generell deutlich. Es besteht keine identische Repräsentation der Einzeldaten und die Auswahl der Repräsentanten aus den nahezu beliebig vielen Aggregationsverfahren ist abhängig vom wirtschaftspolitischen Träger, der die wirtschaftspolitisch zu behandelnden Variablen festlegt. Aus diesen Gründen bestehen für aggregierte Variablen - unabhängig von dem speziellen Aggregationsverfahren - grundsätzliche Einschränkungen durch die Entscheidung für eine willkürlich ausgewählte und unnatürliche Indikatorgröße.

Hinsichtlich der Grenzen der wirtschaftspolitischen Mittelvariablen treffen ähnliche Betrachtungen wie bei den Zielgrößen zu. Kernproblem ist die Operationalisierbarkeit. Eine nähere Sicht der verschiedenen Kategorien von Mittelvariablen offenbart schnell die Grenzen der Operationalisierbarkeit einzelner Instrumente. In der Geldpolitik kann beispielsweise die Mittelvariable Geldmenge, deren Abgrenzung schon aus definitorischen Gründen Schwierigkeiten bereitet, da es verschiedene Definitionen des Geldes gibt, nicht als Mittel direkt eingesetzt werden, sondern nur indirekt über die Verwendung eines Indikators verwendet werden. Als Indikator dient in der Regel die Zentralbankgeldmenge, deren Volumen ebenfalls nur indirekt gesteuert werden kann.[1] Ähnlich verhält es sich mit dem Einsatz der Bankenliquidität oder dem Zins als wirtschaftspolitischem Mittel. Innerhalb des finanzpolitischen Instrumentariums existiert eine gleichartige Problematik. Die Ausgaben und insbesondere die Einnahmen des Staates lassen sich auch bei disaggregierter Strukturierung nur indirekt operationalisieren.[2] Sofern es sich nicht um Einnahmen mit Entgeltcharakter, z.B. Gebühren oder Umlagen, oder fixierte Zwangseintreibungen handelt, können die Einnahmen nur indirekt durch Änderung von Steuersätzen oder durch die öffentliche Verschuldung festgelegt werden. Auch bei den Ausgaben können Divergenzen zwischen den geplanten und den tatsächlich ausgezahlten Beträgen entstehen. Besonders augenfällig wird das Problem der Operationalisierbarkeit wirtschaftspolitischer Mittelvariablen im Rahmen der Ordnungspolitik, die mit der Setzung rechtlicher und institutioneller Rahmenbedingungen arbeitet.[3] Der geplante Einsatz von Ordnungen zur Erreichung bestimmter wirtschaftspolitischer Ziele ist nicht nur deshalb engen Grenzen unterworfen, weil die entsprechenden wirtschaftspolitischen Relationen unbestimmbar sind. Die wirtschaftspolitische Mittelvariable Ordnung ist auch nur schwach operationalisierbar, weil eine Ordnung nicht meßbar ist, und nicht vollidentisch repräsentierbar, weil eine bestimmte Ordnung nicht direkt, sondern nur über indizierende Gesetze und "Verordnungen" festgelegt wird. Eine bestimmte Ordnung stellt somit streng genommen kein wirtschaftspolitisches Mittel, sondern ein Zwischenziel dar. Generell besitzen die meisten wirtschaftspolitischen Mittel aufgrund ihrer Repräsentation durch Indikatoren mehr den Charakter von Zwischenzielen, so daß für sie zusätzlich die zu dieser Problematik ausgeführten Grenzbetrachtungen zutreffen.

Neben den Grenzen einer operationalisierbaren Definition der wirtschaftspolitischen Variablen, die im Idealfall die Eigenschaft der Meßbarkeit besitzen, **sind als zweiter Komplex die**

---

[1] Vgl. dazu: A. WOLL - G. VOGL, Geldpolitik, a.a.O., insb. 47-88; sowie: J. SIEBKE, Steuerung der Geldmengenaggregate: Zwischen Können und Wollen, a.a.O., 147-57.

[2] Vgl.: H. ZIMMERMANN - K.-D. HENKE, Finanzwissenschaft, a.a.O.; G. DIECKHEUER, Staatsverschuldung und wirtschaftliche Stabilisierung, a.a.O., 267f.

[3] Vgl.: M. E. STREIT, Theorie der Wirtschaftspolitik, a.a.O., 2. Kap..

Grenzen der gemessenen Daten zu beachten.[1] Die Tatsache, daß eine Ziel- oder Mittelvariable vollständig operationalisierbar, d.h. *a priori* meßbar ist, besagt nicht, daß es *a posteriori* keine Einschränkungen der praktischen Messung dieser wirtschaftspolitischen Variablen gibt. Eine Einschränkung der Meßbarkeit im weitesten Sinne kann zum einen in einer Beschränkung der numerischen Maße bestehen, in denen diese Daten gemessen werden. Beispielsweise können Bestandsgrößen, wie Realkapital und Vermögen, häufig nur intervallskaliert erfaßt oder unterschiedliche Nutzeneinschätzungen nur auf einer Ordinalskala abgetragen werden. Die Einschränkungen der Skalierungsmöglichkeiten wirtschaftspolitischer Variablen wirken sich insbesondere auf die begrenzten Festlegungsmöglichkeiten bestimmter Ziel- oder Mittelwerte aus, die um so gröber angegeben werden müssen, je einfacher die Skalierung ist.

Zum anderen bestehen die Einschränkungen der Meßbarkeit in der Existenz von Meßfehlern. **Die Ursachen der Meßfehler liegen in zwei Bereichen, in der Erhebung und in der Aufbereitung der Meßdaten.** Der Erhebungsfehler beruht im wesentlichen darauf, daß die Datenerhebung bei wirtschaftspolitischen Variablen letztlich auf Befragungen basiert. Eine unmittelbare "physische" Messung ist nur in sehr begrenztem Umfang möglich, obwohl die technologischen Voraussetzungen durch die Entwicklung leistungsfähiger Datenverarbeitungsanlagen prinzipiell gegeben sind. Ein Handelsunternehmen kann beispielsweise sämtliche Einzelverkäufe im firmeneigenen Computersystem direkt erfassen und abspeichern. Selbst Eintippfehler an der Kasse sind technisch vermeidbar, da fast alle Produkte mit Strichmarkierungen individuell gekennzeichnet sind, die mit einem optischen Abtastgerät direkt vom Computer erfaßt werden können, und der aktuelle Preis aus dem Programmspeicher des Computers bei der Verkaufsrechnung unmittelbar hinzugefügt werden kann. Ein anderes Beispiel, das auch in Ergänzung des vorangegangenen gesehen werden kann, ist die Kontenverwaltung der Geschäftsbanken. Prinzipiell stellt es kein technisches Problem dar, die Einzelverkaufsrechnungen direkt von einem Kundenkonto abzubuchen. Die fehlerfreie Erfassung der wirtschaftspolitischen Daten stellt sich somit auf der Mikro-

[1] Das nach wie vor beste Werk zu diesem Thema: O. MORGENSTERN, Über die Genauigkeit wirtschaftlicher Beobachtungen, a.a.O..

ebene als technisch nahezu vollständig gelöst oder lösbar dar. Zur Gewinnung der gesamtwirtschaftlich aggregierten Daten wäre jedoch ein Verbund aller einzelwirtschaftlichen Computer zu einer zentralen Datenbank erforderlich, wenn eine direkte und fehlerfreie Erfassung auf der Makroebene gefordert ist. Dafür ist jedoch eine Berechtigung erforderlich, die einer gesetzlichen Grundlage bedarf, wenn der Datentransfer nicht freiwillig erfolgt. Damit ist ein weiterer Bezug der Grenzen der wirtschaftspolitischen Variablen zu den Grenzen des Trägers gegeben. Auch der indirekte Datentransfer durch Befragen der einzelnen Wirtschaftsteilnehmer basiert bei den amtlichen Statistiken auf einer Rechtsgrundlage mit Auskunftspflicht seitens der Befragten und dem Versprechen der Geheimhaltung von Einzeldaten seitens der Befrager.[1]

Bei der Ermittlung von Daten durch Befragung, gleichgültig ob eine amtliche oder nichtamtliche Befragung von wirtschaftspolitischen Daten erfolgt, **entsteht** durch die Einschaltung von Personen als Datenübermittler **stets die Gefahr von Fehlern durch Nichtbeantworten oder falsches Beantworten der Fragen.**[2] Sie liegen auch bei noch so ausgefeilten Befragungsstrategien vor. Der Fehler durch Nichtbeantworten der Fragen kann nicht nur bei nichtamtlichen und freiwilligen Statistiken vorliegen, sondern auch bei gesetzlich verordneten Befragungen, wenn sich einzelne oder größere Gruppen der Wirtschaftsteilnehmer weigern, entsprechende Angaben zu machen, und statt dessen z.B. eine Bußgeldzahlung vorziehen. Häufiger - und preiswerter - sind dagegen die falschen Angaben, die bewußt, aber auch versehentlich erfolgen. Dabei können unterschiedliche Motive vorliegen, wie Persönlichkeitsschutz, Steuerhinterziehung, Gleichgültigkeit oder Aversion gegen den Befrager. Ein Erhebungstechnisches Nichtbefragen liegt vor, wenn Erhebungsschätzungen erfolgen, bei denen nicht die Gesamtheit der Einzelbefragungen erfolgt, sondern nur stichprobenartige Teilerfassungen durchgeführt werden. Der Erhebungsfehler beruht dann auf einer fehlerhaften oder nichtrepräsentativen Zusammenstellung der Stichproben.[3]

---

1 Vgl.: O. ANDERSON, Bevölkerungs- und Wirtschaftsstatistik, a.a.O., 31-5.

2 Vgl.: J.B. LANSING - J.N. MORGAN, Economic Survey Methods, a.a.O., 106f.

3 Vgl.: E. SCHAICH u.a., Statistik II, a.a.O., 3-5.

Die Aufbereitungsfehler entstehen durch die weitere Bearbeitung der erhobenen Primärdaten. Werden sie mathematischen Operationen unterzogen, um beispielsweise zu kombinierten oder aggregierten Daten zu gelangen, schlagen sich die Fehler der Primärdaten entsprechend den mathematischen Gesetzen der Fehlerrechnung in den berechneten Größen nieder.[1] So wird bei jeder Addition zweier mit den Fehlern e_1 und e_2 behafteter Daten X_1 und X_2 der Ergebnisfehler aus der Summe der absoluten Fehler

$$(III\text{-}26)\quad (X_1+e_1) + (X_2+e_2) = (X_1+X_2) + (e_1+e_2)\ ,$$

bei jeder Multiplikation mit einer Konstanten a aus dem entsprechenden Vielfachen

$$(III\text{-}27)\quad (X_1+e_1)\cdot a = X_1\cdot a + e_1\cdot a$$

gebildet, während bei jeder Multiplikation zweier fehlerbehafteter Daten der relative Gesamtfehler in etwa der Summe der einzelnen relativen Fehler entspricht:

$$(III\text{-}28)\quad X_1(1+e_1/X_1)\cdot X_2(1+e_2/X_2) = X_1\cdot X_2\cdot(1+e_1/X_1+e_2/X_2) + e_1\cdot e_2$$

Sind die Fehler mit wechselnden Vorzeichen behaftet, können sie sich teilweise oder auch vollständig gegenseitig aufheben. Bei zufälligen und um den Wert Null normalverteilten Fehlern kann beispielsweise der Mittelwert von großen Datenmengen als fehlerfrei angesehen werden. Ist dagegen eine einseitig verzerrte Wirkung der Fehler gegeben, kann der Gesamtfehler nicht eliminiert werden, es sei denn, die einseitig wirkende Fehlerursache ist bekannt und die aus ihr resultierenden Fehler können mathematisch bereinigt werden.[2] Aufbereitungsfehler einseitiger und nicht zufälliger Art treten insbesondere bei aggregierten Daten auf, so daß diese eine zusätzliche Einschränkung durch die Meßfehler erhalten.

---

[1] Vgl.: E. HARDTWIG, Fehler- und Ausgleichsrechnung, a.a.O.,; O. ANDERSON u.a., Bevölkerungs- und Wirtschaftsstatistik, a.a.O., 82-5.

[2] Vgl.: E. HARDTWIG, Fehler- und Ausgleichsrechnung, a.a.O., 12.

Die Auswirkungen der Meßfehler sind unter zwei Gesichtspunkten zu sehen. Zum einen verursachen die Meßfehler eine erhebliche **Unsicherheit bei der Festlegung und Kontrolle von wirtschaftspolitischen Ziel- und Mittelvariablen,** so daß eine effiziente Anwendung wirtschaftspolitischer Relationen verhindert wird. Zum anderen werden durch die in der Vergangenheit vorliegenden Meßfehler **die empirisch ermittelten Ziel-Mittel-Zusammenhänge** selbst **mit Fehlern belastet.**[1] Daß fehlerhafte Meßdaten in der Praxis vorliegen, ist relativ unstrittig. Jedoch ist das Ausmaß der Meßfehler weitgehend nicht abschätzbar. Fehlerabschätzungen, insbesondere seitens der Stellen, die für die Datenerhebung zuständig sind, liegen nur in sehr geringem Umfang vor. Morgensterns Kommentar gibt die treffende Einschätzung dieser Problematik wider: "Die Veröffentlichung (vertrauenswürdiger!) quantitativer Fehlerschätzungen und ihre Erörterung auf breitester Grundlage würde sich als wirksames Mittel zur Verringerung der Fehler erweisen und gleichzeitig diejenigen Personen vorsichtiger machen, die Statistiken für wissenschaftliche und vielleicht auch für politische Zwecke verwenden. Die Statistiken der Vergangenheit, diese Berge von Zahlen, die eine Untersuchung verlangen, werden dadurch natürlich nicht besser, aber es würde deutlicher, daß solche Untersuchungen weitaus gefährlicher sind, als man im allgemeinen annimmt."[2]

Auch bei den Grenzen der wirtschaftspolitischen Variablen ist, wie bereits mehrfach deutlich wurde, **ein erheblicher Einfluß durch den Träger der Wirtschaftspolitik feststellbar,** der sich sowohl auf der rationalen Ebene der Definition wirtschaftspolitischer Variablen, wie auch bei der empirischen Datenerfassung zeigt. Beides schlägt sich - im doppelten Sinne des Wortes - im Repräsentationsgrad der wirtschaftspolitischen Variablen nieder. Vollidentische Repräsentationen existieren praktisch nicht, sobald der mikroökonomische Bereich verlassen wird und eine zusammenfassende Betrachtung individueller Phänomene statt-

---

1 Vgl.: R. HUJER - R. CREMER, Methoden der empirischen Wirtschaftsforschung, a.a.O., 3 u. 16; H. SCHNEEWEIß, Ökonometrie, a.a.O., 216f; J. TINBERGEN, Einführung in die Ökonometrie, a.a.O., 16f.

2 O. MORGENSTERN, Über die Genauigkeit wirtschaftlicher Beobachtungen, a.a.O., 121.

findet.[1] Bei der Definition aggregierter wirtschaftspolitischer Zielvariablen ist jedoch weniger die Repräsentationsart der Daten entscheidend, sondern hauptsächlich die Anerkennung als wirtschaftspolitisches Ziel seitens des wirtschaftspolitischen Trägers, der ebenfalls einen repräsentativen Charakter besitzt. Es ist - nicht einmal als Extremfall - denkbar, daß eine teilidentische Repräsentation als wirtschaftspolitische Zielvariable durch einen mono- oder meropragmatischen Träger ausgewählt wird. Als Devise könnte gelten: Geht es dem König (oder dem Dikator, dem Adel, der Arbeiterklasse, den Beamten, den Unternehmern, etc.) gut, geht es auch dem gesamten Volk gut, so daß die Wohlfahrt des Königs (oder der anderen Personen oder Gruppen) als Indikator für die Wohlfahrt eines Volkes steht. Der Einfluß des wirtschaftspolitischen Trägers auf die empirische Datenerfassung erfolgt ebenfalls nach repräsentativen Gesichtspunkten. Allein auf der individuellen ökonomischen Ebene ist eine uneingeschränkte, vollidentische Repräsentation der Daten gewährleistet. Bei kummulierter gesamtwirtschaftlicher Datenerfassung entscheiden die passiven Träger der Wirtschaftspolitik indirekt über ihre aktiven politischen Repräsentanten, die entsprechende Datenerfassungsgesetze erlassen, und direkt durch ihr individuelles Verhalten zu diesen Gesetzen, inwieweit die empirischen Daten eine Repräsentation der erfaßten Individualdaten darstellen. Die Grenzen des Repräsentationsgrades wirtschaftspolitischer Variablen besitzen dadurch nicht nur eine objektive, sondern auch eine - letztlich entscheidende - subjektive Komponente, die durch das Verhalten der wirtschaftspolitischen Träger gegeben ist.

---

[1] Vgl. dazu auch: L. M. LACHMANN, Makroökonomischer Formalismus und die Marktwirtschaft, a.a.O..

5. Grenzen der wirtschaftspolitischen Praxis

Die Darstellung der Grenzen der praktischen Wirtschaftspolitik ist gegenüber den vorangegangenen Betrachtungen **durch drei Besonderheiten gekennzeichnet. Erstens ist sie die komplexeste aller Grenzenbetrachtungen**, da sie die Realisationsgrenzen der Wirtschaftspolitik insgesamt behandelt. Diese Grenzen sind in den letzten Jahren so offensichtlich geworden, daß ihre verstärkte Untersuchung zu einem eigenständigen Wissenschaftsgebiet der Ökonomie, der "Neuen Politischen Ökonomie", geführt hat, die zwar an alte Betrachtungsweisen anknüpft, im Kern jedoch aus den praktischen Problemen der Wirtschaftspolitik jüngeren Datums hervorgegangen ist.[1] Die Grenzen der wirtschaftspolitischen Praxis bestehen sowohl aus den Grenzen der Anwendbarkeit der theoretischen Wirtschaftspolitik im engeren Sinne - und damit auch die Theoriegrenzen - als auch aus den Restriktionen, die sich aus rein politischer Sicht ergeben. Bezogen auf die Struktur der Wirtschaftspolitik ergeben sich die Grenzen der praktischen Wirtschaftspolitik nicht allein aus den Grenzen der wirtschaftspolitischen Strukturelemente Träger und Prozeß der Wirtschaftspolitik, sondern verstärkt aus den Interdependenzen zu den anderen Strukturelementen. Vorrangig sind die Interdependenzen zwischen dem Prozeß und dem Träger. Aus diesem Grunde werden die Grenzen dieser beiden Strukturelemente in diesem Abschnitt gemeinsam behandelt. Aber auch die Interdependenzen zu den Grenzen der theoretischen Strukturelemente beeinflussen die praktischen Grenzen so stark, daß die Komplexität der praktischen Grenzen letztlich zu einer gesamten Revision der wirtschaftspolitischen Struktur führt.

Die zweite Besonderheit bezieht sich auf die Auswirkungen der praktischen Grenzen, die nicht nur für den wissenschaftlichen Betrachter erkennbar, sondern auch für wirtschaftswissenschaft-

---

[1] Vgl. dazu: B.S.FREY, Die Renaissance der Politischen Ökonomie, a.a.O., 357-407; J.WERNER, Zum Verhältnis von Allgemeiner Wirtschaftspolitik und Neuer Politischer Ökonomie, a.a.O., 345-66; G.GÄFGEN, Politische Ökonomie und Lehre von der Wirtschaftspolitik, a.a.O., 123-43; G.E.TICHY, Die Allgemeine Theorie der Wirtschaftspolitik und die Neue Politische Ökonomie, a.a.O., 289-307; sowie: F.LEHNER, Einführung in die Neue Politische Ökonomie, a.a.O..

liche Laien offensichtlich werden. Die Mißachtung oder Vernachlässigung der Grenzen der wirtschaftspolitischen Praxis führt zu einem Fehlschlag der Wirtschaftspolitik, deren Auswirkungen für alle am wirtschaftspolitischen Prozeß aktiv oder passiv Beteiligten augenfällig und unmittelbar spürbar werden. Dies gilt jedoch vorwiegend, wenn nicht ausschließlich, für die Auswirkungen. Die Ursachen bleiben dagegen in der Regel weitgehend unerkannt oder unbeachtet.

Die dritte Besonderheit liegt darin, daß die Grenzen der praktischen Wirtschaftspolitik - mehr noch als die Grenzen der anderen Strukturelemente - **durch menschliche Verhaltensweisen bestimmt sind**. Diese Verhaltensweisen sind häufig auf bestimmten Gesetzmäßigkeiten begründet, die innerhalb und außerhalb ökonomischer Kategorien liegen können. Ziel eines Teils der Neuen Politischen Ökonomie ist gerade die ökonomische Internalisierung dieser Verhaltensweisen. Die wissenschaftliche Erfassung von Gesetzmäßigkeiten menschlicher Verhaltensweisen ist jedoch mit den gleichen Problemen und Einschränkungen behaftet, die sich bei der Betrachtung der Grenzen der wissenschaftlichen Strukturelemente der Wirtschaftspolitik herausstellten. Die Grenzen der menschlichen Verhaltensweisen und ihrer Gesetzmäßigkeiten wirken sich dadurch zweifach auf die Grenzen der wirtschaftspolitischen Praxis aus.

Die Ansatzpunkte für die Betrachtung der praktischen Grenzen ergeben sich aus dem Ablauf des wirtschaftspolitischen Prozesses entsprechend der Charakteristik der einzelnen Ablaufphasen. Die verschiedenen Ablaufphasen sind dabei in ihrer zweidimensionalen Strukturierung zu sehen, d.h. die Träger der Handlungsphasen und die sie kennzeichnende Charakteristik mit einzubeziehen. **Die Grenzen der wirtschaftspolitischen Praxis lassen sich** somit **aus einer Verflechtung von charakteristischen Merkmalen der Prozeß- und Trägerstruktur der Wirtschaftspolitik entwickeln**. Dabei ist eine doppelte Betrachtungsweise aus der Sicht des Ablaufs und der Trägerschaft zweckmäßig. Neben der Darstellung der mehr technisch oder funktional bedingten Grenzen sind die Restriktionen aus den Verhaltensweisen der beteiligten Personen und Institutionen herauszustellen. Deren generelle Verhaltensweisen und ihr Verhalten innerhalb des wirtschaftspolitischen Prozesses sind nicht in jedem Fall denselben Einschränkungen unterworfen. Im Sinne einer umfassenden Darstellung der Grenzen wäre es unzweckmäßig, die sich daraus ergebenden Einschränkungen aus der Annahme bestimmter - beispielsweise ökonomisch rationaler - Verhaltenshypothesen zu entwickeln, wie dies beispielsweise innerhalb der Neuen Politischen Ökonomie getan wird. Erstens können auch nichtgesetzmäßige Verhaltensweisen vorliegen und zweitens müßten die postulierten Gesetzmäßigkeiten ihrerseits einer Grenzenanalyse unterzogen werden. Die Darstellung der praktischen Grenzen muß daher an der Betrachtung der Bandbreiten ansetzen, die sich aus der Vielfalt alternativer Verhaltensweisen ergeben.

Die Grenzen der Informationsphase des wirtschaftspolitischen Prozesses schließen sich eng an die Grenzen der ökonomischen Theorienbildung an. Informationen über bestimmte Zielvariablen und über Ziel-Mittel-Zusammenhänge können nur innerhalb der bereits gezeigten Grenzen wirtschaftspolitischer Variablen und Relationen ermittelt und verwendet werden. Mehr noch als die technischen oder technologischen Grenzen wirken sich die personellen Beschränkungen aus. Unabhängig von den speziellen Trägersystemen und ihren systembedingten Einschränkungen werden in der Informationsphase gerade die Grenzen der theoretischen Wirtschaftspolitik wirksam, die auf der Interdependenz mit dem allgemeinen politischen Träger beruhen. Die Ausgestaltung der Informationsphase ist daher nicht nur durch den speziellen Träger dieses Teils des wirtschaftspolitischen Prozesses, sondern auch durch den übergeordneten politischen Träger, d.h. durch das gesellschaftliche System, eingeschränkt.

Bei individueller Trägerschaft innerhalb eines idiopragmatischen Systems ist die Informationsphase - isoliert und vordergründig betrachtet - **keinen Einschränkungen unterworfen.** Jedes Individuum entwickelt seine eigenen Vorstellungen von seinen wirtschaftspolitischen Zielen und den der Zielerreichung dienenden Mitteleinsätzen. Insbesondere bestehen keine Probleme hinsichtlich der Operationalisierung allein subjektiv meßbarer Zielvariablen, wie persönlicher Nutzen, Vermögen, allgemeines Wohlbefinden u.s.w., die auf der individuellen Ebene fehlerfrei definiert und gemessen werden können. Einschränkungen bestehen insoweit, wie die individuelle Informationsgewinnung auf externe Informationsträger und -wege angewiesen ist. Bei allen anderen Trägersystemen entstehen dagegen zusätzliche Grenzen durch weitere Quellen der Fehlinformation und durch Beschränkungen der Informationskoordination.

In den monopragmatischen Trägersystemen der Informationsphase entfällt zwar das Koordinationsproblem, da der alleinige Handlungsträger seine Informationen über die Ziel- und Mittelvariablen und die Ziel-Mittel-Zusammenhänge nicht mit anderen Personen abstimmen muß, **die Gefahr der Fehlinformation nimmt jedoch erheblich zu.** Zielvariablen, insbesondere aggregierte Variablen wie der Volkswohlstand u.ä., werden nicht fehlerfrei operationalisiert und Ziel-Mittel-Zusammenhänge falsch oder überhaupt nicht spezifiziert. Ein typisches Beispiel dafür sind totalitäre Staaten mit einer monolithischen Wirtschaftsideologie. Die in diesen Trägerschaften explizit entwickelten wirtschaftspolitischen Zielvorstellungen und Mitteleinsatzentwürfe können ebenso total wie das System an den ursprünglich konzipierten Ideen vorbeigehen.

Umgekehrt verhält es sich bei koinopragmatisch organisierten Informationsphasen. Ihre Grenzen liegen in der Koordination der individuellen Informationen. Unterschiedliche Auffassungen bezüglich der Ziele und Mittel erfordern eine Kompromißbereitschaft aller Beteiligten, insofern nicht partielle Trägersysteme vorliegen, bei denen sich in den einzelnen Gruppen "gleichgesinnte" Individuen als Träger der Informationsphase zusammenfinden. Interessengruppen sind daher der Prototyp partiell koinopragmatischer Trägersysteme der Informationsphase. Bei erfolgreich bestehenden koinopragmatischen Trägerschaften sind die Grenzen der Informationsphase im Prinzip mit denen des idiopragmatischen Trägersystems identisch, da durch die Einheitlichkeit der Gestaltung die gleiche Möglichkeit der subjektiv fehlerfreien Informationsgewinnung entsteht.

Die meropragmatische Trägerschaft der Informationsphase läßt sowohl das Koordinations- wie auch das Erfassungsproblem aufkommen, so daß mit ihr das problematischste System mit den schärfsten Einschränkungen vorliegt. Die Vielzahl der unterschiedlichen und zum großen Teil widersprüchlichen Auffassungen über wirtschaftspolitische Ziele und Ziel-Mittel-Zusammenhänge unter Wirtschaftswissenschaftlern und wirtschaftswissenschaftlichen Instituten, die den klassischen meropragmatischen Träger der wirtschaftspolitischen Informationsphase darstellen, bietet ein markantes Beispiel dafür. Der "Anmaßung von Wissen" - wie es

Hayek einmal bezeichnet hat[1] - über die individuellen und gesellschaftlichen Ziele der passiven wirtschaftspolitischen Träger sowie über die adäquaten Ziel-Mittel-Zusammenhänge steht die Unfähigkeit gegenüber, einen Konsens dieses Wissens über wirtschaftspolitische Variablen und Relationen herzustellen. Die daraus entstehenden Einschränkungen werden verstärkt durch die Problematik der Legitimation dieses wirtschaftspolitischen Trägers. Die wissenschaftlichen Informationsträger gehen weder durch allgemeine Wahlen noch durch andere explizite Legitimationsverfahren aus der Gesamtheit der passiven wirtschaftspolitischen Träger hervor. In der Regel begründen sich die meropragmatischen Träger der Informationsphase auf charismatischen Auswahlverfahren, wie z.B. bei John M. Keynes oder bei Karl Marx, oder auf traditionelle Elektionen, wie z.B. die Vertreter bestimmter "Schulen", etwa der Freiburger Schule, der Cambridge- oder Chicago-Schule, des Wiener Kreises etc., und die Mitglieder bestimmter Institutionen, etwa - im weitesten Beispiel - Universitätsprofessoren. Das Legitimationsproblem bezieht sich daher nicht nur auf Einzelpersonen, sondern auch auf Trägergruppen, wie Institute und Behörden, wenngleich letztere sich in der Regel auf eine formale und globale Legitimation berufen können.

Für mero- und monopragmatische Trägersysteme der Informationsphase trifft überdies das Problem der Unabhängigkeit zu. Dabei werden die Interdependenzen zwischen den einzelnen Phasen des wirtschaftspolitischen Prozesses deutlich, die sich insbesondere in der Informationsphase niederschlagen. In demokratischen und diktatorischen Sytemen hat sich beispielsweise der Trägertyp des wirtschaftspolitischen Gutachters und Beraters herausgebildet, der von den Trägern der Entscheidungsphase ausgewählt und zur Informationsgewinnung eingesetzt wird. Als weiteres Beispiel sind in diesem Zusammenhang die Meinungsforschungsinstitute und die institutionellen, mit der Datenbeschaffung grundsätzlich beauftragten Ämter und Behörden zu nennen. Gutachter, Berater, Meinungsforscher und Beamte sind in ihrer Informationstätigkeit allein durch die Tatsache beschränkt, daß sie dazu von anderen beauftragt werden, auch wenn sie sich um äußerste Neutralität und Unabhängigkeit bemühen. Die Dependenz der Träger und der Inhalte der Informationsphase von den Trägern

---

1 F.A. HAYEK, Die Anmaßung des Wissens, a.a.O..

der Entscheidungsphase ist jedoch ein Phänomen, das nicht nur bei beauftragten Trägern der Informationsphase entsteht, sondern generell zu bemerken ist, da mit der Informationsgewinnung eine - möglicherweise nur minimale - Erwartung der Durchführung in ihr enthaltener Handlungsvorstellungen verbunden ist.

Die beiden Entscheidungsphasen des wirtschaftspolitischen Prozesses beinhalten sowohl im zielorientierten wie auch im mittelorientierten Prozeßteil **in ihrem Kern das Problem, aus einer gegebenen Anzahl von Alternativen eine auszuwählen** und ihr gegenüber den anderen den Vorzug zu geben. Diese Entscheidungsalternativen werden in der Informationsphase entwickelt, so daß die Grenzen der Informationsphase eine Vorgabe der äußeren Grenzen des Entscheidungsspielraums bedeuten. Inhaltlich ergeben sich grundsätzliche Einschränkungen der Entscheidungsphase durch die Anzahl der verfügbaren Alternativen. Die Minimalmenge besteht aus einer Zielvorgabe, mit der eine minimale Entscheidungssituation gegeben ist, auch wenn keine Mittelalternative besteht, d.h. nicht einmal ein Mittelvorschlag existiert. Zu den Alternativen im mittelorientierten Teil zählen auch die Entscheidungen für Handlungsunterlassungen, selbst wenn im zielorientierten Teil eine grundsätzliche Entscheidung für einen Mitteleinsatz fällt, da das angestrebte wirtschaftspolitische Ziel nicht von selbst eintritt.

Das Hauptproblem der Entscheidungsphasen ergibt sich bei Trägersystemen mit einer personellen Diskrepanz zwischen den aktiven Trägern der Informations- und Entscheidungsphase. In mono- oder meropragmatischen Personifikationssystemen kann durch die personelle Unterscheidung der aktiven Träger dieser beiden Phasen nicht nur die bereits erläuterte Gefahr entstehen, daß die Träger der Informationsphase durch die der Entscheidungsphase beeinflußt oder gesteuert werden, sondern auch eine Mißachtung der Ergebnisse der Informationsphase durch die Träger der Entscheidungsphase eintreten. Wirtschaftspolitische Entscheidungen wider besseres Wissen und entgegen dem Ratschlag der Wirtschaftswissenschaftler sind keine seltene Erscheinung. So, wie diktatorische Herrscher oder Monarchen häufig ihre Entschlüsse ohne Berücksichtigung der wirtschaftspolitischen Informationen seitens ihrer Ratgeber treffen, fällen auch Parlamente und Regierungen vielfach ihre Entscheidungen im Widerspruch zu der Informationsgrundlage, die ihnen wirtschaftspolitische Berater und wirtschaftswissenschaftliche Institute erstellt haben.[1] Teilweise erfolgt die Mißachtung der Informationsgrundlage aus verständlichen Gründen, da den Entscheidungsträgern die Grenzen der Informationsphase und ihrer Träger bewußt sind.

Weitere Einschränkungen der Entscheidungsphase beruhen auf vorgreifende Interventionen seitens des Trägers der Durchführungsphase, soweit diese nicht mit den Trägern der Entscheidungsphase personell identisch sind. Ihr Einfluß auf die Entscheidungsphase kann zum einen inhaltlicher Art sein, indem beispielsweise bestimmte Entscheidungsalternativen von vorneherein als undurchführbar deklariert werden. Wenn diese Einwände nicht innerhalb der Informationsphase berücksichtigt sind, liegt damit praktisch eine zweite, nachgeschaltete "Informationsphase" vor, die insbesondere bei personellen Diskrepanzen zwischen den Trägern der Informationsphase auf der einen Seite und den Trägern der Entscheidungs- und Durchführungsphase auf der anderen Seite entsteht und auch durch die Entscheidungsträger bewußt initiiert werden kann. Zum anderen kann ein einschränkender Einfluß der Träger der Durchführungsphase auf die Entscheidungsphase in ähnlicher Weise wie bei der Gegenüberstellung von Informations- und Entscheidungsträgern durch personelle Abhängigkeiten bestehen. Ein typisches Beispiel für die Abhängigkeit der Entscheidungsträger von den Trägern der Durchführungsphase bieten Parlamente als Entscheidungsgremien, deren Parlamentarier niedere Parteimitglieder sind, während die Parteispitzen den Ministerien vorstehen, die mit der Durchführung der Entscheidungen beauftragt sind. Besteht eine große Einflußmöglichkeit der Parteiführer auf die Nominierung der in das Parlament wählbaren oder zu entsendenden Kandidaten - was insbesondere bei den kommunistischen Einparteiensystemen der Fall ist -, werden alle parlamentarischen Entscheidungen zwangsläufig von den ausführenden Ministern, vor allem aber von ihren Bürokratien, erheblich beeinflußt. Der Einfluß der Bürokratie wird überdies häufig zusätzlich verstärkt, indem zahlreiche Parlamentssitze von Beamten besetzt werden.[2]

---

[1] Vgl. dazu die Beiträge in: R.C. AMACHER - R.D. TOLLISON - T.D. WILLET (eds.), The Economic Approach to Public Policy, a.a.O., part V; insb.: G. TULLOCK, A Modest Proposal, 511-9.

[2] Vgl.: U. LOHMAR, Staatsbürokratie, Das hoheitliche Gewerbe, a.a.O., 117ff.

Die wirtschaftspolitischen Durchführungsphasen selbst sind im wesentlichen durch die personellen Restriktionen ihrer Träger beschränkt. Zwar sind auch Grenzen technischer Art möglich, die hauptsächlich in Kapazitätsgrenzen zeitlicher, räumlicher und sachlicher Art bei der Durchführung von Maßnahmen bestehen, wenn eine bestimmte, jedoch nicht verfügbare Ausstattung erforderlich ist. Beispielsweise können Entscheidungen, die außerhalb einer produktionstechnisch bedingten ökonomischen Transformationskurve liegen, nicht durchgeführt werden. Überwiegend sind die Grenzen der Durchführungsphase jedoch auf die personellen Probleme des Trägers dieser Phase zurückzuführen. Die Durchführungsphase ist, wenn nicht jeder oder alle betroffenen Wirtschaftsteilnehmer damit befaßt sind, also keine idiopragmatische oder koinopragmatische Trägerschaft vorliegt, in der Regel Behörden oder Institutionen übertragen. Die dabei auftretenden Grenzen eröffnen das generelle Problem der Bürokratie, dessen Darstellung einen weiteren Bereich der Neuen Politischen Ökonomie einnimmt.[1] Die in der Bürokratie - oder auch Administration - tätigen Personengruppen können die Durchführungsphase gewollt einschränken oder zu Einschränkungen gezwungen sein. Gewollte Einschränkungen liegen insbesondere vor, wenn die Bürokratie als aktiver Träger der Durchführungsphase nicht mit den Ergebnissen der Entscheidungsphase einverstanden ist, weil sie ihren eigenen Entscheidungsvorstellungen widersprechen oder ihren bürokratiespezifischen Zielen zuwiderlaufen. Gelingt es den Trägern der Durchführungsphase nicht, die Träger der Entscheidungsphase bereits vor der Entscheidung entsprechend zu beeinflussen, können sie die ungewünschte Entscheidung in einem gewissen Umfang korrigieren oder einseitig interpretieren, wenn sich die Durchführung nicht sogar vollständig verhindern läßt. Beispielsweise können Behörden getroffene Entscheidungen in erheblichem Umfang sabotieren, indem die Durchführung verzögert, durch einen erhöhten Verwaltungsaufwand verteuert oder durch "Dienst nach Vorschrift" behindert wird, notwendige Informationen an die passiven Träger nicht oder verfälscht weitergeleitet oder Ermessensspielräume einseitig ausgenutzt werden. Für das Ausmaß dieser konterkarierenden Maßnahmen ist entscheidend, in welchem Umfang sich in

---

1 Vgl.: U. LOHMAR, ebenda; sowie: F. LEHNER, Einführung in die Neue Politische Ökonomie, a.a.O., 4.Kap.; G. TULLOCK, The Politics of Bureaucracy, a.a.O.; H. HÄUßERMANN, Die Politik der Bürokratie, a.a.O..

jeder Bürokratie latent vorhandene Willkürfreiräume und Verselbständigungstendenzen entfalten können.

Oft ist die Einschränkung der Durchführungsphase durch die Bürokratie auch ungewollter und reaktiver Natur, die einerseits in einer niederqualifizierten Ausbildung des bürokratischen Personals, andererseits in den Verhaltensweisen der passiven Träger der wirtschaftspolitischen Durchführungsphase begründet ist. Letztere entwickeln insbesondere in mono- und meropragmatischen Personifikationssystemen häufig Widerstände gegenüber der Durchführung bestimmter Maßnahmen. Die Steuerhinterziehung und die Schwarzarbeit sind typische Beispiele für konterkarierende Aktivitäten seitens der passiven Träger, denen die Bürokratie in vielen Fällen nicht abhelfen kann, gelegentlich auch nicht will. Auch im allgemeinpolitischen Bereich sind Beispiele für die Grenzen bürokratischer Durchführungen allgemeiner Entscheidungen vorzufinden, z.B. Geschwindigkeitsübertretungen, Mißachtung von Parkverboten oder Verweigerung der Gurtanlegung im Verkehrsbereich oder die Mißachtung von Bauvorschriften, Vermeidung von Wehr- und Ersatzdienst oder die Verletzung von Demonstrationsverboten. Insgesamt ist die Durchführungsphase als der entscheidende Grenzbereich der Wirtschaftspolitik anzusehen, weil sich in ihm fast alle anderen Grenzen offenbaren. In dieser Phase wird insbesondere deutlich, inwieweit die passiven Träger die wirtschaftspolitische Maßnahme zustimmend und freiwillig ertragen oder ob und wie stark ein Zwang angewendet werden muß.

Auch für die an die Durchführung anschließende Kontrollphase bestehen technisch und personell bedingte Grenzen. Die technischen Grenzen der Kontrollphase sind zum großen Teil in der Tatsache begründet, daß die meisten wirtschaftspolitischen Ziel- und Mittelvariablen nur bedingt sicher erfaßt werden können. Die hauptsächliche Einschränkung der Kontrollphase liegt jedoch im personellen und institutionellen Bereich. Eine grundlegende Beschränkung resultiert daraus, daß für zahlreiche wirtschaftspolitische Prozesse überhaupt keine Kontrolle vorgenommen und die Wirtschaftspolitik praktisch mit der Durchführungsphase abgeschlossen wird. Ist jedoch eine Kontrolle institutionell oder aufgrund spontaner Aktionen gegeben, wird hinsichtlich des Trägers der Kontrollmaßnahme ein grundsätzliches Dilemma bestehen. Wenn der Kontrolleur personenidentisch mit dem aktiven Träger der Wirtschaftspolitik ist, kann dies gleichbedeutend mit der Abschaffung der Kontrollphase sein. Zumindest werden Fehler der Träger der Durchführungsphase nur mit geringer Wahrscheinlichkeit offenbart. Besteht eine Personenidentität mit dem Entscheidungsträger, kommen die Einschränkungen dieser Phase voll zur Wirkung, insbesondere wenn einschränkende Verbindungen zum Durchführungsträger bestehen. Beispielweise wird eine parlamentarische Mehrheit, die ein bestimmtes Wirtschaftsprogramm beschließt, den Erfolg dieses Programms selten nach seiner Ausführung in Frage stellen, während die oppositionelle Minderheit mit gleicher Seltenheit eine erfolgreiche Durchführung als Ergebnis ihrer Kontrolle bescheinigen wird. Aber selbst wenn eine mit neutralen und unabhängigen Personen besetzte Kontrollinstanz eingerichtet ist - beispielsweise durch eine juristische Überprüfung des Erfolgs bestimmter wirtschaftspolitischer Maßnahmen oder der Einhaltung gewisser (vorzugsweise in Wahlkampfzeiten gegebener) wirtschaftspolitischer Versprechen mit der Möglichkeit der strafrechtlichen Sanktionierung wirtschaftspolitischer Fehlleistungen -, bleibt das bereits erwähnte Problem der Schaffung objektiver Kontrollinstrumente und -skalierungen. Die widersprüchliche Situation, daß eine regierende Mehrheit und die oppositionelle Minderheit eine abgelaufene wirtschaftspolitische Maßnahme oder eine vorliegende wirtschaftspolitische Situation gegenteilig beurteilen, ist somit stets über unterschiedliche Auffassungen von wirtschaftspolitischen Meßzahlen begründbar.

Wenn die Kontrolltätigkeit allein bei dem passiven Träger der Wirtschaftspolitik verbleibt, entsteht das Problem der Ausübung der Kontrolle und der Artikulation des Ergebnisses. Ist beispielsweise das wirtschaftspolitische Ziel der Preisniveaustabilität angestrebt worden, kann der einzelne Wirtschaftsteilnehmer kaum kontrollieren, ob dieses Ziel durch bestimmte wirtschaftspolitische Maßnahmen erreicht wurde oder ob es sich auch ohne oder trotz dieser Maßnahmen eingestellt hat. Zudem muß er sich in seiner Beurteilung im wesentlichen auf die Veröffentlichung der amtlichen Statistiken stützen, deren Richtigkeit zu kontrollieren er in den meisten Fällen überfordert ist. Seine Einschätzung von Zielverfehlungen und Mängeln in der Wirtschaftspolitik kann der passive Träger in der Regel nur auf indirektem Wege und in der Kombination mit anderen Kontrollergebnissen wirkungsvoll zum Ausdruck bringen, beispielsweise bei allgemeinen Wahlen der wirtschaftspolitischen Entscheidungsträger - wenn ein entsprechendes politisches Trägersystem gegeben ist.

Mit der Artikulation des Kontrollergebnisses werden auch die Grenzen der Modifikationsphasen angesprochen, die gerade dann erforderlich sind, wenn die Kontrollphase ein negatives Ergebnis offenbart hat und der wirtschaftspolitische Prozeß somit noch nicht erfolgreich abgeschlossen ist. Findet keine Kontrolle statt oder wird das Kontrollergebnis nicht artikuliert, entfällt auch die Modifikationsphase. Neben dieser fundamentalen Einschränkung der Modifikationsphase bestehen aber auch technisch und personell verursachte Grenzen. In rein technischer Hinsicht bestehen Einschränkungen der wirtschaftspolitischen Modifikationsphase in dem Problem der Ermittlung derjenigen Prozeßphase, die zum Fehlschlag geführt hat, und in dem Fehlen von Alternativen zu den vorangegangenen Handlungsphasen, weil entweder keine inhaltlichen Alternativen vorliegen oder keine alternativen Träger zur Verfügung stehen.

Mehr noch als durch technische Grenzen ist die Modifikation durch die aktiven Träger dieser wirtschaftspolitischen Phase beschränkt, deren exponente Stellung innerhalb der wirtschaftspolitischen Trägerschaft durch die Tatsache geprägt ist, daß sie den Überblick über den gesamten Wirtschaftsprozeß besitzen müssen. In ihrer Hand liegt nicht nur die direkte Modifikation der einzelnen Phaseninhalte, sondern auch die indirekte Modifikation durch die Um- oder Neubesetzung der Träger der einzelnen wirtschaftspolitischen Phasen. Die Wirkungsbeschränkungen der Modifikation hängen wesentlich von der Art der personellen und institutionellen Besetzung des Trägers dieser Phase ab. Ist er derselbe wie bei einer oder mehreren der vorangegangenen Phasen, wird die Bandbreite der Modifikation entsprechend eingeengt. Kein Träger der Informationsphase wird sich selbst einer personellen Modifikation unterwerfen und nur in beschränktem Umfang einer inhaltlichen Selbstkritik unterziehen. Ebenso wird kein Entscheidungsträger in modifizierender Weise sich seiner Funktion entheben oder der Träger der Durchführungsphase in seiner Eigenschaft als Träger der Modifikationsphase seine eigene Amtsenthebung betreiben und nur perifere Modifikationen der Durchführungsinhalte vornehmen. Es sei denn, in hierarchischen Systemen wird einer "Hackordnung" folgend ein Untergebener zum "Sündenbock" deklariert und ausgewechselt. Dem steht jedoch das Prinzip: "Keine Krähe hackt der anderen ein Auge aus" gegenüber, nachdem die Schuld vorzugsweise nicht der eigenen Abteilung, sondern den Trägern einer anderen wirtschaftspolitischen Phase zugewiesen wird, insofern dazu die Möglichkeit durch eine phasenübergreifende Hackordnung besteht. Allgemein besteht die Tendenz, daß der Träger der Modifikationsphase überwiegend oder ausschließlich die Phasen des wirtschaftspolitischen Prozesses modifiziert, deren Träger in keinem oder keinem übergeordneten Verhältnis zu ihm stehen. Dabei entsteht zusätzlich die Gefahr, daß er aufbauend auf der Fehlerfreiheit seines eigenen Trägerparts auch die Trägerschaft der von ihm als fehlerhaft erkannten Phasen übernimmt oder in seine Abhängigkeit bringt. Diese Beobachtung ist insbesondere bei monopragmatischen Systemen vorzufinden, wenn beispielsweise ein Diktator nicht nur die Entscheidungs- und Kontrollphase, sondern bei anhaltendem Mißerfolg auch in zunehmendem Maße die Informations- und Durchführungsphase in direkter Trägerschaft übernimmt. Die Ämterkonzentration bei Spitzenfunktionären sozialisticher Staaten belegen diese Tendenz ebenfalls.

Wirkungsvolle Modifikationen insbesondere personeller Art bedürfen der personellen Divergenz zwischen den aktiven Trägern der Modifikationsphase und denen der anderen wirtschaftspolitischen Phasen. **Letztlich können** jedoch **nur die passiven Träger der wirtschaftspolitischen Phasen**, unabhängig welches Personifikationssystem vorliegt, **die am wenigsten eingeschränkten Träger der Modifikationsphase bilden**. Ihre Modifikationsmöglichkeiten sind im wesentlichen durch die allgemeinpolitische Organisation der Gesellschaft gegeben, indem beispielsweise eine amtierende Regierung oder bestimmte Parlamentsmitglieder aufgrund ihrer wirtschaftspolitischen Mißerfolge bei der nächsten Wahl nicht mehr bestätigt und ausgewechselt werden. Extreme Modifikationen, wie der Sturz eines monopragmatischen Regierungs- und Wirtschaftssystems durch Revolution oder Volksaufstand oder wie die Entwicklung einer ausgeprägten inoffiziellen Schattenwirtschaft, sind jedoch durch das Machtpotential des aktiven Trägers beschränkt.

Die einschränkenden Wirkungen der verschiedenen Personifikationssysteme, die in Ansätzen bereits in den speziellen Grenzen der Prozeßphasen deutlich wurden, **sind in ihren spezifischen Grenzen** jedoch nicht nur von ihrem funktionellen Einsatz innerhalb des wirtschaftspolitischen Handlungsablaufs, sondern **auch von der Art und dem Umfang der Legitimation der aktiven Träger abhängig**. Die sich daraus ergebenden Grenzen werden durch bestehende Legitimationsinterdependenzen zwischen den wirtschaftspolitischen Trägern verstärkt, die insbesondere bei Mischformen von Personifikationssystemen und horizontal oder vertikal gestaffelten Trägersystemen eine entscheidende Rolle für die trägerbedingte Einschränkung der Wirtschaftspolitik spielen. Grundsätzlich gilt, daß die geringsten Einschränkungen bei den Personifikationssystemen gegeben sind, bei denen aktive und passive Träger übereinstimmen. Erhebliche Probleme entstehen dagegen bei repräsentativen Handlungsträgern in mono- und meropragmatischen Systemen.

Die idiopragmatischen Trägersysteme sind mit den geringsten Beschränkungen behaftet. Da jedes Individuum in allen Phasen des Wirtschaftsprozesses für sich handelt, können in der Entscheidungsphase ausschließlich, in allen anderen Phasen überwiegend nur selbstzuverantwortende Fehler auftreten. In technischer Hinsicht ergeben sich Restriktionen in der Informationsphase, wenn dem individuellen Träger relevante Informationen vorenthalten werden oder hohe Informationskosten entstehen, und in der Durchführungsphase, wenn neben den individuellen Fertigkeitsgrenzen eine Einengung des Handlungsspielraums durch die anderen Wirtschaftsakteure eintritt. Die individuelle Handlungsfreiheit kann durch allgemeine Gesetze, die für alle Individuen gelten, oder durch die speziellen Verhaltensweisen der anderen Individuen beeinträchtigt sein. Auch das idiopragmatische Trägersystem bedarf daher einer Legitimation, die aus einem übergeordneten allgemeinpolitischen Prozeß hervorgeht.

Größeren Einschränkungen sind dagegen die koinopragmatischen Personifikationssysteme unterworfen. Die Notwendigkeit des gemeinsamen Handelns in sämtlichen Phasen schränkt den Umfang der Handlungsvielfalt entsprechend ein. Eine gemeinsame Entwicklung von wirtschaftspolitischen Zielvorstellungen und die Übereinkunft über ein entsprechendes Instrumentarium innerhalb der Informationsphasen ist möglicherweise noch relativ einfach zu verwirklichen, jedoch schon die Entscheidungen, die einstimmig erfolgen müssen, werden wie die gemeinsame Durchführung der Beschlüsse zu erheblichen Beschränkungen der wirtschaftspolitischen Handlungen führen. Kontrolle und Modifikationen schränken die Bandbreite gemeinsamer Aktionen weiter ein. Ein gesamtwirtschaftlich praktiziertes koinopragmatisches System wird sicher nur in wenigen wirtschaftspolitischen Bereichen aufrecht zu erhalten sein. Größer sind dagegen die Verwirklichungschancen bei partiell koinopragmatischen Systemen, bei denen sich Interessengruppen zusammenfinden. Jedoch können auch hier Zerfallserscheinungen im Verlauf des wirtschaftspolitischen Prozesses eintreten, die die Gruppenstärke sukzessiv verringern. Insbesondere die Modifikationsphase führt häufig zu einer personellen Umgestaltung des koinopragmatischen Trägers, wie beispielsweise bei gemeinsam wirtschaftenden Kleingruppen wie Kommunen oder Genossenschaften festzustellen ist.

Generell können koinopragmatische Systeme nur bei Personengruppen mit homogenen Wünschen und Eigenschaften bestehen. Daher kann in diesen Systemen häufig die Gefahr entstehen, potentielle Gruppenmitglieder oder solche mit Austrittsneigungen dem System anzupassen, beispielsweise durch die Erziehung zum "sozialistischen Menschen" oder durch nötigende Propagierung nationaler und ethischer Bindungen[1], oder bestehende Gruppenmitgliedschaften durch extrem langfristige Verträge aufrecht zu erhalten. Andererseits kann ein indirekter Gruppenzwang durch ein umfassendes Angebot an wirtschaftlichen Aktivitäten vorliegen, das die individuellen Kosten des Gruppenwechsels oder der Zugehörigkeit zu verschiedenen Gruppen vermindert. Werden für verschiedene Bereiche wirtschaftlicher Aktivitäten unterschiedliche Gruppenzugehörigkeiten koinopragmatischer Art gewählt, hat das einzelne Individuum höhere Kosten aufzubringen, als wenn alle Aktivitäten in der gleichen Gruppe vollzogen werden. Ein auch nur auf einzelne Bereiche beschränkter Gruppenwechsel bedingt zusätzliche Kosten insbesondere in der Informations- und Durchführungsphase der wirtschaftlichen Aktivitäten. Für die partiell koinopragmatischen Trägerschaften gilt daher insgesamt: Je homogener die Wünsche und Eigenschaften der Individuen, um so stärker die Gruppe und umfassender die wirtschaftlichen Aktivitäten; je größer die Gruppe und umfassender die Aktivitäten, um so geringer (bis zu einem gewissen Grenzwert) die Kosten; je geringer die Kosten, um so stärker (bis zu einem gewissen Grenzwert) die Neigung zur Homogenisierung der Wünsche. Die Grenzgröße der Gruppe hängt von den individuellen Grenzneigungen zur Homogenisierung der Wünsche ab. Ist grundsätzlich eine Gestaltungsfrei-

---

[1] Vgl. dazu: F. A. HAYEK, Der Weg zur Knechtschaft, a.a.O., 3. u. 10. Kap.; sowie: G. VICKERS, Der Preis der Institutionen, a.a.O., insb. VIII. Kap..

heit hinsichtlich dieser Grenzneigung und damit eine freie Auswahl der Gruppenzugehörigkeit gesichert, kann das partiell koinopragmatische Trägersystem als Föderation idiopragmatischer Träger angesehen werden.[1] Die für diese Systeme bestehenden Einschränkungen decken sich weitgehend mit denen der idiopragmatischen Träger. Dieser Sachverhalt ist besonders bedeutsam, wenn es um die Zusammenfassung sämtlicher Individuen zu einem gemeinsamen Trägersystem geht. Mit der Bildung von föderativen partiell koinopragmatischen Systemen reduziert sich entsprechend die Vielfalt der unterschiedlichen passiven Träger des gesamten Trägersystems.

Für die Grenzen der monopragmatischen Trägersysteme sind neben den rein technisch bedingten Restriktionen **die Probleme der Legitimation und der homogenen Besetzung der verschiedenen Träger maßgeblich**, falls unterschiedliche Personen für die einzelnen wirtschaftspolitischen Prozeßphasen als Alleinhandelnde zuständig sind. In diesem Fall können sich unlösbare Probleme der gesamten Handlungskoordination ergeben. Die hochaggregierte Aufteilung der Handlungsabschnitte wird in der Regel bewirken, daß keine Person allein diese Trägerschaft - insbesondere zur Zufriedenheit aller passiven Träger - ausüben kann. Auf der anderen Seite führt eine Konzentration sämtlicher wirtschaftspolitischer Handlungsphasen und -bereiche auf einen einzigen aktiven Träger unmittelbar zu Kapazitätsproblemen. Eine entsprechende Unterorganisation der Trägerschaft mit Delegation einzelner Handlungsabschnitte und -bereiche, beispielsweise an ausführende Behörden, Entscheidungsgremien oder Beratungsinstitute, ist daher in monopragmatischen Trägersystemen zwangsläufig notwendig.

Die den monopragmatischen Trägersystemen anhaftende Bürokratisierung des wirtschaftspolitischen Prozesses **beinhaltet insbesondere die Gefahr, daß das monopragmatische in ein meropragmatisches Trägersystem überwechselt**. Entscheidend ist die Fähigkeit des monopragmatischen Trägers, Einfluß und Überblick über die von ihm zu verantwortenden Handlungen der subalternen Träger zu behalten. Beispielsweise können sich eigenständige Handlungs-

---

[1] Zur grundsätzlichen Diskussion des Föderalismus vgl.: G.KIRSCH (Hrsg.), Föderalismus, a.a.O., insb. 1-14.

ebenen in Funktionärskreisen entwickeln, bestimmte Behörden verselbständigen oder Kreise der Wirtschaftsberater von der ideologischen Grundlinie abweichende Vorstellungen entwickeln und verbreiten. Dabei entsteht vor allem das Problem der korrumpierenden Einflüsse von Teilen der passiven Träger der Wirtschaftspolitik. Mögliche Fehlaktivitäten, die dann zu von der Gesamtheit der passiven Träger nicht tolerierten wirtschaftspolitischen Ergebnissen führen, werden direkt und in der Regel aussschließlich dem monopragmatischen Träger angelastet. Entweder gelingt ihm in der Modifikationsphase eine Revision der Wirtschaftspolitik insbesondere durch ein Auswechseln einzelner Personen im untergeordneten Trägersystem oder er fällt selbst der Modifikationsphase zum Opfer. Die Stabilität und die Grenzen der personellen Besetzung monopragmatischer Träger sind nicht zuletzt von den zugrundeliegenden Legitimationsverfahren und der damit verbundenen Machtposition auf aktiver und passiver Trägerseite abhängig. Bei durch Gleichgültigkeit oder durch Unterdrückung der passiven Träger erfolgter Legitimation ist der Bestand des monopragmatischen Trägersystems auch bei fehlerhaften Aktionen seitens einer sich verselbständigenden Bürokratie länger möglich als bei durch Willensbekundungen legitimierten Trägern.

Den engsten Einschränkungen unterliegen die meropragmatischen Trägersysteme, da sie sowohl die Probleme der Legitimation als auch die der Koordination in verstärktem Maße enthalten. Da die Legitimation eines meropragmatischen Trägers, beispielsweise eines Parlamentsabgeordneten, in der Regel aufgrund expliziter Willensbekundungen seitens der passiven Träger erfolgt, beispielsweise durch Wahlen, und einen begrenzten Legitimationsbereich umfaßt, beispielsweise eine Wahlperiode, unterliegen seine Handlungen dem Zwang, den Interessen und Wünschen der ihn legitimierenden Personen weitgehend gerecht zu werden. Dies gilt in gleicher Weise für den Vertreter einer Interessengruppe oder einen regionalen Deputierten mit Direktmandat, wie für einen von einer Partei nominierten Repräsentanten, der nach dem Verhältniswahlrecht legitimiert ist. Auf der anderen Seite besteht unter den meropragmatischen Trägern die Notwendigkeit einer Handlungskoordination, die eine Kompromißbereitschaft und damit ein Abweichen von den Interessen und Wünschen der von den Handlungsrepräsentanten vertretenen passiven Träger hervorrufen kann.

Das Dilemma zwischen Legitimation und Koordination ist insbesondere bei den meropragmatischen Personifikationssystemen **in repräsentativen Demokratien auf parteipolitischer Basis zu beobachten.** Der von der regionalen Parteibasis und deren Anhängern gewählte Repräsentant kann als einer von mehreren formell gleichgestellten Repräsentanten nur in geringem Umfang spezielle mit der Basis abgestimmte Handlungsvorstellungen durchsetzen, insbesondere wenn er innerhalb der Repräsentanten seiner Fraktion eine faktisch untergeordnete Rolle spielt oder seine Fraktion in oppositioneller Funktion oder als Minderheitspartner einer Regierungskoalition auftritt. Gegenüber den durch ihn repräsentierten passiven Trägern kann er seine Mißerfolge mit den entgegenwirkenden Mehrheitsverhältnissen innerhalb der meropragmatischen Trägerschaft entschuldigen oder - falls er von der eigenen Fraktion überstimmt wird - mit Veränderungen der parteipolitischen Gesamteinschätzung erklären. Der einzelne aktive Träger erhält daher durch das meropragmatische System eine gewisse Immunisierung seiner erfolglosen Tätigkeit, denn er allein kann keine entscheidende Rolle spielen und sich stets auf die Mitverantwortung anderer berufen. Andererseits besteht jedoch die Gefahr, daß er als Einzelelement einer meropragmatischen Trägerschaft anfälliger gegenüber personellen Modifikationen ist. Der Austausch einzelner aufgrund ihrer oder anderer Fehlleistungen durch den passiven Träger ist leichter möglich als in monopragmatischen Systemen, zumal die personelle Umbesetzung auch nur perifere Auswirkungen besitzen kann. Insgesamt gesehen erfährt der einzelne meropragmatische Träger der Wirtschaftspolitik die Grenzen seiner Handlungen in seinem Dilemma zwischen der Notwendigkeit einer Koordination mit seinen Trägerkollegen und der Erfüllung der wirtschaftspolitischen Wünsche und Vorstellungen der von ihm repräsentierten passiven Träger. Dieser enge Spielraum wird zusätzlich beeinträchtigt von seinen persönlichen Interessenlagen und seinen persönlichen Abhängigkeitsverhältnissen.

In der wirtschaftspolitischen Praxis sind hinsichtlich des Trägersystems in der Regel Mischsysteme vorzufinden. Einige Wirtschaftsbereiche, insbesondere auf der Mikroebene, sind idiopragmatisch organisiert oder - speziell auf den elementaren Tauschakt bezogen - in koinopragmatische Dualsysteme aufgelöst, während beispielsweise für das wirtschaftspolitische Ziel der Versorgung mit "öffentlichen Gütern" mono- oder meropragmatische

Trägersysteme gebildet werden. Aber auch innerhalb eines bestimmten wirtschaftspolitischen Prozesses sind die einzelnen Ablaufphasen häufig unterschiedlich organisierten Trägersystemen zugeordnet. Die große Zahl von möglichen Kombinationen gemischter Trägersysteme läßt sich im einzelnen kaum darstellen, gerade wenn es um die einschränkenden Wirkungen auf die Wirtschaftspolitik geht, die aus der Verbindung unterschiedlich beschränkter Trägersysteme resultieren. Es lassen sich jedoch drei grundsätzliche Aspekte der Grenzen gemischter Trägersysteme hervorheben, die teilweise bei der Erörterung der speziellen Personifikationsgrenzen bereits angeschnitten sind: die Grenzen, die sich aus der Legitimationsstruktur ergeben, die Grenzen der Koordination mehrerer wirtschaftspolitischer Handlungsträger und die Grenzen der Bürokratisierung wirtschaftspolitischer Prozesse.

Die Legitimationsgrenzen beziehen sich vornehmlich auf die aktiven Träger, die nicht identisch mit den passiven Trägern der Wirtschaftspolitik sind, d.h. auf die mono- und meropragmatischen Teile des gemischten Trägersystems. Sie treten um so deutlicher auf, je mehr einzelne wirtschaftspolitische Bereiche oder Handlungsphasen idio- und koinopragmatisch organisiert sind. Wie auch immer legitimiert, die Träger stehen grundsätzlich in der Gefahr, ihrer Trägerfunktion enthoben zu werden, weil sich die mono- oder meropragmatische Trägerschaft gegenüber der idio- oder koinopragmatischen Trägerorganisation als unterlegen erweist. Dies gilt im Prinzip gleichermaßen für den Diktator, der seine Legitimation auf der Anwendung von Gewalt begründet, wie für den Abgeordneten oder Ministerpräsidenten, der sich in regelmäßigen Abständen einem demokratischen Wahlverfahren unterziehen muß. Jedoch ist die Gefahr des Legitimationsentzugs bei den unterschiedlichen Legitimationsverfahren und -begründungen in der Regel verschieden groß. Am geringsten sind diese Beeinträchtigungen des wirtschaftspolitischen Trägers zweifellos bei auf Gleichgültigkeit der passiven Träger beruhenden Legitimationsverfahren und bei charismatischer Begründung der Legitimation. Bei einer erfolglosen wirtschaftspolitischen Tätigkeit können diese die Trägerschaft begünstigenden Umstände jedoch verringert oder aufgehoben werden. Um seine Position bewahren zu können, muß dann der aktive Träger eine Abänderung der Legitimationsgrundlage herbeiführen, beispielsweise durch Gewaltanwendung oder die Etablierung von traditionellen Legitimationsbegründungen. Aber auch bei diesen Legitimationsgrundlagen kann eine anhaltende Erfolglosigkeit, die nicht vor dem passiven Träger verborgen oder mit glaubwürdigen Versprechen künftiger Erfolge neutralisiert werden kann, zur Beendigung der aktiven Trägerschaft führen, beispielsweise durch revolutionären Umsturz oder durch die Abwahl der mono- oder meropragmatischen Träger. Es besteht daher ein elementares - wenn auch mehr oder weniger ausgeprägtes - Interesse der aktiven Träger, den wirtschaftspolitischen Vorstellungen der passiven Träger insoweit Rechnung zu tragen, daß ihnen die Legitimationsgrundlage für ihr Handeln nicht entzogen wird.

Die Grenzen der Koordination hängen proportional von der Anzahl der aktiven Träger ab. Je größer die Zahl der wirtschaftspolitischen Träger, um so einengender wirken die Koordinationsgrenzen. Insbesondere entstehen Abstimmungsprobleme hinsichtlich der Handlungsauswahl. Wird ein einheitliches Abstimmungsergebnis gefordert, steigt mit der Zahl der abstimmungsberechtigten Personen zunehmend die Gefahr, daß kein gemeinsam getragenes Ergebnis zustande kommt. Nur bei diesem Verfahren ist aber eine vollständige Erfüllung der Handlungswünsche der Gesamtheit der passiven Träger gewährleistet - wenn von Divergenzen zwischen den Vorstellungen der aktiven und der passiven Träger abgesehen wird. Liegen jedoch Divergenzen zwischen dem Verhalten der aktiven und den Vorstellungen der passiven Träger vor, kann selbst eine einstimmige Koordination der Handlungsträger ihre Grenzen in der Mißbilligung der passiven Träger finden. Der einstimmige Beschluß der Abgeordneten, ihre Diäten zu erhöhen, wird beispielsweise kaum dem einheitlichen Wunsch der gesamten Bevölkerung entsprechen.

Überwiegend wird in der wirtschaftspolitischen Praxis die Koordination nicht durch die *Veto*-Regel, die dem Zwang zur einheitlichen Handlunsgweise entspricht, sondern **durch mehrheitliche Abstimmungsverfahren vorgenommen**, da diese bei alternativer Auswahl der Möglichkeiten und unter der Forderung einer einfachen Mehrheitsentscheidung - wenn keine Stimmengleichheit vorliegt - stets zu einem Ergebnis führen. Damit ist jedoch die Einschränkung verbunden, daß Handlungen gegen die Auffassung einer mehr oder weniger großen Minderheit der Betroffenen ausgeführt werden. Die Größe der Minderheit nimmt ab, je höher das Quorum der Abstimmung gesetzt wird. Jede nicht-einstimmige Abstimmung führt jedoch zu einer "Diktatur der Mehrheit über die Minderheit".[1] Dieses Problem wird verschärft, wenn meropragmatische Träger keine proportionale Repräsentation der passiven Träger darstellen oder mehrstufige Personifikationssysteme mit aggregierten Entscheidungsstufen vorliegen. Repräsentative Demokratien mit Fraktionszwang sind ein typisches Beispiel dafür, daß im Prinzip mehrheitliche Entscheidungen zu faktischen Minderheitsvoten pervertieren können, so daß eine "Diktatur der Minderheit über die Mehrheit" vorliegt. Eine Fraktion, die mit 51% über die Mehrheit der Parlamentsmitglieder verfügt und fraktionsintern mit geringfügig mehr als der Hälfte ihrer Parlamentarier einen Beschluß faßt, der von der Opposition einstimmig abgelehnt wird, kann durch die Anwendung des Fraktionszwangs im Grenzfall mit effektiven 26% der Parlamentsmitglieder eine Maßnahme einleiten, die bei korrekter Repräsentation und Koordination nur von einer Minderheit der passiven Träger gewünscht wird. Generell können daher die Koordinationsverfahren bei den meropragmatischen Handlungsträgern zu wirtschaftspolitischen Aktionen führen, die denen eines monopragmatischen ähnlich sind. Starre und rigide Koordinationsmechanismen bergen daher die Gefahr, entweder direkt zu monopragmatischen Systemen überzuleiten oder verdeckte monopragmatische Verhaltensweisen zu entwickeln.

Die Grenzen der Bürokratie hängen umgekehrt proportional mit der Anzahl der aktiven Träger zusammen. Je geringer die Zahl der wirtschaftspolitischen Träger des Gesamtsystems ist, um so mehr behindern die bürokratischen Grenzen die wirtschaftspolitischen Aktivitäten, da in zunehmendem Maße die Einrichtung von Behörden, Institutionen, Ratsversammlungen e.t.c, insbesondere aber von Parteiapparaten erforderlich wird. Grundsätzlich haftet diesen Einrichtungen die Gefahr an, daß sie ihren ursprünglichen Aufgabenstellungen und eigentlichen Existenzberechtigungen widersprechen und eine Eigendynamik entfalten. Dies gilt vornehmlich für die politischen Parteien.[2] Die wirtschaftspolitischen

---

[1] Vgl.: A. DE TOCQUEVILLE, Über die Demokratie in Amerika, a.a.O., insb. II.Teil, 7.Kap.; sowie: F.A. HAYEK, Die Verfassung der Freiheit, a.a.O., 7.Kap..

[2] Vgl.: R. BAHRO, Die Alternative, a.a.O., 9.Kap.; A. DOWNS, Ökonomische Theorie der Demokratie, a.a.O., 2.Kap..

Einschränkungen, die sich aus der Existenz von Bürokratien ergeben, beziehen sich - neben der einfachen Feststellung, daß Bürokratien Geld und Ressourcen kosten, die den Preis der Wirtschaftspolitik hinaufschrauben - zum einen auf die möglichen Fehlinterpretationen der Handlungsanweisungen der aktiven Träger, die gewollt oder ungewollt entstehen und zu einer zusätzlichen Abweichung von den eigentlichen Vorstellungen der passiven Träger führen können. Die häufig bestehenden Spannungsverhältnisse zwischen den gesellschaftlichen Individuen und den Behörden jeglicher Art, sind ein offensichtliches Indiz für diese Diskrepanzen. Bürokraten können und werden sich zwar in der Regel auf explizite Handlungsanweisungen berufen, jedoch gleichzeitig ihren Ermessens- und Handlungsspielraum so ausnutzen, daß sie ihre speziellen Vorstellungen, die sich sowohl von denen der aktiven wie auch denen der passiven Träger unterscheiden können, durchsetzen können. Auf diese Weise können sich Bürokratien zu meropragmatischen Systemen und die Bürokraten zu den eigentlichen Handlungsträgern der Wirtschaftspolitik entwickeln.

Weiterhin besteht die Gefahr, daß sich Bürokratien gegenüber dem aktiven Träger als Repräsentant der passiven Träger darstellen. Ihre "Praxisnähe" und der direkte Kontakt mit den Individuen, die von den wirtschaftspolitischen Maßnahmen betroffen sind, lassen sie häufig auch in den Augen der aktiven wirtschaftspolitischen Träger als prädestiniertes "Sprachrohr" der passiven Träger und Vertreter der gesellschaftlichen Interessen und Wünsche erscheinen. Bürokraten übernehmen dadurch teilweise oder vollständig wichtige Funktionen der aktiven und passiven Träger im Prozeßablauf, so daß sich auf diese Weise partiell mono- oder koinopragmatische Trägersysteme bilden können und die wirtschaftspolitischen Aktivitäten in einigen Bereichen an der Gesamtheit der passiven Träger vorbeilaufen. Insgesamt resultiert aus der Eigendynamik wirtschaftspolitischer Bürokratien die Gefahr der Mutation des ursprünglichen Trägersystems, woraus sich größere Diskrepanzen zwischen den wirtschaftspolitischen Vorstellungen der aktiven und der passiven Träger mit einer erheblichen Verunsicherung der wirtschaftspolitischen Praxis ergeben können.

Schließlich ist als ein Schlüsselelement der Grenzen der praktischen Wirtschaftspolitik die generelle Gestaltung des allgemeinpolitischen Systems anzusehen. Es bestehen nicht nur starke Verbindungen zwischen den Inhalten der allgemeinen Politik und der Wirtschaftspolitik, sondern auch enge Verknüpfungen - bis hin zur Identität - bei der personellen Ausgestaltung und Organisation. Aus historischen Beispielen, wie etwa den Stadtstaaten der Antike und den Städten des Mittelalters, ist die Systemidentität schon frühzeitig belegbar. Systemdivergente Organisationen der Allgemein- und Wirtschaftspolitik sind dagegen kaum vorzufinden.[1] Prinzipiell ist seitdem festzustellen, daß Systemdivergenzen nur vorübergehenden Bestand haben. Beispielsweise wird ein System mit einem monopragmatischen Führer in allgemeinpolitischen Fragen und Gefolgsleuten, die in wirtschaftlichen Angelegenheiten idio- oder koinopragmatisch agieren können, zwangsläufig nur für kurze Zeit aufrecht zu erhalten sein. Entweder fällt der monopragmatische Führer oder die idio- und koinopragmatische Trägerschaft des Wirtschaftens wird zerstört. Das gegenseitige Aufweichen der Systeme wird deutlich an den Entwicklungen, die in politisch monopragmatischen Staaten wie den sozialistischen Ländern Osteuropas zu verzeichnen sind, wenn ein begrenztes privatwirtschaftliches Agieren zugelassen wird. Neben den zunehmenden Forderungen nach allgemeinpolitischen Freiheiten entwickeln sich verstärkt korrumpierende Kumpaneien zwischen den politischen Behörden und Teilen der Bevölkerung mit partiell koinopragmatischen Verhaltensweisen bei allgemeinpolitischen und wirtschaftlichen Problemen. Andererseits kann ein für bestimmte politische Bereiche monopragmatisch organisiertes System - auch in der verdeckten Variante bei demokratischen Staaten - zu einer fortlaufenden Einengung des idio- und koinopragmatischen Freiraums der Individuen ausarten.[2] Die Richtung der Systemangleichung und damit die Ausweitung oder Einengung der wirtschaftspolitischen Grenzen resultieren dabei weniger aus einem augenblicklich institutionalisierten Zustand des politischen Systems, sondern sind in der gesellschaftlichen Entwicklungsrichtung begründet, die sich in den politischen und wirtschaftlichen Willensbekundungen und Aktivitäten der Gesamtheit aller Individuen

---

[1] Vgl.: M. AUSTIN - P. VIDAL-NAQUET, Gesellschaft und Wirtschaft im alten Griechenland, a.a.O.; M. I. FINLEY, Die antike Wirtschaft, a.a.O.; R. J. HOPPER, Handel und Industrie im klassischen Griechenland, a.a.O.; H. MITTEIS, Der Staat des Hohen Mittelalters, a.a.O..

[2] Vgl.: F. A. HAYEK, Der Weg zur Knechtschaft, a.a.O.; sowie: K. P. HENSEL, Grundformen der Wirtschaftsordnung, a.a.O., 168ff.

offenbart. Die Grenzen der wirtschaftspolitischen Praxis sind daher letztlich durch jede der aktiv oder passiv am wirtschaftspolitischen Prozeß beteiligten Personen selbst mitgesetzt.

Literatur zum III. Teil

1. Zu den wissenschaftstheoretischen Grenzen

H. ALBERT, Theorie und Prognose in den Sozialwissenschaften, in: E. TOPITSCH (Hrsg.), Logik der Sozialwissenschaften, 8. A., Köln 1972, 126-43.

CICERO, Von den Weissagungen (de divinatione), München o. J..

F. J. CLAUß, Unbestimmbarkeit in Natur- und Sozialwissenschaften, IFO-Studien, 18(1972), 439-78.

K. J. DÜSBERG, Sind empirische Theorien falsifizierbar?, Zeitschrift für allgemeine Wissenschaftstheorie, 10(1979), 11-27.

W. EUCKEN, Die Grundlagen der Nationalökonomie, 8. A., Berlin-Heidelberg-New York 1965.

P. K. FEYERABEND, Wissenschaftstheorie, in: E. VON BECKERATH u. a. (Hrgs.), Handwörterbuch der Sozialwissenschaften, Bd. 12, Stuttgart-Tübingen-Göttingen 1965, 331-6.

P. K. FEYERABEND, Der wissenschaftliche Realismus und die Autorität der Wissenschaften, Ausgewählte Schriften, Bd. 1, Braunschweig 1978.

P. K. FEYERABEND, Erkenntnis für freie Menschen, 2. A., Frankfurt 1982.

M. FRIEDMAN, Essays in Positive Economics, Chicago 1953.

E. GRUNBERG, Gegenstand und externe Grenzen der Wirtschaftswissenschaft, in: R. JOCHIMSEN - H. KNOBEL (Hrsg.), Gegenstand und Methoden der Nationalökonomie, Köln 1971, 69-87.

F. A. HAYEK, Die Theorie komplexer Phänomene, Walter Eucken Institut, Vorträge und Aufsätze, 36(1972).

R. HUJER - R. CREMER, Methoden der empirischen Wirtschaftsforschung, Verfahren zur Diagnose und Prognose makroökonomischer Prozesse, München 1978.

R. JOCHIMSEN - H. KNOBEL, Zum Gegenstand und zur Methodik der Nationalökonomie, in: R. JOCHIMSEN - H. KNOBEL (Hrsg.), Gegenstand und Methoden der Nationalökonomie, Köln 1971, 11-66.

W. A. JÖHR - F. KNESCHAUREK, Die Prognose als Basis der Wirtschaftspolitik, in: G. GÄFGEN (Hrsg.), Grundlagen der Wirtschaftspolitik, 4. A., Köln 1972, 338-56.

T. S. KUHN, Die Struktur wissenschaftlicher Revolutionen, Frankfurt 1967.

I. LAKATOS, Beweise und Widerlegungen, Die Logik mathematischer Entdeckungen, Braunschweig 1979.

I. LAKATOS - A. MUSGRAVE (Hrsg.), Kritik und Erkenntnisfortschritt, Braunschweig 1974.

S. LATSIS (ed.), Method and Appraisal in Economics, Cambridge 1976.

A. MARSHALL, Principles of Economics, 9.e., London 1961.

J. S. MILL, Einige ungelöste Probleme der politischen Ökonomie, H. G. NUTZINGER (Hrsg.), Frankfurt-New York 1976.

F. NIETZSCHE, Die fröhliche Wissenschaft, Gesammelte Werke, Bd. 6, München o. J..

K. R. POPPER, Logik der Forschung, 5. A., Tübingen 1973.

K. R. POPPER, Objektive Erkenntnis, Ein evolutionärer Entwurf, Hamburg 1973.

G. RADNITZKY, Dogmatik und Skepsis: Folgen der Aufgabe der Wahrheitsidee für Wissenschaft und Politik, in: K. HÜBNER u. a. (Hrsg.), Die politische Herausforderung der Wissenschaft, Hamburg 1976, 24-51.

G. RADNITZKY, Prinzipielle Problemstellung der Forschungspolitik, Zeitschrift für allgemeine Wissenschaftstheorie, 7(1976), 367-403.

G. RADNITZKY, Das Problem der Theorienbewertung, Begründungsphilosophischer, skeptischer und fallibilistischer Denkstil in der Wissenschaftstheorie, Zeitschrift für allgemeine Wissenschaftstheorie, 10(1979), 67-97.

B.-TH. RAMB, Wirtschaftspolitik·Methodologie·Gesellschaftsordnung, Diskussionsbeitrag, Siegen 1985.

K. W. ROTHSCHILD, Wirtschaftsprognose, Methoden und Probleme, Berlin-Heidelberg-New York 1969.

A. SCHMID, Erkenntnislehre, 2 Bde., Freiburg 1890.

W. STEGMÜLLER, Das Problem der Kausalität, in: E. TOPITSCH (Hrgs.), Probleme der Wissenschaftstheorie, Wien 1960, 171-90.

W. STEGMÜLLER, Wissenschaftliche Erklärung und Begründung, Probleme und Resultate der Wissenschaftstheorie und Analytischen Philosophie, Bd. 1, Berlin 1974.

E. TOPITSCH, Zum Gesetzesbegriff in den Sozialwissenschaften, in: H. ALBERT (Hrsg.), Theorie und Realität, 2. A., Tübingen 1972, 317-30.

P. URBAN, Die Unmöglichkeit wissenschaftlicher Voraussagen über die Zukunft und einige ihrer wirtschafts- und gesellschaftspolitischen Konsequenzen, in: B. WELLMANN (Hrsg.), Die Umwelt-Revolte, Köln 1972, 101-24.

J. WILD, Probleme der theoretischen Deduktion von Prognosen, Zeitschrift für die gesamte Staatswissenschaft, 126(1970), 553-76.

2. Zu den Grenzen wirtschaftspolitischer Relationen

K. J. ARROW, The Future and the Present in Economic Life, Economic Inquiry, 16(1978), 157-69.

H.M.BLALOCK, Causal Inferences in Nonexperimental Research, Chapel Hill 1964.

R.BOUDON, Mathematische Methoden und Modelle, Hauptströmungen der sozialwissenschaftlichen Forschung, Frankfurt 1973.

W.BRAINARD, Uncertainty and the Effectiveness of Policy, American Economic Review, 57(1967), 411-25.

W.G.COCHRAN, Errors of Measurement in Statistics, Technometrics, 10(1968), 637-66.

L.CZAYKA(Hrsg.), Erkenntnisprobleme der Ökonometrie, Meisenheim am Glan 1978.

F.T.DENTON - J.KUIPER, The Effect of Measurement Errors on Parameter Estimates and Forecast: A Case Study on the Canadian Preliminary National Accounts, The Review of Economics and Statistics, 47(1965), 198-206.

E.DÜRR, Ordnungspolitische Aspekte quantitativer Prognosen und Zielprojektionen, in: B.HESS u.a.(Hrsg.), Analyse und Prognose in der quantitativen Wirtschaftsforschung, Berlin 1971, 239-49.

A.S.C.EHRENBERG, The Elements of Lawlike Relationships, Journal of the Royal Statistical Society, 131(1968), 280-302, discussion 315-29.

D.FRIEDRICH, Schätzprobleme sowie Verfahren und Möglichkeiten der Analyse ökonometrischer Modelle, Tübingen 1974.

H.P.GALLER, Optimale Wirtschaftspolitik mit nichtlinearen ökonometrischen Modellen, Frankfurt-New York 1976.

C.W.J.GRANGER, Investigating Causal Relations by Econometric Models and Cross-Spectral Methods, Econometrica, 37(1969), 424-38.

C.W.J.GRANGER - P.NEWBOLD, Spurious Regressions in Econometrics, Journal of Econometrics, 2(1974), 111-20.

D.F.HENDRY, Econometrics - Alchemy or Science?, Economica, 47 (1980), 387-406.

E.HEUß, Die Vorstellung von der Machbarkeit in der Wirtschaftspolitik, in: E.DÜRR u.a.(Hrsg.), Beiträge zur Wirtschafts- und Gesellschaftspolitik, Berlin 1975, 23-9.

R.S.HOLBROOK, Optimal Economic Policy and the Problem of Instrument Instability, American Economic Review, 62(1972), 57-65.

F.HUHLE, Statistik als Erkenntnismittel der Wirtschaftspolitik, Jena 1938.

R.HUJER - R.CREMER, Methoden der empirischen Wirtschaftsforschung, Verfahren zur Diagnose und Prognose makroökonomischer Prozesse, München 1978.

R.HUJER - R.CREMER - H.KNEPEL, Feinabstimmung ökonometrischer Prognosemodelle, Jahrbücher für Nationalökonomie und Statistik, 194(1979), 41-70.

I. JOHANSSON, Ceteris paribus Clauses, Closure Clauses and Falsifiability, Zeitschrift für allgemeine Wissenschaftstheorie, 11(1980), 16-22.

J.M. KEYNES, Allgemeine Theorie der Beschäftigung, des Zinses und des Geldes, 3.A., Berlin 1966.

J.M. KEYNES, Professor Tinbergen's Method, The Economic Journal, 49(1939), 558-68.

J.M. KEYNES, Comment, The Economic Journal, 50(1940), 154-6.

T.C. KOOPMANS, Measurement without Theory, The Review of Economic Statistics, 29(1947), 161-72.

T.C. KOOPMANS, Identification Problems in Economic Model Construction, Econometrica, 17(1949), 125-44.

R.E. LUCAS jr., Econometric Policy Evaluation: A Critique, in: K. BRUNNER - A. MELTZER(eds.), The Phillips Curve and Labor Markets, Amsterdam 1976, 19-46.

P.D. McCLELLAND, Causal Explanation and Model Building in History, Economics, and the New Economic History, Ithaca-London 1975.

G. MENGES, Die ökonometrische Struktur und die Frage ihrer Konstanz, in: F. NEUMARK(Hrsg.), Strukturwandlungen einer wachsenden Wirtschaft, Schriften des Vereins für Socialpolitik, NF 30(1968), 989-1004.

G. MENGES, Weiche Modelle in Ökonometrie und Statistik, Statistische Hefte, 16(1975), 144-55.

G. MENGES - H. DIEHL, Das Stabilitätsproblem in der Ökonometrie, Statistische Hefte, 6(1965), 27-52.

J.S. MILL, Einige ungelöste Probleme der politischen Ökonomie, H.G. NUTZINGER(Hrsg.), Frankfurt-New York 1976.

O. MORGENSTERN, Wirtschaftsprognose, Eine Untersuchung ihrer Voraussetzungen und Möglichkeiten, Wien 1928.

O. MORGENSTERN, Über die Genauigkeit wirtschaftlicher Beobachtungen, 2.A., Wien-Würzburg 1965.

J.A. NELDER, Regression, Model-Building and Invariance, Journal of the Royal Statistical Society, 131(1968), 303-15, discussion 315-29.

B.-TH. RAMB, Zeitentwicklungsanalyse, Berlin 1977.

H.R. SCHÄRER, Genauigkeit der Regressionsanalyse, Bern-Stuttgart 1979.

B. SCHIPS, Möglichkeiten und Grenzen ökonometrischer Modelle, Schweizerische Zeitschrift für Volkswirtschaft und Statistik, 115(1979), 351-61.

H. SCHNEEWEIß, Ökonometrie, Würzburg-Wien 1971.

G.W.SCHWERT, Tests of Causality: The Message in the Innovations, in: K.BRUNNER - A.MELTZER(eds.), Three Aspects of Policy and Policymaking: Knowledge, Data and Institutions, Amsterdam 1979, 55-96.

C.A.SIMS, Macroeconomics and Reality, Econometrica, 48(1980), 1-48.

J.TINBERGEN, On a Method of Statistical Business-Cycle Research - A Reply, The Economic Journal, 50(1940), 141-54.

J.TINBERGEN, Möglichkeiten und Grenzen der Anwendung mathematischer Verfahren in der Wirtschaftswissenschaft, Zeitschrift für die gesamte Staatswissenschaft, 105(1949), 638-52.

G.TINTNER, The Definition of Econometrics, Econometrica, 21(1953), 31-40.

S.J.TURNOVSKY, Macroeconomic Analysis and Stabilization Policy, Cambridge 1977.

H.WOLD, Causality and Econometrics, Econometrica, 22(1954), 162-77.

H.WOLD, Causal Inference from Observational Data, Journal of the Royal Statistical Society, 119(1956), 28-50, discussion 51-61.

H.WOLD, Ends and Means in Econometric Model Building, in: U.GRENANDER(ed.), Probability and Statistics, Stockholm-New York 1959, 355-434.

A.ZELLNER, Causality and Econometrics, in: K.BRUNNER - A.MELTZER (eds.), Three Aspects of Policy and Policymaking: Knowledge, Data and Institutions, Amsterdam 1979, 9-54.

3. Zu den Grenzen wirtschaftspolitischer Variablen

O.ANDERSON u.a., Bevölkerungs- und Wirtschaftsstatistik, Aufgaben, Probleme und beschreibende Methoden, Berlin-Heidelberg-New York 1983.

K.J.ARROW, Social Choice and Individual Values, 2.e., New Haven-London 1963.

G.DIECKHEUER, Staatsverschuldung und wirtschaftliche Stabilisierung, Baden-Baden 1978.

P.HARBUSCH, Wohlfahrtsstaat, Zürich-Frankfurt-Thun 1977.

E.HARDTWIG, Fehler- und Ausgleichsrechnung, Mannheim 1968.

R.HUJER - R.CREMER, Methoden der empirischen Wirtschaftsforschung, Verfahren zur Diagnose und Prognose makroökonomischer Prozesse, München 1978.

W.S.JEVONS, The Theory of Political Economy, 5.e., New York 1965 (1.e. 1871).

L.M.LACHMANN, Makroökonomischer Formalismus und die Marktwirtschaft, Tübingen 1975.

J.B.LANSING - J.N.MORGAN, Economic Survey Methods, Ann Arbor 1971.

A.MARSHALL, Principles of Economics, 9.e., London 1961.

O.MORGENSTERN, Über die Genauigkeit wirtschaftlicher Beobachtungen, 2.A., Wien-Würzburg 1965.

TH.PÜTZ, Grundlagen der theoretischen Wirtschaftspolitik, 3.A., Stuttgart 1975.

B.-TH.RAMB, Die horizontale "Phillips-Kurve" - Die Quasineutralität der Arbeitslosenquote bezüglich der Inflationsrate, Zeitschrift für Wirtschafts- und Sozialwissenschaften, 103(1983), 419-36.

E.SCHAICH u.a., Statistik II, München 1975.

H.SCHNEEWEIß, Das Aggregationsproblem, Statistische Hefte, 6(1965), 1-26.

H.SCHNEEWEIß, Ökonometrie, Würzburg-Wien 1971.

J.SIEBKE, Steuerung der Geldmengenaggregate: Zwischen Können und Wollen, in: W.EHRLICHER - D.B.SIMMERT(Hrsg.), Geld- und Währungspolitik in der Bundesrepublik Deutschland, Berlin 1982, 147-57.

M.STREIT, Theorie der Wirtschaftspolitik, Düsseldorf 1979.

H.THEIL, Linear Aggregation of Economic Relations, Amsterdam 1955.

H.J.THIEME, Die Operationalisierung gesamtwirtschaftlicher Ziele: Definitions- und Meßprobleme, in: H.CH.PFOHL - B.RÜRUP(Hrsg.), Wirtschaftliche Meßprobleme, Köln 1977, 233-48.

J.TINBERGEN, Einführung in die Ökonometrie, Wien-Stuttgart 1952.

E.TUCHTFELD, Zielprobleme in der modernen Wirtschaftspolitik, Walter-Eucken Institut, Vorträge und Aufsätze, 34, Tübingen 1971.

G.TULLOCK, The General Irrelevance of the General Impossibility Theorem, Quarterly Journal of Economics, 81(1967), 256-70.

H.P.WIDMAIER(Hrsg.), Politische Ökonomie des Wohlfahrtsstaates, Eine kritische Darstellung der Neuen Politischen Ökonomie, Frankfurt 1974.

A.WOLL, Wachstum als Ziel der Wirtschaftspolitik, Walter Eucken Institut, Vorträge und Aufsätze 22, Tübingen 1968.

A.WOLL - B.FAULWASSER - B.-TH.RAMB, Beschäftigung, Geld und Preisniveaustabilität, Empirische Untersuchungen zum Inflationsproblem, Opladen 1977.

A.WOLL - G.VOGL, Geldpolitik, Stuttgart 1976.

H.ZIMMERMANN - K.-D.HENKE, Finanzwissenschaft, 2.A., München 1978.

4. Zu den Grenzen der wirtschaftspolitischen Praxis

R.C.AMACHER - R.D.TOLLISON - T.D.WILLET(eds.), The Economic Approach to Public Policy, Ithaca-London 1976.

M.AUSTIN - P.VIDAL-NAQUET, Gesellschaft und Wirtschaft im alten Griechenland, München 1984.

R.BAHRO, Die Alternative, Zur Kritik des real existierenden Sozialismus, Köln-Frankfurt 1977.

A.DOWNS, Ökonomische Theorie der Demokratie, Tübingen 1968.

M.I.FINLEY, Die antike Wirtschaft, München 1977.

B.S.FREY, Die Renaissance der Politischen Ökonomie, Schweizerische Zeitschrift für Volkswirtschaft und Statistik, 110(1974), 357-407.

G.GÄFGEN, Politische Ökonomie und Lehre von der Wirtschaftspolitik: Zur Realisierbarkeit wirtschaftspolitischer Vorschläge, in: H.KÖRNER u.a.(Hrsg.), Wirtschaftspolitik, Bern-Stuttgart 1976, 123-43.

H.HÄUßERMANN, Die Politik der Bürokratie, Einführung in die Soziologie der staatlichen Verwaltung, Frankfurt 1977.

F.A.HAYEK, Die Verfassung der Freiheit, Tübingen 1971.

F.A.HAYEK, Die Anmaßung von Wissen, Ordo, 26(1975), 12-21.

F.A.HAYEK, Der Weg zur Knechtschaft, München 1976.

K.P.HENSEL, Grundformen der Wirtschaftsordnung, 3.A., München 1978.

R.J.HOPPER, Handel und Industrie im klassischen Griechenland, München 1982.

G.KIRSCH (Hrsg.), Föderalismus, Stuttgart 1977.

F.LEHNER, Einführung in die Neue Politische Ökonomie, Frankfurt 1981.

U.LOHMAR, Staatsbürokratie, Das hoheitliche Gewerbe, München 1978.

H.MITTEIS, Der Staat des Hohen Mittelalters, Grundlinien einer vergleichenden Verfassungsgeschichte des Lehnzeitalters, Darmstadt 1980.

G.E.TICHY, Die Allgemeine Theorie der Wirtschaftspolitik und die Neue Politische Ökonomie, Jahrbücher für Nationalökonomie und Statistik, 193(1978), 289-307.

A.TOCQUEVILLE, Über die Demokratie in Amerika, München 1976.

G.TULLOCK, The Politics of Bureaucracy, Washington 1966.

G.TULLOCK, A Modest Proposal, in: R.C.AMACHER e.a.(eds.), The Economic Approach to Public Policy, Ithaca-London 1976, 511-9.

G. VICKERS, Der Preis der Institutionen, Konflikt, Krise und sozialer Wandel, Frankfurt 1974.

J. WERNER, Zum Verhältnis von Allgemeiner Wirtschaftspolitik und Neuer Politischer Ökonomie, Jahrbuch für Sozialwissenschaft, 25(1974), 345-66.

IV. Möglichkeiten der Wirtschaftspolitik

1. Eröffnung der wirtschaftspolitischen Möglichkeiten

Die Darstellung der wirtschaftspolitischen Möglichkeiten auf der Grundlage der Struktur und der Grenzen der Wirtschaftspolitik erfordert angesichts der Komplexität der Strukturelemente und deren vielfältigen und interdependent verknüpften Grenzen **eine grundsätzliche Orientierung**. Diese Orientierung soll in erster Linie gewährleisten, daß gerade vor dem Hintergrund der zahlreichen wirtschaftspolitischen Grenzen eine umfassende Eröffnung sämtlicher wirtschaftspolitischen Möglichkeiten gegeben ist. Eine Aufzählung konkreter wirtschaftspolitischer Ausführungsregeln und Rezepte scheidet daher ebenso aus, wie sich die einseitige Festlegung auf ausgewählte normative Grundpositionen verbietet. Die Ablehnung einer detaillierten Entwicklung konkreter wirtschaftspolitischer Aktivitäten ist nicht nur darin begründet, daß die Darstellung der wirtschaftspolitischen Grundlagen generell auf einem abstrakten Niveau zu erfolgen hat, sondern läßt sich auch durch die - trotz der vielfältigen Grenzen immer noch große - Fülle der verschiedenen wirtschaftspolitischen Einzelaktivitäten rechtfertigen. Die Zurückweisung von bestimmten normativen Grundpositionen, beispielsweise die Annahme einer freiheitlichen oder sozialistischen Wirtschaftsordnung etc., bedeutet zwar eine Ausweitung der Darstellung, eröffnet aber auch das gesamte Spektrum der wirtschaftspolitischen Möglichkeiten. Zudem würde die einseitige Positionsbeziehung eine unökonomische Auswertung der vorangegangenen Untersuchungen zur Struktur und den Grenzen der Wirtschaftspolitik bedeuten. Die Eröffnung der wirtschaftspolitischen Möglichkeiten orientiert sich daher an einer vorurteilslosen Ausarbeitung prinzipieller Ansätze der Wirtschaftspolitik.

Grundlage der Orientierung ist eine zusammenfassende Charakterisierung der Grenzen der Wirtschaftspolitik. Auf den ersten Blick legt eine oberflächliche Auswertung der Ergebnisse der vorangegangenen Grenzenbetrachtungen den Schluß nahe, daß Wirtschaftspolitik eigentlich kaum möglich ist. Die wirtschaftspolitischen Möglichkeiten können sich zwangsläufig nur innerhalb der

Grenzen bewegen, in denen sich die einzelnen Strukturelemente der Wirtschaftspolitik entfalten können. Da alle Strukturelemente mit mehr oder weniger engen Grenzen behaftet sind, wird der Freiraum der Wirtschaftspolitik um so weiter eingeengt, je mehr Strukturelemente in die Betrachtung einbezogen werden. Bildhaft - oder mengentheoretisch - gesprochen liegen die wirtschaftspolitischen Möglichkeiten innerhalb eines Überschneidungsbereichs, der sich aus der Überlagerung der einzelnen strukturellen Bereiche - der Menge der Möglichkeiten bei den einzelnen Strukturelementen - ergibt. Werden die strukturellen Grenzen der Wirtschaftspolitik unter den beiden Aspekten Theorie und Praxis zusammengefaßt und der Bereich der Möglichkeiten innerhalb dieser Grenzenaspekte jeweils als Fläche eines Kreises symbolisiert, stellt die Schnittfläche beider Kreise den Bereich der theoretisch und praktisch möglichen Wirtschaftspolitik dar (*Fig. IV-1*).

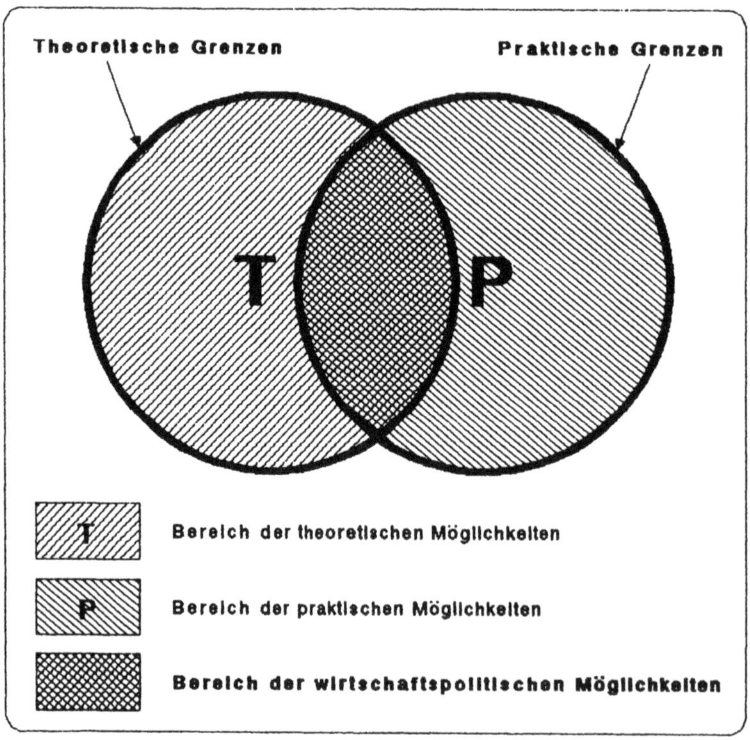

Fig. IV-1: Eingrenzung der wirtschaftspolitischen Möglichkeiten

Die beiden global dargestellten Möglichkeitenbereiche der wirtschaftspolitischen Theorie und Praxis sind von den Grenzen der sie bestimmenden Strukturelemente abhängig, bezeichnen somit ihrerseits bereits einen gemeinsamen Überschneidungsbereich der einzelnen in ihnen enthaltenen strukturellen Möglichkeitenbereiche. Der theoretische Bereich wird von den wissenschaftstheoretischen Grenzen, den Grenzen der wirtschaftspolitischen Relationen und Variablen, sowie den rationalen und empirischen Grenzen bestimmt, während der praktische Möglichkeitenbereich der Wirtschaftspolitik durch die Einschränkungen der Prozeßphasen und die Beschränkungen aufgrund der wirtschaftspolitischen Trägerkonfigurationen festgelegt ist. Je nach Ausweitung oder Einengung der Grenzen und Möglichkeiten der einzelnen Strukturelemente wird ihr Überschneidungsbereich vergrößert oder verkleinert und damit der Möglichkeitenraum aus theoretischer und praktischer Sicht variiert. Die endgültigen wirtschaftspolitischen Möglichkeiten ergeben sich demnach aus dem Überschneidungsbereich verschieden großer theoretischer und praktischer Möglichkeitenbereiche, die insgesamt als konzentrische Kreise darstellbar sind (*Fig. IV-2*). Ausweitungen und Einschränkungen können

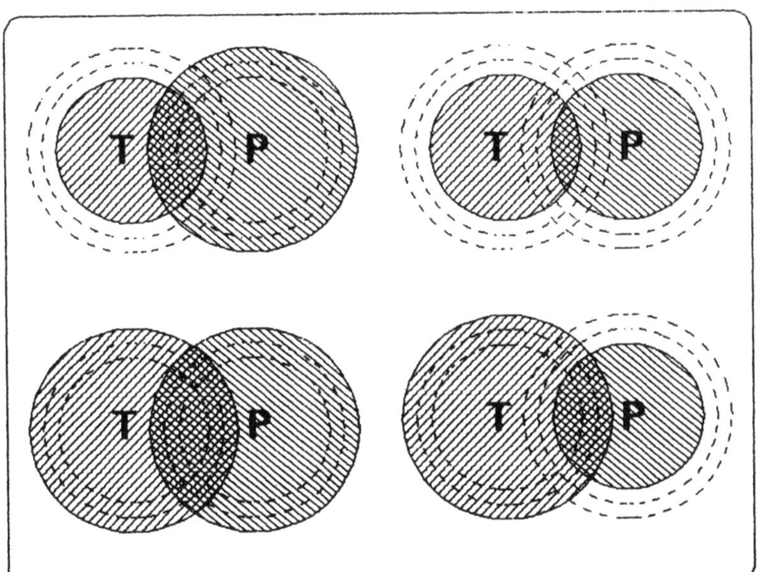

Fig. IV-2: Verschiedene Überschneidungsbereiche der theoretischen und praktischen Möglichkeiten

sich aus der gleichförmigen Veränderung der beiden Bereiche erge-ben oder auf einseitigen theoretischen oder praktischen Bereichsveränderungen beruhen. Zu berücksichtigen sind dabei die vielfältigen Interdependenzen, die im Rahmen der Grenzenbetrachtungen der einzelnen Strukturelemente deutlich wurden. Die Grenzziehung der praktischen Wirtschaftspolitik beeinflußt die Grenzen aus theoretischer Sicht und umgekehrt. In welche Richtung diese gegenseitige Beeinflussung geht, ob eine Ausweitung der theoretischen Grenzen zu einer Ausweitung des praktischen Bereichs führt oder eine konträre Entwicklung vorliegt und inwieweit unabhängige Erweiterungsmöglichkeiten bestehen, hängt von zahlreichen Faktoren ab, deren charakteristische, auf alle Grenzen und ihre Interdependenzen einwirkenden Kernelemente herauszustellen sind.

Bei einer zusammenfassenden Betrachtung der wirtschaftspolitischen Grenzen und ihrer Interdependenzen fällt unmittelbar auf, daß das **Verhalten der gesellschaftlichen Individuen ein stets wiederkehrendes Element bei der Einschränkung der wirtschaftspolitischen Strukturelemente** darstellt, der Einfluß der aktiv und passiv an der Wirtschaftspolitik beteiligten Personen in vielen - nicht nur praxisorientierten - Bereichen sogar von entscheidender Bedeutung ist. Angefangen von der Entscheidung über das wissenschaftliche Ziel der theoretischen Analyse und der wissenschaftlichen Methodologie, einschließlich der Festlegung einer rationalistischen und/oder empiristischen Betrachtungsweise, bis zur Bestimmung des wirtschaftspolitischen Zielkatalogs und der Aufstellung des wirtschaftspolitischen Instrumentariums wird der theoretische Bereich von gesellschaftlichen und individuellen Ansichten bestimmt. Im politisch-praktischen Bereich ist der Einfluß der Gesellschaft oder einzelner Individuen in der Rolle des Trägers sogar in expliziter Form gegeben. Die Aufteilung der Trägerschaft in den einzelnen Handlungsphasen ist ebenso durch die gesellschaftlichen Verhaltensweisen festgelegt, wie die Organisation der Personifikationssysteme und die Legitimations-verfahren und -begründungen der aktiven wirtschaftspolitischen Träger. Die Grenzen der einzelnen wirtschaftspolitischen Strukturelemente lassen sich daher in einem erheblichen Umfang auf das Verhalten und die Wertvorstellungen der wirtschaftspolitisch agierenden Gesellschaft zurückführen. Der verbleibende Teil beruht auf natürlichen, physikalisch-technischen Grenzen. Die Möglichkeiten der Wirtschaftspolitik sind dementsprechend in erster Linie von den Verhaltensweisen der Individuen einer Gesellschaft bestimmt. Diese Feststellung wird unterstützt durch die grundsätzliche Einschätzung der Ökonomie als Verhaltenswissenschaft, wenngleich dieser Aspekt häufig vernachlässigt wird.[1] Über die Rückführung der gesellschaftlichen Verhaltensweisen und ihrer Auswirkungen auf die Grenzen der wirtschaftspolitischen Strukturelemente zu den theoretischen und praktischen Möglichkeitenbereiche ist somit eine grundlegende Orientierung für die Eröffnung des gesamten Spektrums der wirtschaftspolitischen Möglichkeiten gegeben.

Die vielfältigen Aspekte der menschlichen Verhaltensweisen innerhalb einer Gesellschaft - insbesondere hinsichtlich ihrer wirtschaftlichen Aktivitäten - **erfordern eine Typisierung grundsätzlicher gesellschaftlicher Verhaltensmöglichkeiten**. Wirtschaftspolitisch relevante Typisierungsvorschläge für das individuelle und gesellschaftliche Verhalten und die auf ihnen beruhenden Gesellschafts- und Staatsformen sind in zahlreichen Varianten entwickelt worden. Beispielsweise wird in individualistische und kollektivistische, kapitalistische und kommunistische oder liberale und sozialistische Gesellschaften unterschieden.[2] Als weitere oder zusätzliche Unterscheidungsmerkmale von gesellschaftlichen Verhaltensweisen werden Begriffe wie Freiheit, Gerechtigkeit und Gleichheit herangezogen[3] oder gesellschaftliche Individuen als radikal, konservativ oder liberal klassifiziert.[4] Allein auf die wirtschaftlichen Aktivitäten bezogen wird häufig von marktwirtschaftlichen und zentralplanwirtschaftlichen Gesellschaftssystemen gesprochen.[5] Gemeinsam

---

1 Vgl.: B.S.FREY, Ökonomie als Verhaltenswissenschaft, a.a.O., 21-35.

2 Vgl.: F.A.HAYEK, Der Weg zur Knechtschaft, a.a.O.; M.FRIEDMAN, Kapitalismus und Freiheit, a.a.O.; C.E.LINDBLOM, Politics and Markets, a.a.O.; J.A.SCHUMPETER, Kapitalismus, Sozialismus und Demokratie, a.a.O.; Autorenkollektiv, Allgemeine Krise des Kapitalismus, a.a.O..

3 Vgl.: F.A.HAYEK, Die Verfassung der Freiheit, a.a.O.; M.FRIEDMAN, Kapitalismus und Freiheit, a.a.O.; J.RAWLS, Eine Theorie der Gerechtigkeit, a.a.O.; dazu: CH.WATRIN, Eine liberale Interpretation der Idee der sozialen Gerechtigkeit, a.a.O.; sowie: F.NEUMANN, Gleichheit, a.a.O..

4 Vgl.: B.WARD, Die Idealwelten der Ökonomen, a.a.O.; M.BRONFENBRENNER, Radical Economics in America: A 1970 Survey, a.a.O., 747-66.

5 Vgl.: K.P.HENSEL, Grundformen der Wirtschaftsordnung, a.a.O..

ist allen Typisierungsvarianten der Versuch einer extremen Polarisierung der Verhaltensprinzipien, um die gesamte Bandbreite der unterschiedlichen Gesellschafts- und Staatsformen zu erfassen.[1]

Die traditionellen Typisierungsmuster gesellschaftlicher Verhaltensweisen sind aus mehreren Gründen keine geeignete Grundlage für die hier gewählte Form der Darstellung der wirtschaftspolitischen Möglichkeiten, wenngleich zahlreiche Grundüberlegungen und Details dieser Typisierungen nicht unberücksichtigt bleiben können, zumal sie häufig in die vorangegangenen Betrachtungen der Strukturgrenzen einbezogen sind. Die Abkehr von den in vielen Fällen bewährten Typisierungen hat insgesamt drei Gründe. Erstens ist in der Realität vielfach eine Vermischung der gegensätzlichen Prinzipien oder ein Ineinanderübergehen der Extreme zu verzeichnen, so daß eine eindeutige Zuordnung nicht mehr möglich ist. So nehmen beispielsweise Marktwirtschaften die charakteristischen Eigenschaften von Zentralplanwirtschaften an, sind vordergründig freie Individuen in Wirklichkeit unfrei, gleiche in anderer Sicht ungleich, wird Gerechtigkeit zum Unrecht u.s.w.. Zum großen Teil ist diese Vermischung durch unpräzise Definitionen der einzelnen Typisierungsaspekte verursacht. Andererseits besteht - zweitens - auch eine zunehmende Verfälschung oder Wandlung dieser Begriffe, die nicht unerheblich auf Wertvorstellungen beruhen und einer "Umwertung der Werte" unterliegen können. Freiheit wird als Unfreiheit, Gerechtigkeit als Ungerechtigkeit, Revolutionäres als konservativ oder Gemäßigtes als radikal betitelt, so daß selbst nach langwierigen und sophistischen Definitionsfindungen eine beständige Akzeptanz der Begriffsinhalte nicht gewährleistet ist. Die Ursache der Begriffswandlungen ist generell - und ähnlich wie bei den Ursachen der Grenzen wirtschaftspolitischer Variablen - in der Abhängigkeit der Definitionen von der gesellschaftlichen Einschätzung zu suchen. Eine auf diesen Begriffen beruhende Typisierung verdeckt im Grunde die eigentlichen Unterscheidungsmerkmale der verschiedenen Gesellschaftstypen, da sie an dem charakteristischen Kern der Gesellschaftsstruktur vorbei geht. Der dritte Grund für die

---

1 Vgl. dazu: B.CRICK, Grundformen politischer Systeme, a.a.O.; M.IMBODEN, Politische Systeme - Staatsformen, a.a.O.; F.NEUMANN(Hrsg.), Handbuch politischer Theorien und Ideologien, a.a.O..

Ablehnung der traditionellen Typisierungsmuster schließt an diesen Aspekt an. Diese Muster beruhen auf Begriffen, die sich - wenn überhaupt - nur teilweise und nicht eindeutig auf einzelne Strukturelemente der Wirtschaftspolitik und ihre Grenzen übertragen lassen. Die Typisierung von gesellschaftlichen Verhaltensweisen erfolgt daher zweckmäßigerweise in Anlehnung an die wirtschaftspolitischen Strukturelemente.

Das wirtschaftspolitische Strukturelement mit dem stärksten Bezug auf die gesellschaftliche Verhaltensweise ist unmittelbar durch den Träger der Wirtschaftspolitik gegeben. **Die trägerorientierte Typisierung der gesellschaftlichen Verhaltensweisen führt zu zwei extremen Formen von Gesellschaften und einer Mischform.** Die beiden Extreme sind die anarchische und die despotische Gesellschaft. Mit dieser Unterscheidung, die wohl zuerst von Alexis de Tocqueville verwendet wurde[1] und in den letzten Jahren insbesondere durch die Untersuchungen von James M. Buchanan[2] wieder eine verstärkte Beachtung findet, liegen zwei konträre Gesellschaftsformen vor, die im Grunde als Idealtypen anzusehen sind, obwohl es in der historischen Entwicklung einige Beispiele und zahlreiche Ansätze für Gesellschaften gegeben hat, die diesen Idealformen sehr nahe kommen. Einige traditionelle Gesellschaftstypisierungen beziehen sich in ihrem argumentativen Kern eigentlich gerade auf diese Unterteilung, wenngleich - wie etwa bei Hayek - andere Begriffe verwendet werden. Die Unterscheidung in anarchische und despotische Gesellschaften hat jedoch den Vorzug, daß bei ihr weniger die Gefahr besteht, daß die verwendeten Begriffe willkürlich oder zwangsläufig in ihrem definitorischen Gehalt deformiert oder pervertiert wird - wobei natürlich von subjektiv begründeten Werturteilen abzusehen ist. Die wenigsten real existierenden Gesellschaften bezeichnen sich als anarchisch oder despotisch. Überwiegend verstehen sich die bestehenden Staaten als Organisation einer demokratischen Gesellschaft. Die demokratische Gesellschaft stellt jedoch in all ihren Schattierungen eine Mischform dar, die sowohl anarchische, wie auch despotische Elemente enthält. Diese Vermischung

1 A. DE TOCQUEVILLE, Über die Demokratie in Amerika, a.a.O., IV. Teil.

2 Insb.: J. M. BUCHANAN, The Limits of Liberty, Between Anarchy and Leviathan, a.a.O..

der beiden grundsätzlich extremen gesellschaftlichen Verhaltensweisen erfordert eine besondere Betrachtung.

Anarchische, despotische und demokratische Gesellschaftsformen entfalten einen spezifischen Einfluß auf die verschiedenen Grenzen der wirtschaftspolitischen Strukturelemente, den dadurch entstehenden Bereich der theoretisch und praktisch möglichen Wirtschaftspolitik. Damit lassen sich diesen Gesellschaftsformen eindeutige Bereiche der wirtschaftspolitischen Möglichkeiten zuordnen. Bei der Darstellung der unterschiedlichen Überschneidungsbereiche der theoretischen und praktischen Möglichkeiten ist eine separate Betrachtung auf der individuellen und gesamtgesellschaftlichen Ebene zweckmäßig, da sich je nach Gesellschaftstyp unterschiedliche Größenordnungen und Charakteristiken dieser beiden Bereiche möglicher wirtschaftlicher Aktivitäten ergeben. Weiterhin ist zu beachten, daß Gesellschaften, insbesondere des demokratischen Typs, selten in einer starren Form verharren, sondern einer Dynamik der gesellschaftlichen Entwicklung unterliegen, die von allmählichen Veränderungen bis hin zu sprunghaften Übergängen von einem Extrem in das andere reichen können. Diese Dynamik schlägt sich entsprechend in den wirtschaftspolitischen Grenzen und Möglichkeiten nieder, wird aber auch andererseits von den wirtschaftspolitischen Grenzen und Möglichkeiten in Gang gesetzt.

2. Despotische Wirtschaftspolitik

Bei einem despotischen Gesellschaftssystem ist ein monopragmatisches Personifikationssystem gegeben, dessen alleiniger aktiver Träger der Despot ist. Häufig wird auch die Bezeichnung Tyrann, Diktator oder Leviathan verwendet,[1] wobei mit diesen Begriffen meistens bestimmte normative Wertvorstellungen verbunden sind. Im ursprünglichen Sinne des griechischen Wortes δεσποτησ bezeichnet Despot den Herrn des Hauses, das Familienoberhaupt in einer patriarchalisch organisierten Gesellschaft, und Despotie eine Herrschaftsform, in der allein der persönliche unumschränkte Wille des Herrschers entscheidet. Die Legitimationsgrundlage und der Legitimationsbereich von despotischen Herrschaftssystemen kann unterschiedlich sein. Eine zeitlich beschränkte Legitimation mit expliziter Willensbekundung seitens der passiven Träger besteht in der verfassungsmäßigen Errichtung von Diktaturen vorübergehender Art aufgrund von Notsituationen, wie beispielsweise durch den Artikel 48 der Weimarer Verfassung, den "Diktaturparagraphen", oder bestimmte Notstandsverordnungen, die im Rahmen vieler Verfassungen festgelegt sind. Zeitlich unbeschränkte Legitimationen mit häufig nur impliziter Willensbekundung seitens der passiven Träger sind bei Despotien mit permanenter Gültigkeit gegeben, etwa auf Lebenszeit des Führers oder auf "ewige Dauer" bei den jeweiligen Vorsitzenden von kommunistischen oder faschistischen Einparteienstaaten, die durch revolutionäre oder systematische Verfassungsdeformierungen entstanden sind. Eine extreme Legitimationsgrundlage bildet die verfassungswidrige und gewaltsame Errichtung autoritärer Systeme auf militärischer Grundlage durch Staatsstreich oder Putsch. Je nach Entstehungsart und Legitimationsgrundlage findet die despotische Herrschaft die Billigung mehr oder weniger großer Teile der Gesellschaft. In den Extremfällen stimmt entweder die Gesamtheit der gesellschaftlichen Individuen oder - bei entsprechender Machtausstattung - nur der Despot der despotischen Herrschaftsform zu.

---

[1] Vgl. entsprechende Stichworte bei: R. BECK, Sachwörterbuch der Politik, a.a.O.; A. GÖRLITZ (Hrsg.), Handlexikon der Politikwissenschaft, a.a.O.; G. LÖWE - H.A. STOLL, Die Antike in Stichworten, a.a.O.; sowie: T. HOBBES, Leviathan, a.a.O..

Despotische Gesellschaftssysteme liegen in der Gegenwart und in der Vergangenheit in zahlreichen Varianten vor, die nur beispielhaft anzuführen sind. Über den ursprünglich nur den Familienbereich umfassenden Typ hinausführende Despotien existierten in der Form der Tyrannei im 7. und 6. Jahrhundert v.Chr. in Griechenland und unter den despotischen Kaisern des Byzantinischen Reichs bis zum 12. Jahrhundert n.Chr.. Die Diktator-Version des Despoten ist auf ein in der Verfassung der antiken Römischen Republik vorgesehenes Ausnahmeamt zurückzuführen, das zunächst nur zeitlich befristet war, seit der dritten Amtsübernahme durch Gajus Julius Cäsar (44 v.Chr.) aber auch auf Lebenszeit ausgedehnt wurde. Der Diktator galt insbesondere in den italienischen Stadtstaaten lange Zeit als Idealform einer Alleinherrschaft. In der frühen Neuzeit sind die Staaten mit absolutistischen Monarchen als Beispiele einer despotischen Herrschaft anzuführen. Die despotischen Varianten der jüngsten Vergangenheit und der Gegenwart sind durch faschistische und kommunistische Führer oder Vorsitzende von Militärdiktaturen gekennzeichnet, wobei der zeitliche Bestand der despotischen Herrschaft zunehmend geringer zu werden scheint.

Die wirtschaftspolitischen Möglichkeiten einer despotisch organisierten Gesellschaft sind primär durch den Umfang des Legitimationsbereichs des Despoten gekennzeichnet. Die Art der Legitimation, das Legitimationsverfahren besitzt dagegen nur eine indirekte Bedeutung. Entscheidend ist grundsätzlich der Grad des despotischen Einflusses auf sämtliche Bereiche des wirtschaftlichen Handelns. Eine denkbare Unterscheidung des Einflußgrads zwischen dem allgemeinpolitischen und dem wirtschaftspolitischen Legitimationsbereich bleibt unerheblich, wenngleich es Auffassungen gibt, nach denen Despotien auch einen allein auf allgemeinpolitische Fragen bezogenen totalitären Charakter besitzen können, während der wirtschaftliche Einfluß gering sei. Die Auswirkung der allgemeinpolitischen despotischen Herrschaft auf die wirtschaftlichen Aktivitäten ist eindeutig und unmittelbar evident, auch wenn keine explizite Institutionalisierung einer despotisch organisierten Wirtschaft vorliegt, wie etwa in den Zentralplanwirtschaften mit staatsmonopolistischer Struktur. In despotischen Gesellschaften ist daher grundsätzlich von einer Systemkonformität zwischen dem allgemeinpolitischen und dem wirtschaftspolitischen Bereich auszugehen. Die wirtschaftspolitischen Möglichkeiten ergeben sich aus der näheren Betrachtung der verschiedenen wirtschaftspolitischen Grenzbereiche aus despotischer Sicht.

Die theoretische Grundlage der despotischen Wirtschaftspolitik ist zunächst durch die spezifischen Grenzen der wissenschaftstheoretischen Grundlage geprägt. Bezüglich der Gestaltung des Theorieziels, vor allem aber hinsichtlich der Wissenschaftsmethodologie, stehen dem Despoten alle denkbaren Wege und Richtungen offen. Er ist somit generell ein Vertreter des pluralistischen Methodologiekonzepts. Seine Erkenntnisse können autonom und unbeeinflußt von einer bestimmten Wissenschaftstheorie entstehen. Im allgemeinen werden rein subjektivistische Wissenschaftsmethoden seinen Erkenntnisraum begründen, d.h. er wird sein wirtschaftstheoretisches Wissen auf persönliche Erfahrungen, Inspirationen und Visionen zurückführen. Das despotische Wissensziel ist in der Regel weniger durch Erklärungsabsichten bestimmt, da seine prognostischen Visionen und Lenkungsideen selten durch Erklärungsnotwendigkeiten beeinträchtigt sind. Auch die wissenschaftliche Beschreibung der wirtschaftlichen Situation ist prinzipiell durch subjektive Einschätzungen gekennzeichnet. Die Charakterisierung des Despoten als Vertreter der pluralistischen Wissenschaftsauffassung besagt jedoch nicht, daß die gesamte Bandbreite der methodologischen Möglichkeiten auch ausgenutzt und sämtliche Varianten wissenschaftstheoretischer Grundpositionen durchgespielt werden. Bestimmte Varianten, insbesondere solche, die eine objektive Überprüfung der despotischen Erkenntnisse ermöglichen, können nur bei einer entsprechend abgesicherten Machtposition eingenommen werden. Die Glaubwürdigkeit und das Charisma des despotischen Wissens sind entscheidender als die Methode und das Ziel der Wissensgewinnung.

Bei der Formulierung und Auswahl der wirtschaftspolitischen Ziele kann der Despot prinzipiell auf die gesamte Bandbreite aller denkbaren Möglichkeiten zurückgreifen. Er befindet sich damit in einer ähnlichen Ausgangslage, wie bei der Wahl der wissenschaftstheoretischen Grundlage. Eine große potentielle Auswahl bedeutet jedoch nicht auch eine vollständige Betrachtung sämtlicher Alternativen. Die explizite Auswahl der despotischen Ziele kann daher letztlich ebenso einseitig sein, wie die praktizierte Erkenntnismethode. In der Regel wird das grundsätzliche Ziel der despotischen Wirtschaftspolitik seltener die Vergrößerung des Wohlstands aller Individuen sein, sondern häufiger die

Ausweitung des - im Sinne des Despoten - gesamten gesellschaftlichen Wohlstands, der sich von der Summe der individuellen Nutzenniveaus nach der Devise "Gemeinnutz geht vor Eigennutz" unterscheidet. Entsprechend einseitig kann die Gewichtung von Unterzielen ausfallen, wenn beispielsweise ehrgeizige Landentwicklungs- und Eroberungsprojekte zu einer einseitigen Wirtschaftspolitik führen ("Kanonen statt Butter"). Charakteristische Unterziele der despotischen Politik können auch weniger materiellen als ideellen Inhalt haben und durch extreme Eigenschaften gekennzeichnet sein, etwa die erste Landung auf dem Mond, der größte Staudamm, das schnellste Flugzeug, die meisten Siege bei sportlichen Wettkämpfen und vor allem das größte Militärpotential. Die Summe der jeweiligen Einzelziele repräsentiert in den Augen des Despoten die maximale Erreichung des gesamtgesellschaftlichen Nutzens. Dies kann tatsächlich zutreffend sein, wenn der Despot die Zustimmung aller gesellschaftlichen Individuen findet oder über das absolut beste Wissen verfügt und sich damit als "wohlwollender Diktator" erweist.

Die Grenzen der Operationalisierung der Ziele wirken sich innerhalb der despotischen Wirtschaftspolitik nur geringfügig aus, da die Festlegung und Messung der Zielwerte allein im subjektiven Erkenntnisraum des Despoten liegen. Die häufig praktizierte Veröffentlichung von Planerfüllungsdaten und Produktionsüberschreitungen in zentralplanwirtschaftlichen Staaten sind ein Beispiel dafür. **Die in der despotischen Wirtschaftspolitik scheinbare Überwindung von Operationalisierungsgrenzen bewirkt** jedoch **eine Verengung des Zielkatalogs**, da keine Notwendigkeit mehr besteht, wegen Operationalisierungsschwierigkeiten andere Zielrepräsentanten zu verfolgen. Lediglich bei allzu offensichtlichen Zielverfehlungen wird ein Ausweichen auf andere despotische Ziele erforderlich, beispielsweise durch eine verstärkte Aktivität auf dem Gebiet der Raumfahrt oder eine Ausweitung der militärischen Rüstung in Zeiten von Mißernten oder Rückschritten bei der industriellen Produktion von Konsumgütern.

Die theoretischen Möglichkeiten der wirtschaftspolitischen Ziel-Mittel-Zusammenhänge sind in der despotischen Wirtschaftspolitik dem geringen theoretischen Zielkatalog und der einseitigen wissenschaftstheoretischen Ausrichtung entsprechend **stark eingeschränkt**. Zum einen ist eine exakte Spezifikation des Ziel-Mittel-Zusammenhangs nicht unbedingt erforderlich, da wegen des weitgehenden Fehlens von Mittelrestriktionen Ungenauigkeiten der Zielerreichung mit einer verstärkten Variation des Mitteleinsatzes korrigiert werden können. Ist beispielsweise zur Ernteeinbringung oder zur Produktion einer bestimmten Gütermenge der dafür zunächst vorgesehene Arbeitskräfteeinsatz nicht ausreichend, können die Arbeitszeiten durch "freiwillige" Sonderschichten erhöht oder Arbeitskräfte aus anderen Bereichen oder Fremdarbeiter hinzugezogen werden. Zum anderen können verstärkt Ziel-Mittel-Zusammenhänge verwendet werden, die eine direkte Zielerreichung ermöglichen. Zur Beseitigung der Arbeitslosigkeit kann beispielsweise ein Arbeitsdienst eingerichtet, zur Erzielung der Preisniveaustabilität eine Preisfixierung vorgenommen oder bestimmte Verteilungsziele durch ein Bezugsscheinsystem erreicht werden.

Da hinsichtlich der Operationalisierung der Mittelvariablen nur geringe Probleme bestehen, ist der Mittelkatalog entsprechend eng eingegrenzt. Monetäre Finanzierungsmittel können beispielsweise nicht nur durch die Notenpresse, sondern auch durch Zwangsabgaben oder -anleihen, teilweise unter dem Anschein oder dem echten Vorliegen der Freiwilligkeit, dosiert werden. Gleiches gilt für die realen Mitteleinsätze, etwa bei Goldsammlungen ("Gold für Eisen") oder Sachspenden ("Winterhilfswerk"). Der Arbeitskräfteeinsatz kann durch freiwillige oder erzwungene Einsätze der stillen Reserven gesteuert werden, wenn z.B. Schüler und Studenten zu Ernteeinsätzen einrücken oder Sonderschichten in Produktionsbetrieben eingelegt werden. Auch - und gerade - ordnungspolitische Mittel sind durch den direkten Weg der despotischen Verfügung von Gesetzen und Verordnungen in präziser Weise einsetzbar. Durch die Aufhebung einschränkender Aspekte der Mittelfestsetzung entfällt die Notwendigkeit, das gesamte Spektrum der möglichen Mittel zu beachten. Aus der breiten Palette der denkbaren Mittelvariablen wird entsprechend der despotischen Wirtschaftsideologie nur ein kleiner Ausschnitt in das theoretische Kalkül einbezogen.

Zusammenfassend ist festzustellen, daß sich die theoretischen Möglichkeiten der despotischen Wirtschaftspolitik in sehr engen Grenzen bewegen. Trotz der grundsätzlich breiten und vielseitigen Ausgangssituation besteht letztlich nur ein kleiner theoretischer Möglichkeitenbereich, der gegenüber den anderen Gesellschaftssystemen den geringsten Umfang besitzt (*Fig. IV-3*). Die

Einschränkung des theoretischen Bereichs wird auch nicht durch den personellen Wechsel des Despoten aufgehoben, da auch ein neuer Despot nicht die volle pluralistische Vielfalt der gesamten theoretischen Möglichkeiten ausschöpfen kann und sich ebenfalls auf einen einseitig nach seinen subjektiven Vorstellungen ausgerichteten Ausschnitt beschränken wird. Dieser Ausschnitt wird sich in der Regel auch nicht wesentlich von dem des Vorgängers unterscheiden. Eine gewisse Grundübereinstimmung des theoretischen Möglichkeitenraums aller despotischen Wirtschaftssysteme besteht nicht nur, wenn innerhalb eines festgelegten ideologischen Regimes ein Wechsel des despotischen Trägers eintritt, sondern auch bei Despotien mit grundsätzlich unterschiedlicher ideologischer Konzeption. So ist beispielsweise bei faschistisch und kommunistisch organisierten Gesellschaften in vielen Aspekten eine weitgehende Identität der theoretischen Inhalte der Wirtschaftspolitik festzustellen.

Der Bereich der praktischen Möglichkeiten der Wirtschaftspolitik ist bei despotischen Gesellschaftssystemen dagegen **in einem weiten Umfang gegeben**. Dies gilt allerdings nur für die Betrachtung der gesamtgesellschaftlichen Ebene. Die auf die Strukturelemente der wirtschaftspolitischen Praxis einwirkenden Grenzziehungen sind weitgehend eliminiert. Bezüglich des wirtschaftspolitischen Ablaufs bestehen bei einer stabilen, mit einer starken Legitimation ausgestatteten monopragmatischen Trägerschaft nur geringfügige Einschränkungen. Die Informationsphase, die wegen des geringen Bereichs der theoretischen Möglichkeiten in einem überschaubaren Rahmen bleibt, ist allein von der despotischen Einschätzung der wirtschaftlichen Gegebenheiten und Ziele, sowie der subjektiven Auswahl der instrumentellen Möglichkeiten abhängig. Ideologische Konzepte bestimmen den Raum, innerhalb dessen Berater tätig werden können. Zur Einschätzung der Stimmungen und individuellen Verhaltensweisen der gesellschaftlichen Individuen ist lediglich die Errichtung eines funktionierenden Informationssystems erforderlich, das beispielsweise auf Denunziantentum basieren oder als "Sicherheitsdienst" organisiert sein kann. Die Entscheidungsphase ist allein durch die persönliche Entscheidungsfähigkeit des Despoten beschränkt und besteht in der Regel seltener in dem sorgfältigen Abwägen von mehreren Alternativen, als in dem Fassen von und Beharren auf Entschlüssen, die bereits von vorneherein vorkonzipiert sind. Grenzen bestehen in dieser Phase lediglich quantita-

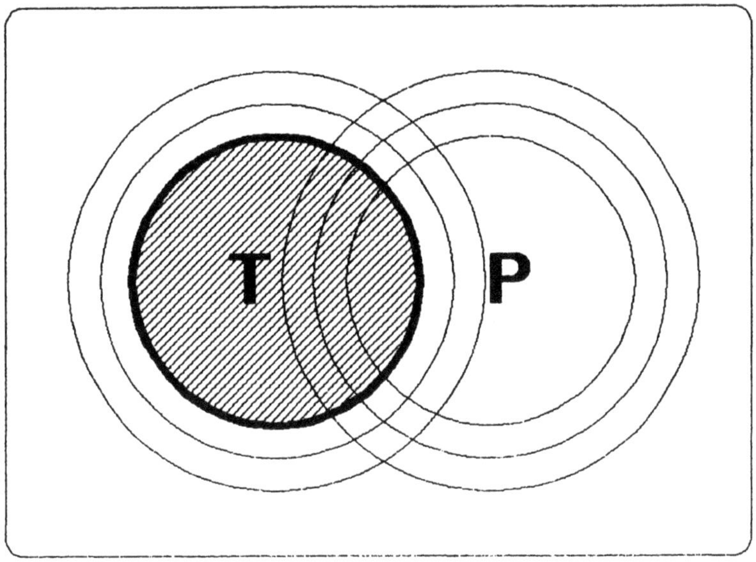

Fig. IV-3: Bereich der theoretischen Möglichkeiten der despotischen Wirtschaftspolitik

tiver Art, wenn eine Fülle von Detailentscheidungen erforderlich ist, die die physischen Kapazitäten des Despoten überfordern. Für die Durchführung der Entscheidungen ist eine voll funktionierende Bürokratie erforderlich, zu der - insbesondere bei schwach legitimierten Despoten - eine starke Miliz, Polizei oder Armee gehört. Der bürokratische Hemmschuh der despotischen Wirtschaftspolitik schränkt die wirtschaftspolitische Praxis um so weniger ein, als das despotische Gesellschaftssystem insgesamt unterstützt oder geduldet wird. Die despotische Kontrollphase hat vordergründig die Aufgabe, Zielverfehlungen aufzudecken und die Durchführung der Mitteleinsätze zu überprüfen. Dazu ist im allgemeinen ebenfalls die Einrichtung einer Behörde erforderlich. In der despotischen Kontrollphase besteht jedoch erstens die Möglichkeit, geringe Zielverfehlungen zu übersehen oder als Erfolg zu interpretieren. Zweitens können bei offensichtlichen und groben Zielverfehlungen weitgehend problemlos Modifikationen der Mitteleinsätze erfolgen, solange nicht eine grundsätzliche Neuorientierung der Zielsetzung notwendig wird.

Die eigentlichen Grenzen der praktischen Möglichkeiten despotischer Wirtschaftspolitik liegen somit kaum innerhalb des wirtschaftspolitischen Prozeßablaufs, sondern überwiegend **in den generellen Einschränkungen des monopragmatischen Personifikationssystems**. Seine Beschränkungen sind, wie bereits angeführt, hauptsächlich durch das Legitimationsverfahren und die Legitimationsbegründung gegeben. Die Wirtschaftspolitik des Despoten ist daher zusätzlich auf der theoretischen Seite durch das Bestreben beeinflußt, seine Legitimationsgrundlage beizubehalten oder zu verbessern. Es besteht somit aus dieser Sicht eine grundsätzliche Tendenz zum "wohlwollenden Diktator". Andererseits existieren jedoch im Bereich der Praxis Möglichkeiten, die despotische Wirtschaftspolitik durch einseitige Informationen oder durch eine ständige Infiltration der Gesellschaft im Sinne des Despoten zu unterstützen und damit die Position des Despoten zu sichern. Der Katalog der entsprechenden Maßnahmen reicht von einem allgemeinen erzieherischen Einwirken bis zu spezifischen propagandistischen Aktionen. Grundsätzlich genießen Despoten, die ihre monopragmatische Trägerschaft aufgrund von allgemeinen Willensbekundungen oder legalen Verordnungen erhalten haben und charismatische Ausstrahlung besitzen, den breitesten Raum praktischer Handlungsmöglichkeiten, während Despoten, die auf die Gleichgültigkeit der Gesellschaft oder auf massive Gewaltanwendung angewiesen sind oder wegen einer allein traditionell begründeten Legitimation keine Ausstrahlung besitzen, einen engeren Handlungsspielraum besitzen. Insgesamt gesehen ist der Bereich der praktischen Möglichkeiten einer despotischen Wirtschaftspolitik - insbesondere bei einer gut funktionierenden Bürokratie und bei breiter Unterstützung durch die passiven Träger - auf der gesamtgesellschaftlichen Ebene als der umfangreichste aller Gesellschaftssysteme anzusehen (vgl. *Fig. IV-4*). Die Überschneidung mit dem Bereich der theoretischen Möglichkeiten zeigt, daß nahezu der gesamte, jedoch kleine Bereich der theoretischen Möglichkeiten von der wirtschaftspolitischen Praxis in einer despotischen Gesellschaft erfaßt wird.

Auf der individuellen Ebene der wirtschaftlichen Möglichkeiten innerhalb einer despotisch organisierten Gesellschaft bestehen zwangsläufig starke Einschränkungen. Zunächst ist festzustellen, daß sich die gesellschaftlichen Individuen mit Ausnahme des Despoten in der Rolle des passiven Trägers befinden. Soweit ihnen eigenwirtschaftliche Bereiche verbleiben, unterliegen ihre Handlungsmöglichkeiten engen theoretischen und praktischen Beschränkungen. Auf der theoretischen Seite besteht sowohl eine

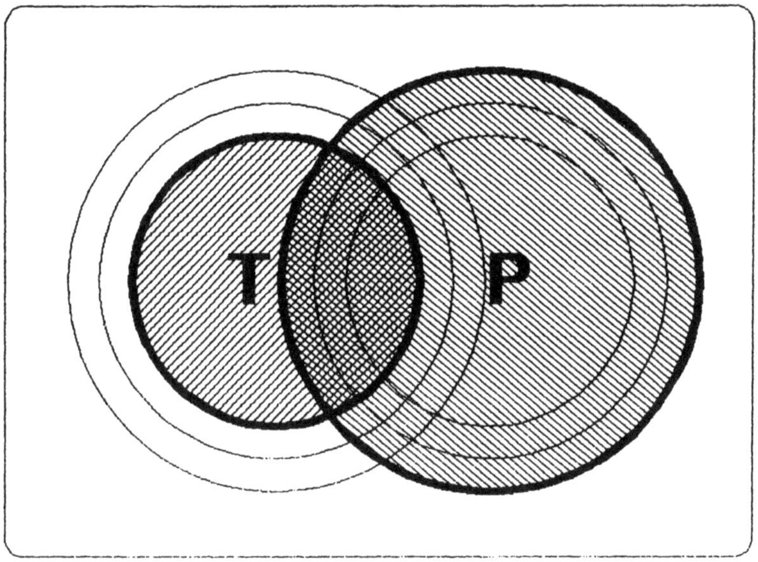

Fig. IV-4: Bereich der Möglichkeiten der despotischen Wirtschaftspolitik auf der gesellschaftlichen Ebene

enge Abgrenzung der individuellen Zielbildung wie auch des Mittelkatalogs, zumal die Einhaltung der ideologischen Generallinie die Ermittlung individueller Ziel-Mittel-Zusammenhänge auf den ideologisch konformen Bereich einschränkt. Der theoretische Bereich des individuellen Wirtschaftens ist daher in der despotischen Wirtschaftspolitik maximal so groß, wie der theoretische Bereich auf der gesellschaftlichen Ebene. Auf ein Minimum beschränkt ist aber auch der praktische Bereich der individuellen Möglichkeiten. Die Informationsphase ist beeinflußt durch die Informationen, die dem Individuum einer despotischen Gesellschaft verfügbar gemacht werden. Soweit nicht ohnehin individuelle "ideologische Scheuklappen" vorliegen, unterliegen die Informationen denselben despotischen Zensuren, denen auch die individuellen Entscheidungen für bestimmte Ziele und Mittel unterworfen sind - insofern überhaupt Alternativen hinsichtlich der Entscheidung für bestimmte individuelle Ziele und Mittel in der Praxis verbleiben. Entscheidungen, die außerhalb des despotisch vorgegebenen Handlungsspielraums liegen, unterstehen in der Durchführungsphase besonders starken Einschränkungen. Die Kontroll- und Modifikationsphase der individuellen Handlungen sind weitgehend durch die despotischen Kontroll- und Modifika-

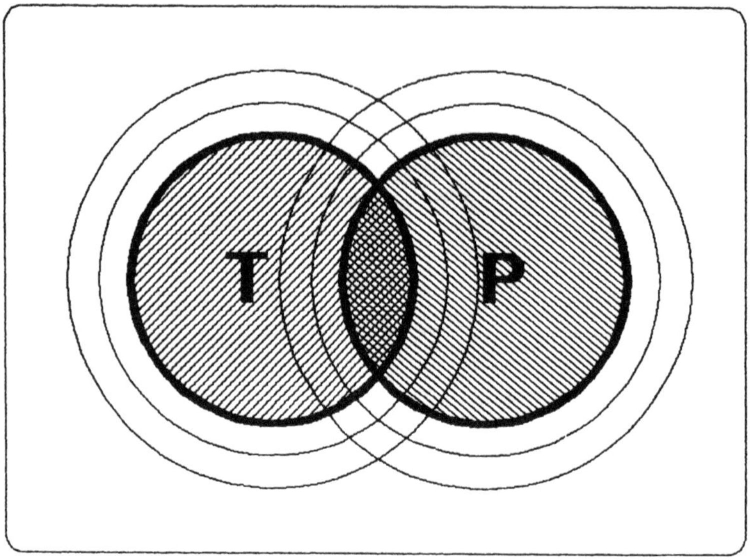

Fig. IV-5: Bereich der Möglichkeiten bei despotischer Wirtschaftspolitik auf der individuellen Ebene

tionsaktivitäten beeinträchtigt. Die individuelle Kontrollphase beinhaltet im wesentlichen eine Überprüfung der persönlichen Lebenssituation im Vergleich mit den anderen Individuen und in Relation zu der Situation auf der gesellschaftlichen Ebene. Die Modifikationsphase führt entweder - etwa nach dem Prinzip der "Kritik und Selbstkritik" - zur Änderung des persönlichen Gesellschaftsbewußtseins mit dem Ergebnis einer generellen Zustimmung zum despotischen System und der Zurückstellung persönlicher Bedürfnisse, oder sie beschränkt sich auf eine resignierende Einsicht in die Grenzen der individuellen Entfaltung bis hin zur fatalistischen Gleichgültigkeit gegenüber den eigenen Lebensumständen. Insgesamt ergibt sich daher sowohl auf der theoretischen, wie auch auf der praktischen Seite der individuellen Handlungsmöglichkeiten in einem despotischen System ein minimaler Bereich (vgl. *Fig. IV-5*). Die Überschneidung der beiden Minimalbereiche führt zu dem kleinsten denkbaren Bereich von wirtschaftlichen Handlungsmöglichkeiten, der gerade den unabdingbaren Grundkatalog von individuellen wirtschaftlichen Aktivitäten abdeckt.

3. Anarchische Wirtschaftspolitik

Das anarchische Gesellschaftssystem basiert primär auf einem idiopragmatischen Personifikationssystem, das sich in koinopragmatischer Richtung ausweiten läßt. Jeder handelt für sich und hat darüberhinaus die Freiheit, gemeinsam mit anderen zu handeln. Allerdings bestehen bestimmte Grundeinschränkungen des Handelns, die aus der - richtig verstandenen - Bedeutung des Begriffs Anarchie resultieren. Im allgemeinen Sprachgebrauch hat sich vielfach eine falsche Vorstellung dieses Begriffs entwickelt, nach der eine anarchische Gesellschaft mit einer chaotischen oder darwinistischen gleichgesetzt wird, die durch den Vernichtungskampf "Jeder gegen Jeden" geprägt ist. Zur Verdeutlichung des eigentlichen Charakters der anarchischen Gesellschaft ist es zweckmäßig, auf den ursprünglichen Wortsinn zurückzugreifen. Nach dem griechischen Wort αναρχια bedeutet Anarchie wörtlich die Nichtherrschaft und inhaltlich die Freiheit jedes Individuums von der Beherrschung durch ein anderes. Von dem Begriff Anarchie notgedrungenermaßen deutlich zu trennen sind die im 18. bis 19. Jahrhundert entstandenen Begriffe des Anarchismus und des Anarchisten.[1] Zwar begründet sich der Anarchismus - und die Tätigkeit der Anarchisten - auf der Betrachtung anarchischer Ideale und dem Erstreben anarchischer Zustände, verschiedene gewalttätige - und damit im Widerspruch zum Ideal stehende - Aktionen historischer und zeitgenössischer Personen, die sich teilweise als Anarchisten bezeichnet haben oder fälschlicherweise so bezeichnet wurden, haben jedoch zu einer radikalen Wandlung des Begriffsverständnisses und einer pauschalen Gleichsetzung von Anarchismus/Anarchist mit Terrorismus/Terrorist geführt. Die eigentliche Idee der anarchisch geordneten Gesellschaft ist die herrschaftsfreie Entfaltung der Individuen (individualistische Anarchie) unter Ermöglichung von freien Zusammenschlüssen mehrerer Individuen zwecks gemeinsamen kooperativen Handelns (föderative Anarchie).

---

1 Vgl.: A. CARTER, Die politische Theorie des Anarchismus, a.a.O.; J. JOLL, Die Anarchisten, a.a.O.; sowie: E. OBERLÄNDER (Hrsg.), Der Anarchismus; a.a.O.; G. WOODCOCK (ed.), The Anarchist Reader, a.a.O..

Anarchische Gesellschaftssysteme hat es im Gegensatz zu den despotischen **in der Gegenwart und in der Vergangenheit kaum und nur ansatzweise gegeben**. Allerdings ist die Vorstellung der Machbarkeit auch erst in den letzten Jahrhunderten systematisch entwickelt worden. Idealisierte philosophische Ansatzpunkte für eine individual-anarchische Grundlage der Gesellschaft finden sich zunächst in dem "Naturzustand" bei John Locke und in der "Urgesellschaft" bei Jean-Jacques Rousseau.[1] Seitdem ist das theoretische Gedankengut zunehmend verfeinert und diversifiziert worden. An praktischen historischen Beispielen und Vorbildern kann die anarchische Gesellschaft jedoch nur zeitlich und räumlich beschränkte Einzelfälle vorweisen. Zeitlich beschränkte, aber relativ großräumige Realisationen existieren insbesondere in den Phasen der Besiedlung herrschaftsfreier Gebiete, beispielsweise im "wilden" Westen der U.S.A., oder in revolutionären Phasen, wie in Spanien von 1936 bis 1939.[2] Räumlich beschränkte, dafür teilweise sehr dauerhafte Beispiele bieten verschiedene Kommunen (Anarchokommunismus), insbesondere in Amerika und Israel,[3] und Syndikate (Anarchosyndikalismus), insbesondere in Europa (Schweizer Jura), die neben dem gesellschaftlichen einen ausgeprägten wirtschaftlichen Charakter besitzen. Anarchische Grundprinzipien sind gelegentlich auch verfassungsmäßig festgehalten, etwa im Artikel 2 des Grundgesetzes der Bundesrepublik Deutschland oder in der Verfassung der Vereinigten Staaten von Amerika, und auf wirtschaftspolitisch-dogmenhistorischem Gebiet innerhalb des klassischen Liberalismus vorzufinden.

Für die wirtschaftspolitischen Möglichkeiten der anarchischen Gesellschaft sind in erster Linie die individuellen wirtschaftlichen Interessen entscheidend. Die anarchische Wirtschaftspolitik steht damit in direktem Gegensatz zur despotischen Wirtschaftspolitik. Während im despotischen Gesellschaftssystem wirtschaftspolitische Handlungen vollzogen werden, die häufig nur mittelbar die individuellen Interessen betreffen, dominieren im anarchischen System die eigenwirtschaftlichen Vorstellungen

---

1 J.LOCKE, Über die Regierung, a.a.O.; J.-J.ROUSSEAU, Der Gesellschaftsvertrag, a.a.O..

2 Vgl.: G.LEVAL, Das libertäre Spanien, a.a.O..

3 Vgl.: S.WURM, Das Leben in den historischen Kommunen, a.a.O..

und Aspekte. Fragen des Eigentums und des Besitzes, sowie Probleme der Verteilung sind daher Anlaß und Inhalt zahlreicher Theorien zur anarchischen Wirtschaftspolitik. Dabei ist die Vorstellung, daß Eigentum "Diebstahl" sei, keinesfalls eine anarchische Grundauffassung. Die Schriften von Pierre-Joseph Proudhon[1] und vor allem Max Stirner[2], der als erster eine deutsche Übersetzung des Werkes von Adam Smith vorgelegt hat und stark von ihm inspiriert war, zeigen im Gegenteil die fundamentale Bedeutung des Eigentums für eine anarchische Gesellschaft auf. In jüngeren Untersuchungen wird dieser Gedankengang aus der modernen wirtschaftspolitischen Sicht bestätigt.[3] Übereinstimmung zum despotischen Gesellschaftssystem besteht hinsichtlich der Systemkonformität von Allgemein- und Wirtschaftspolitik. Diese wird darüber hinaus im anarchischen System nicht nur so unmittelbar deutlich wie in keinem anderen System, sondern auch als Kerninhalt bewußt herausgestellt. Die auf dieser Grundlage bestehenden theoretischen und praktischen Möglichkeiten der anarchischen Wirtschaftspolitik werden aus einer näheren Betrachtung der Grenzen der einzelnen wirtschaftspolitischen Strukturelemente deutlich.

Die wissenschaftstheoretische Grundlage der anarchischen Wirtschaftspolitik basiert naheliegenderweise **auf der pluralistischen Methodologie**, die dem einzelnen Individuum eine vollständige Freiheit in der Wahl seiner Erkenntnisziele und seiner Methoden der Wissensgewinnung gewährleistet. Individuelle Prognosen intuitiver oder methodischer Art, sowie Lenkungsideen und -ideale sind in ihrer größten Vielfalt möglich. Jeder einzelne kann für sich eine eigenständige Methodologie und Wissenschaftstheorie entwickeln oder sich in die Gemeinschaft gleichgesinnter Individuen begeben, die sich einer bestimmten wissenschaftstheoretischen Position anschließen. Ob die wissenschaftstheoretische Grundlage dabei einen Erklärungsanspruch erfüllt oder nicht, ist grundsätzlich ebenso freigestellt, wie die Entscheidung für eine rationalistische oder empiristische, eine rein subjektiv begrün-

---

1 Vgl. z. B.: P.-J. PROUDHON, Bekenntnisse eines Revolutionärs, a.a.O..

2 M. STIRNER, Der Einzige und sein Eigentum, a.a.O..

3 Vgl.: J. M. BUCHANAN - W. C. BUSH, Political Constraints on Contractual Redistribution, a.a.O., 153-7, disc. 158-61; W. C. BUSH - L. S. MAYER, Some Implications of Anarchy for the Distribution of Property, a.a.O., 401-12.

dete oder eine objektiv überprüfbare Theorie, so daß prinzipiell der gesamte Rahmen der wissenschaftstheoretischen Grundpositionen ausgenutzt werden kann. Dies gilt im Prinzip zwar auch für die despotische Gesellschaft, durch die Vielzahl der Individuen mit unterschiedlichen Auffassungen wird jedoch ein weitaus größerer theoretischer Bereich erfaßt.

Dementsprechend vielfältig sind die theoretischen Ziele der anarchischen Wirtschaftspolitik. Sie entsprechen der Vielfalt der individuellen wirtschaftlichen Vorstellungen und umfassen daher das gesamte Spektrum menschlicher Wünsche materieller und ideeller Art. Grundsätzlich ausgeschlossen sind jedoch die Ziele, die dem anarchischen Prinzip widersprechen und eine Herrschaft von Individuen über andere gegen deren Einwilligung beinhalten. Die theoretische Variationsbreite der wirtschaftspolitischen Ziele wird verstärkt durch die Tatsache, daß auf der individuellen Ebene keine Probleme der Repräsentation und Operationalisierung von Zielvariablen bestehen und vor allem das Aggregationsproblem entfällt. Soweit gemeinsame Ziele innerhalb einer Föderation von Individuen gebildet werden, enthält die Aggregation allein die Zusammenfassung homogener individueller Zielgrößen. Die Quantifizierung und Messung auch noch so abstrakter Zielvariablen bereitet auf der individuellen Ebene keine Schwierigkeiten, da sie prinzipiell einer subjektiven Einschätzung unterliegen. Für die Bildung gemeinsamer Ziele steht grundsätzlich die gesamte Bandbreite der individuellen Ziele offen, innerhalb derer sich die Individuen mit gleichgelagerten Zielinteressen zusammenschließen können. In dem extremen Spezialfall, daß sämtliche Individuen der Gesellschaft in allen Belangen dieselbe Zielvorstellung besitzen und somit eine vollständige Homogenität der Individuen vorliegt, entspricht das anarchische System formell dem despotischen. Bei divergierenden Interessen wird der gesamte Zielkatalog der anarchischen Gesellschaft jedoch zwangsläufig größer sein als in dem despotischen Gesellschaftssystem.

In gleicher Weise vielseitig wie die Ziele stellen sich die wirtschaftspolitischen Ziel-Mittel-Zusammenhänge und Mitteleinsätze dar. Da beides grundsätzlich freigestellt ist - sofern nicht die anarchischen Grundpositionen verletzt werden -, entsprechen die möglichen wirtschaftspolitischen Mittel dem gesamten Spektrum der individuellen Vorstellungen über Mitteleinsätze und Ziel-Mittel-Zusammenhänge nach dem Motto "Jeder kann nach seiner Façon selig werden". Innerhalb verschiedener Föderationen können die unterschiedlichsten Maßnahmen zur direkten und indirekten Zielerreichung angewendet werden, so lange nicht damit Systemveränderungen - etwa durch die Anwendung von Gewalt gegenüber anderen Individuen außerhalb der eigenen Föderation - verbunden sind. Abgesehen von den stets geltenden physikalisch-technischen Grenzen unterliegen die theoretisch möglichen Ziel-Mittel-Zusammenhänge in ihrer pluralistischen Bandbreite keinen weiteren Einschränkungen.

Insgesamt gesehen umfassen die theoretischen Möglichkeiten der anarchischen Wirtschaftspolitik den größtmöglichen Bereich im Vergleich aller Gesellschaftssysteme (vgl. *Fig. IV-6*). Dies gilt sowohl für die Betrachtung der individuellen, wie auch der gesamtgesellschaftlichen Ebene des wirtschaftlichen Handelns, da grundsätzlich sämtliche individuellen Möglichkeiten auch von mehreren Individuen übereinstimmend und in einer Föderation organisiert in Betracht gezogen werden können. Im Grenzfall kann diese Föderation die gesamte Gesellschaft umfassen. Aus diesem

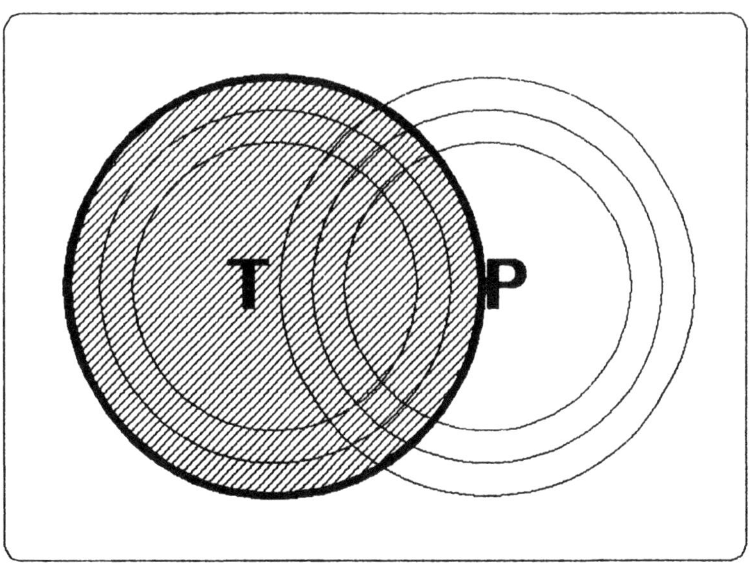

Fig. IV-6: Bereich der theoretischen Möglichkeiten der anarchischen Wirtschaftspolitik

Grund enthält der theoretische Möglichkeitenbereich der anarchischen Wirtschaftspolitik auch den der despotischen.

Die praktischen Möglichkeiten der anarchischen Wirtschaftspolitik, die zunächst **auf der individuellen Ebene** dargestellt werden, **unterliegen nur geringen Einschränkungen**. Diese sind im wesentlichen - wieder abgesehen von den stets vorliegenden physikalisch-technischen Grenzen - in der Einhaltung des anarchischen Prinzips der Nichtherrschaft über andere Individuen gegeben. Innerhalb des Handlungsablaufs besteht die stärkste Einschränkung bei der Gestaltung der Informationsphase. Sie erfordert nicht nur die Fähigkeit der Einschätzung eigener Zielvorstellungen, sondern auch entsprechende mentale und physische Kapazitäten zur Beschaffung von Informationen über mögliche Ziel- und Mittelvariablen, sowie zur eigenständigen Erkenntnis von Ziel-Mittel-Zusammenhängen. Die individuelle Informationsphase kann dabei sowohl durch einen Überfluß, als auch durch einen Mangel an Informationen beeinträchtigt sein. Inwieweit dadurch Begrenzungen der praktischen Möglichkeiten gegeben sind, hängt nicht zuletzt von der individuellen Bildungsfähigkeit ab,

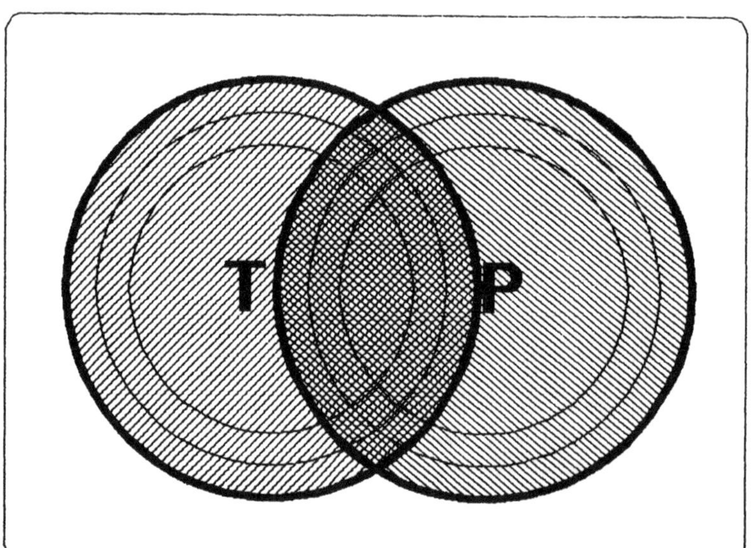

Fig. IV-7: Bereich der Möglichkeiten bei anarchischer Wirtschaftspolitik auf der individuellen Ebene

der die Gefahr der unreflektierten Übernahme vorgefertigter Konzepte und "Weltanschauungen" gegenübersteht. Die anarchische Wirtschaftspolitik erfordert daher ein aufgeklärtes und zur selbständigen Beurteilung fähiges Individuum, dem die weitesten Möglichkeiten der Informationssammlung und -auswertung offen stehen. Die Entscheidungsphasen sind dann allein durch die individuellen Besonderheiten bestimmt und - wie die anschließende Durchführungsphase - von einer repressiven Einflußnahme anderer Individuen unabhängig. Die Kontroll- und Modifikationsphasen genießen einen entsprechenden Freiraum an praktischen Möglichkeiten. Durch die idiopragmatische Trägerschaft der wirtschaftlichen Handlungen ist die Kontrolle des Prozeßablaufs eine "freiwillige Selbstkontrolle", die - wie die Modifikationsphase - allein durch die individuellen Persönlichkeitsgrenzen eingeschränkt ist. Auf der individuellen Handlungsebene besteht damit im Rahmen der anarchischen Wirtschaftspolitik insgesamt gesehen ein maximaler Bereich der praktischen Möglichkeiten, der in Verbindung mit dem Bereich der theoretischen Handlungsmöglichkeiten zum umfassendsten Handlungsspielraum führt (*Fig. IV-7*).

Auf der gesamtgesellschaftlichen Ebene sind die praktischen Möglichkeiten der anarchischen Wirtschaftspolitik durch die engen Grenzen gekennzeichnet, denen koinopragmatische Trägersysteme unterworfen sind. Gemeinsame Handlungen erfordern eine einstimmige Übereinkunft der beteiligten Individuen, die vorzugsweise in Form von Verträgen hergestellt und abgesichert wird. Kontrakte sind daher sowohl Hauptinstrument, als auch kritischer Punkt koinopragmatischer Handlungssysteme.[1] Bezogen auf die einzelnen Phasen des wirtschaftspolitischen Prozeßablaufs können sich unterschiedlich starke Beschränkungen der praktischen Möglichkeiten ergeben. Innerhalb der Informationsphase ist ein Austausch und ein Vergleich individueller Informationen notwendig. Insbesondere hinsichtlich der Zielformulierung und den Vorstellungen über geeignete Mitteleinsätze müssen zweifelsfreie, d.h. von allen Beteiligten gleichermaßen interpretierte Definitionen entwickelt werden. In der Entscheidungsphase kommt

[1] Vgl. dazu: J.M.BUCHANAN, The Limits of Liberty, a.a.O.; ders., Freedom in Constitutional Contract, a.a.O., ders. - G.TULLOCK, The Calculus of Consent, a.a.O.; R.NOZICK, Anarchie, Staat, Utopia, a.a.O.; kritisch dazu: S.GORDON, The New Contracterians, a.a.O., 573-90.

die Forderung nach einstimmiger Trägerschaft unmittelbar und besonders restriktiv zum Vorschein. Auch die gemeinsame Durchführung wirtschaftspolitischer Handlungen kann wegen individueller Eigenarten zu Einschränkungen der wirtschaftspolitischen Praxis führen. Die individuellen Eigenarten und Abweichungen werden insbesondere in der Kontrollphase aufgedeckt, wenn keine Übereinstimmung über die Ergebnisse der Kontrolle erzielt werden kann, und führen schließlich in der Modifikationsphase möglicherweise zum Ausschluß der entsprechenden Individuen oder zu einer Modifikation der vertraglichen Vereinbarungen, wenn nicht die koinopragmatische Trägerschaft gänzlich zusammenbricht. Insgesamt gesehen unterliegen die praktischen Möglichkeiten der anarchischen Wirtschaftspolitik auf der gesamtgesellschaftlichen Ebene damit den engsten Einschränkungen aller betrachteten Gesellschaftssysteme, so daß sich gegenüber der individuellen Ebene trotz der gleichgroßen theoretischen Möglichkeiten ein deutlich geringerer Spielraum der möglichen Wirtschaftspolitik ergibt (*Fig. IV-8*).

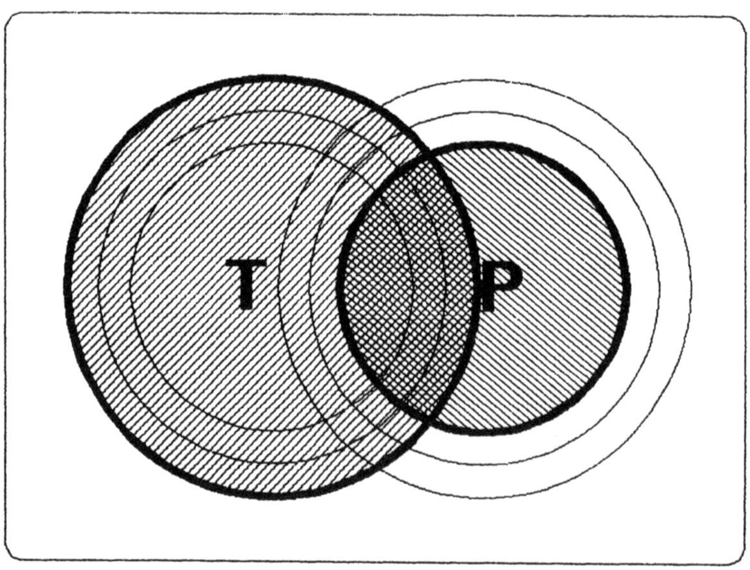

Fig. IV-8: Bereich der Möglichkeiten der anarchischen Wirtschaftspolitik auf der gesellschaftlichen Ebene

Die Betrachtung der anarchischen Wirtschaftspolitik auf der gesamtgesellschaftlichen Ebene stellt allerdings **eine Besonderheit dar**. Die relativ engen Grenzen der praktischen Möglichkeiten beziehen sich auf eine vollständige Zusammenfassung des wirtschaftspolitischen Handlungsbedarfs sämtlicher Individuen in einem einzigen koinopragmatischen Trägersystem, das damit zwangsläufig nur den Minimalkonsens einer abgegrenzten Gesellschaft erfassen kann. Dem föderativen Prinzip der anarchisch organisierten Gesellschaft entspricht mehr die partielle koinopragmatische Trägerschaft, in der eine Gruppe von Individuen - Teile der Gesellschaft - gruppenspezifische wirtschaftspolitische Handlungen vornehmen. Die anarchische Gesellschaft ist daher als eine offene Gesellschaft in dem Sinne zu verstehen, daß die Abgrenzung der Gesamtgesellschaft nicht fest vorgegeben sein kann, sondern das Ergebnis föderativer Prozesse ist. Sie unterscheidet sich damit wesentlich von der Gesellschaftsauffassung in despotischen und demokratischen Gesellschaftssystemen. Der Aspekt der offenen Gesellschaft stellt im übrigen einen der grundsätzlichen Ansatzpunkte bei der Diskussion von Vor- und Nachteilen der unterschiedlichen Gesellschaftssysteme dar, der bereits in der Antike durch Perikles von Athen und Platon kontrovers gesehen wurde.[1]

Innerhalb der anarchischen Wirtschaftspolitik ist folglich **eine gesonderte Betrachtung der wirtschaftspolitischen Möglichkeiten auf der Gruppenebene erforderlich**. Von entscheidender Bedeutung ist dabei die Gruppenstärke, die in der Regel mit der inhaltlichen Komplexität der Föderation negativ korreliert. Im einfachsten Falle des Zusammenschlusses zweier Individuen zum Vollzug einfacher wirtschaftlicher Handlungen, beispielsweise des Austauschs von Gütern, bestehen gegenüber der individuellen Ebene nur geringfügig engere Beschränkungen der praktischen Möglichkeiten. Mit der zunehmenden Einbeziehung weiterer Individuen und fortschreitenden Ausweitung der wirtschaftlichen Tätigkeit verengt sich der Bereich der praktischen Möglichkeiten immer mehr, bis die enge Grenzziehung auf der gesamtgesellschaftlichen Ebene erreicht ist. Die Möglichkeit der differenzierten Gruppenbildung mit pluralistischen Handlungsinhalten führt jedoch zu der praktischen Konsequenz, daß die Gesamtheit

1 Vgl. dazu: K.R. POPPER, Die offene Gesellschaft und ihre Feinde, a.a.O..

der Individuen, aufgeteilt in verschiedene Gruppen und Einzelpersonen, gleichartige wirtschaftspolitische Handlungen auf unterschiedliche Weise vornehmen kann. Beispielsweise könnte die Sozialversicherungsfrage nicht nur über unterschiedliche Versicherungsgesellschaften gelöst, sondern auch innerhalb familiärer Gruppen geregelt werden, wenn nicht einzelne vollständig auf eine solche Absicherung verzichten. Ein anderes, spektakuläres Beispiel bildet die Entnationalisierung des Geldes.[1] Nach dieser Vorstellung wird ein pluralistisches Geldsystem innerhalb einer fest umrissenen Gesellschaft, hier einer Nation, eingerichtet. Jede Gruppe schafft sich ihr eigenes Zahlungsmittel, wobei die einzelnen Individuen auch mehreren Zahlungsmittelgruppen beitreten können. Der Vorteil der anarchischen Gesellschaft, durch freie Föderationen auf Gruppenebene die starre Zusammenfassung sämtlicher Individuen zu einer monadischen Gesamtgesellschaft aufheben zu können und statt dessen eine flexible Gesamtheit aus pluralistischen Gesellschaftsteilen zu bieten, wirkt sich unmittelbar auf die praktischen Möglichkeiten der anarchischen Wirtschaftspolitik aus. Der praktische Möglichkeitenbereich auf der Gruppenebene liegt zwischen dem auf individueller und dem auf der gesamtgesellschaftlichen Ebene und erweitert somit in der Überschneidung mit dem theoretischen Bereich den gesamten Handlungsspielraum der anarchischen Wirtschaftspolitik.

[1] Vgl. dazu: F. A. HAYEK, Entnationalisierung des Geldes, a. a. O..

4. Demokratische Wirtschaftspolitik

Dem demokratischen Gesellschaftssystem liegt im wesentlichen ein meropragmatisches Personifikationssystem zugrunde, das vertikal in eine monopragmatische Trägerschaft übergeht und in der Regel auf mehrheitlichen Abstimmungsregeln basiert. Es zeichnet sich dabei durch anarchische und despotische Merkmale aus. In seinem ursprünglichen Sinne bedeutet der Begriff Demokratie, der sich aus den beiden griechischen Wörtern δημοσ (Volk) und κρατια (Herrschaft) zusammensetzt, "Volksherrschaft", wobei der Begriff Herrschaft mehr im Sinne von Kraft oder Macht zu verstehen ist. Demokratische Gesellschaften zeichnen sich daher - zumindest in ihrem Urverständnis - zum einen dadurch aus, daß die Legitimation der aktiven Träger durch die Gesamtheit der passiven Träger erfolgt, und zum anderen stets die Gesamtheit der gesellschaftlichen Individuen von den politischen Handlungen erfaßt werden. Hinsichtlich des Legitimationsverfahrens und der Ausgestaltung des mero- und monopragmatischen Personifikationssystems bestehen zahlreiche inhaltliche und methodische Varianten, die von der parlamentarischen Monarchie bis zur sozialistischen Form der Einheitspartei-Demokratie reichen.[1] In entsprechender Weise sind die Elemente despotischer und anarchischer Gesellschaftssysteme in der demokratischen Gesellschaft vertreten.

Demokratische Gesellschaften sind in der Vergangenheit und der Gegenwart häufig und - in nahezu gleichem Ausmaß - **vielfältig realisiert worden.** Erste Demokratien bestanden im 5. Jahrhundert v. Chr. in Griechenland. Nachdem zuvor der griechische Sozialphilosoph Solon umfassende Reformen der aristokratisch-despotisch bestimmten Gesellschaftsordnung durchgeführt hatte, wurden beispielsweise in Athen alle wichtigen Staatsangelegenheiten in der Volksversammlung direkt entschieden und die Durchführung vom "Rat der Fünfhundert", durch das Los bestimmte Repräsentanten des Volkes, vollzogen. Ebenfalls durch das Los wurden die Volksrepräsentanten für die Geschworenengerichte (Heliaia) ermittelt. Gleichwohl waren die antiken Demokratien nur im eingeschränkten Sinne Volksherrschaften, da Sklaven,

---

[1] Vgl.: R. BECK, Sachwörterbuch der Politik, a.a.O., 178-81.

Metöken (zugereiste Fremde) und Frauen von allen politischen Rechten ausgeschlossen waren.[1] Die demokratischen Gesellschaften der Neuzeit, vor allem in England, Frankreich und den Vereinigten Staaten von Amerika, entstanden in der Zeit der Reformation und der Aufklärung und begründen sich insbesondere auf die geistigen Väter der Französischen Revolution, Locke, Montesquieu und Rousseau. Seit dem 20. Jahrhundert überwiegt zur Verwirklichung einer Massendemokratie, die alle gesellschaftlichen Individuen erfassen soll, die Form der repräsentativen Demokratie, während die ursprünglichere Form der direkten Demokratie nur noch in Ausnahmefällen in kleinen Gesellschaften, beispielsweise in der Schweiz, oder bei bestimmten Gelegenheiten, etwa bei Volksabstimmungen, praktiziert wird.

Die Auswirkung der Demokratie auf die wirtschaftspolitischen Möglichkeiten ist ebenso variantenreich, wie die formelle und inhaltliche Ausgestaltung der demokratischen Gesellschaft. Dementsprechend vielfältig ist auch die Darstellung der demokratischen Wirtschaftspolitik in der Literatur vertreten.[2] Werden die despotischen und anarchischen Elemente, deren Grenzen und Möglichkeiten bereits innerhalb der jeweiligen Gesellschaftssysteme behandelt sind, außer acht gelassen und nur die charakteristischen Aspekte der demokratischen Gesellschaft hinsichtlich der Legitimation mero- und monopragmatischer Trägerschaften berücksichtigt, ist die sogenannte "Demokratisierung der Wirtschaft" entscheidendes Moment der demokratischen Wirtschaftspolitik. Die demokratisierte Wirtschaft ist im wesentlichen dadurch gekennzeichnet, daß eine Vielzahl von Betroffenen - in vielen Fällen sogar alle - am wirtschaftspolitischen Prozeß direkt und indirekt mitwirken, wobei die Koordinations- und Abstimmungsprobleme durch Mehrheitsentscheidungen gelöst werden. Die Mehrheitsfähigkeit, die dann ein generelles Charakteristikum der einzelnen wirtschaftspolitischen Strukturelemente darstellt, wird damit zum zentralen Kriterium bei der theoretischen und praktischen Abgrenzung der wirtschaftspolitischen Möglichkeiten in einer demokratischen Gesellschaft.

---

1 Vgl.: G. LÖWE - H. A. STOLL, Die Antike in Stichworten, a.a.O., 90-1.

2 Vgl. u.a.: S. BRITTAN, The Economic Consequences of Democracy, a.a.O.; A. DOWNS, Ökonomische Theorie der Demokratie, a.a.O., B.S. FREY, Theorie demokratischer Wirtschaftspolitik, a.a.O..

Die wissenschaftstheoretische Grundlage der demokratischen Wirtschaftspolitik bedarf - wenn sie wirklich demokratisch fundiert und nicht faktisch elitär oder dogmatisch sein soll - **einer breiten Zustimmung aller** - d.h. nicht nur der wissenschaftlich mit der Wirtschaftspolitik befaßten - **Individuen der Gesellschaft**. Es ist somit eine mehrheitsfähige Wissenschaftstheorie gefordert. Bezüglich des Wissenschaftszieles führt diese Forderung im allgemeinen zu der umfassendsten Definition mit der gleichzeitigen Berücksichtigung der Erklärungs-, Prognose- und Lenkungsfähigkeit einer Theorie. Eine Theorie, die keinen Erklärungsgehalt besitzt, wird kaum eine sie anerkennende Mehrheit finden. Als methodologische Grundlage wird die strengste Form einer objektiv überprüfbaren Methode Anwendung finden, um möglichst viele Einwände von vorneherein abzufangen. Die Tatsache, daß sich im Wissenschaftsbetrieb der westlichen Demokratien die synthetische Methode des kritischen Rationalismus weitgehend allein anerkannt durchgesetzt hat, während in den sozialistischen "Demokratien" der kritische Rationalismus verpönt ist, charakterisiert unmittelbar den methodologischen Rahmen der demokratischen Wirtschaftspolitik. Die Einengung der wissenschaftlichen Theorien durch die rationalen und empirischen Schranken, verbunden mit der Relativierung der Objektivität der Überprüfung auf die Frage der Mehrheitsfähigkeit der Zustimmung, führt zu einer ersten Einschränkung der wirtschaftspolitischen Möglichkeiten aus theoretischer Sicht. Da der Kreis der empirisch-rational bestätigten, bzw. nicht verworfenen Theorien nicht nur klein ist, sondern auch einem ständigen Wandel unterliegt, kann die theoretische Grundlage zudem nur eine temporäre Unterstützung der Wirtschaftspolitik liefern. Bei fast jeder Revision des empirisch-rationalen Hintergrunds verliert die demokratische Wirtschaftspolitik ihre wissenschaftliche Basis und damit in der Regel die Mehrheitsfähigkeit der Zustimmung. Auf die wissenschaftstheoretische Grundlage bezogen besitzt die demokratische Wirtschaftspolitik daher den am engsten eingeschränkten Möglichkeitenbereich.

Einer entsprechend scharfen **Einschränkung der wirtschaftspolitischen Ziele steht die Priorität der mehrheitlichen Entscheidung vor dem mehrheitlichen Wissen entgegen**. Die potentielle Bandbreite der wirtschaftspolitischen Ziele wird demnach einerseits durch das Bedürfnis nach vollständiger Operationalisierbarkeit der Zielvariablen eingeschränkt, so daß in letzter Konsequenz der gesamte Bereich der nichtoperationalisierbaren Ziele entfallen müßte. Andererseits wird der Zielkatalog jedoch durch die Tatsache ausgeweitet, daß die Operationalisierbarkeit weitgehend durch die Verwendung entsprechender Repräsentanten der Zielvariablen hergestellt werden kann, deren Auswahl wiederum von der mehrheitlichen Zustimmung abhängig ist. Beispielsweise kann eine demokratische Mehrheit nicht nur die Preisniveaustabilität als wirtschaftspolitisches Ziel akzeptieren und damit indirekt einen Wohlfahrtseffekt verbinden, in der Regel wird damit auch die mehrheitliche Festlegung eines bestimmten Preisniveauindikators direkt oder indirekt verbunden sein. Liegt nur eine knappe Mehrheit vor, wird bei veränderter Einschätzung eine wechselnde Mehrheit vielleicht einen anderen Preisindikator wählen oder möglicherweise dieses Ziel ganz aufgeben und statt dessen die Beseitigung der Arbeitslosigkeit mehr mit dem Begriff der Wohlfahrt verbinden. Bei starken Mehrheitsverhältnissen wird dagegen auch bei perifer veränderter Einschätzung ein Wechsel der Ziele nicht so schnell stattfinden. Insgesamt gesehen ist der theoretisch mögliche Zielbereich innerhalb der demokratischen Wirtschaftspolitik daher größer als innerhalb der despotischen, da sich die Mehrheitsverhältnisse und damit die Zielanerkennung wandeln können, und kleiner als im Falle der anarchischen Wirtschaftspolitik, da die Mehrheitsverhältnisse nicht so wechselhaft sein können, wie die Einzelmeinungen vielfältig sind.

Ähnliches gilt für die wirtschaftspolitischen Mittel und Ziel-Mittel-Zusammenhänge zur Erreichung der demokratisch gewählten Ziele. Ebenso wie bei den Zielen ist die Auswahl der operationalisierbaren Mittelrepräsentanten weitgehend davon abhängig, welche Mehrheitsverhältnisse den einzelnen Variablen zugeordnet werden können. In Verbindung mit der zuvor dargelegten wissenschaftstheoretischen Einschränkungen ergibt sich für die Ziel-Mittel-Zusammenhänge innerhalb der demokratischen Wirtschaftspolitik ein Möglichkeitenbereich, der einerseits den wechselnden Mehrheitsverhältnissen entsprechend sehr vielfältig gestaltet ist. Andererseits kann dessen konkrete Ausgestaltung aber auch sehr kurzfristigen Schwankungen unterworfen sein, wenn die empirische Realität eine Modifikation der Theorie erzwingt. Für den theoretischen Bereich der Ziel-Mittel-Zusammenhänge besteht daher im Falle der demokratischen Wirtschaftspolitik ein unmittelbarer und enger Bezug zu den Beschränkungen des praktischen Bereichs. Dabei gilt im besonderen Maße das *trial and error*-Prinzip, nach dem aus der Vielzahl der theoretisch denkbaren Ziel-Mittel-Zusammenhänge eine mehrheitliche Auswahl getroffen wird, die im Falle der erfolglosen Praktizierung jedoch einem raschen Wechsel unterliegt. Eine zusätzliche Einschränkung erhält der theoretische Möglichkeitenbereich der wirtschaftspolitischen Ziel-Mittel-Zusammenhänge durch die befristete Gültigkeit des Abstimmungsergebnisses, so daß bei kürzeren Abstimmungszeiträumen die mehrheitliche Mißerfolgsbeurteilung eher eintreten kann als die Wirkung des Ziel-Mittel-Zusammenhangs. Auf der anderen Seite ermöglicht die Wechselhaftigkeit der mehrheitlichen Auffassungen aber auch den ständigen Einsatz neuer - oder schon bereits fast vergessener alter - wirtschaftspolitischer Mittel zur Zielerreichung, so daß der Bereich der wirtschaftspolitischen Mittel und Ziel-Mittel-Zusammenhänge in einer demokratischen Wirtschaftspolitik keinesfalls permanent kleiner wird.

Insgesamt ist der Bereich der theoretischen Möglichkeiten der demokratischen Wirtschaftspolitik unter der besonderen Betonung des Unsicherheitsaspekts und des Irrtumsrisikos zu sehen. Im Gegensatz zu den despotischen und anarchischen Systemen, in denen prinzipiell auch Unsicherheiten bestehen und irrtümliche Vorstellungen vorliegen können, wird im demokratischen System die Gefahr von Irrtümern trotz der Mehrheitsbasis nicht wesentlich geringer sein als im despotischen System und wegen der Mehrheitsbasis sicher größer sein als im anarchischen System. Dies gilt insbesondere für die Zielsetzung und die Mittelfindung, aber auch für die Festlegung der wissenschaftstheoretischen Grundlage zur Bildung von Theorien über die Ziel-Mittel-Zusammenhänge. Gegenüber der despotisch organisierten Gesellschaft besitzt das demokratische System den Vorteil, daß durch den Wechsel von Mehrheiten ein größerer Bereich an theoretischen Möglichkeiten verfügbar ist. Gegenüber dem anarchischen System besteht jedoch der Nachteil, daß die theoretischen Vorstellungen der jeweiligen Minderheit unbeachtet bleiben, bzw. nicht zum Tragen kommen. Ein gewisse Korrekturmöglichkeit - sowohl in der einen, wie auch in der anderen Richtung - ist durch die nummerische Stärke der Mehrheit und durch die Häufigkeit gegeben, mit der diese Mehrheiten wechseln. Diese Abhängigkeiten, die vornehmlich die Grenzen des wirtschaftspolitischen Trägers im demokratischen System betreffen, sind bei der Betrachtung der praktischen Möglichkeiten der demokratischen Wirtschaftspolitik herausgestellt. Für den theoretischen Möglichkeitenbereich der demokratischen Wirtschaftspolitik folgt zunächst, daß er größer ist als bei despotischer und kleiner als bei anarchischer Wirtschaftspolitik ist (vgl. *Fig. IV-9*).

Auf der Seite der praktischen Möglichkeiten gelten wegen der starken Interdependenz zu den theoretischen ähnliche Abgrenzungsüberlegungen. Innerhalb des wirtschaftspolitischen Prozeßablaufs bestehen alle Einschränkungen, die auf das Mehrheitsprinzip zurückzuführen sind. Sie kommen um so gravierender zum Vorschein, je knapper die Mehrheiten und um so höher die Abstimmungsfrequenzen sind. Insbesondere ein Wechsel der mehrheitlichen Auffassungen während eines Prozeßablaufs zwischen den einzelnen Phasen engt den Bereich der wirtschaftspolitischen Praxis stark ein. Die in den Informationsphasen gewonnenen Grundlagen der wirtschaftspolitischen Entscheidungen, sowie die Entscheidungsphasen selbst, aber auch die Durchführungsphasen, sind im wesentlichen allein durch die Art und die Beständigkeit der Mehrheitsverhältnisse beschränkt, auf die sich die Legitimation des meropragmatischen Trägers stützt. Eine starke Mehrheit hat im Prinzip die gleichen praktischen Möglichkeiten wie der monopragmatische Träger der despotischen Wirtschaftspolitik, und kann die erforderlichen Informationen beschaffen, da entsprechende Informationssysteme problemlos eingerichtet werden können. Sie hat die Möglichkeit, Entscheidungen von umfassender Tragweite zu treffen und detaillierte Ausführungsvorschriften festzulegen. Die dazu notwendige starke Mehrheit erhält das System der demokratischen Wirtschaftspolitik jedoch nur - von Tricks und Täuschungen abgesehen - durch eine Gestaltung des wirtschaftspolitischen Prozesses, die auf die Zustimmung möglichst vieler passiver Träger der Wirtschaftspolitik stößt. Der Einfluß der Qualität der Mehrheitsverhältnisse wird insbesondere in der Kontroll- und Modifikationsphase deutlich. Starke Mehrheiten bewirken eine Reduktion des Einflusses einer Kontrolle und Modifikation auf die anderen Phasen des wirtschaftspolitischen Prozesses. Bei einem Mißerfolg der demokratischen Wirtschaftspolitik hat eine starke Mehrheit mehr Möglichkeiten der Mehrheitserhaltung, z.B. durch leichtere Möglichkeiten der Korrektur des wirtschaftspolitischen Prozeßablaufs, aber auch durch eine positive Interpretation der eigentlich negativen Kontrollergebnisse oder im Extremfall durch eine Kontrollverhinderung.

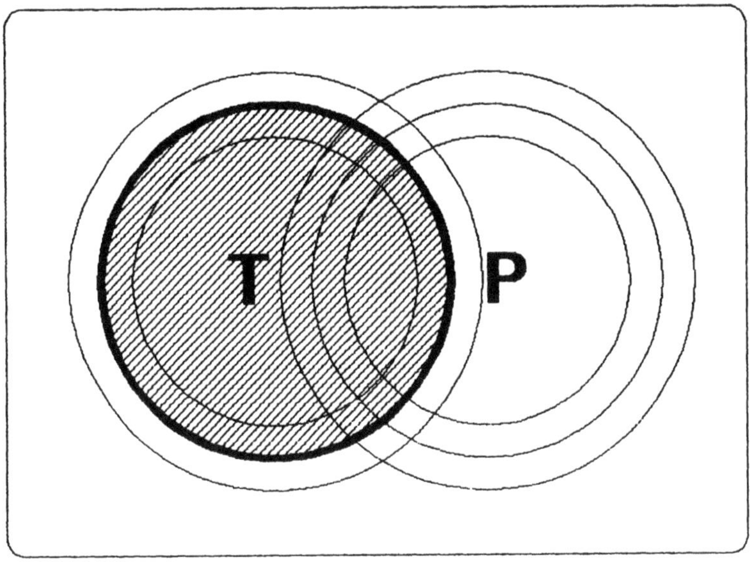

Fig. IV-9: Bereich der theoretischen Möglichkeiten der demokratischen Wirtschaftspolitik

Gleichwohl können gerade in der Kontrollphase - um so mehr, je höher die Kontrollfrequenz beispielsweise durch allgemeine Wahlen ist - starke Mehrheiten geschwächt und schwache Minderheiten gestärkt werden, so daß in der Modifikationsphase ein Wechsel des meropragmatischen Trägers herbeigeführt wird.

Bezogen auf die gesamtgesellschaftliche Ebene ist daher **der Bereich der praktischen Möglichkeiten proportional zur Mehrheitsstärke und umgekehrt proportional zur Wechselfrequenz ausgedehnt**. Bei einer starken Mehrheit und einer geringen Wechselfrequenz ist der Möglichkeitenbereich der demokratischen Wirtschaftspolitik am größten und vergleichbar mit dem der despotischen Gesellschaft oder einer anarchischen Gesellschaft mit koinopragmatischen Eigenschaften (freiwillige Despotie). Im umgekehrten Falle einer schwachen und häufig wechselnden Mehrheit liegt ein ähnlich kleiner Möglichkeitenbereich vor, wie bei der anarchischen Wirtschaftspolitik unter überwiegend idiopragmatischer Trägerschaft. Jedoch werden in der Regel nie die extremen Bereichsabgrenzungen erreicht, da auch eine starke Mehrheit nicht gleichbedeutend mit Einstimmigkeit ist und eine schwache

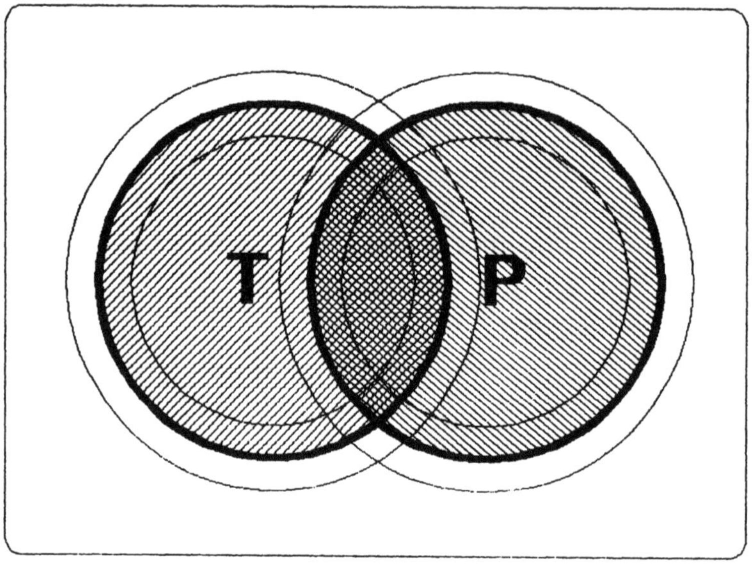

Fig. IV-10: Bereich der Möglichkeiten bei demokratischer Wirtschaftspolitik auf der individuellen und gesellschaftlichen Ebene

Mehrheit immer noch einen beträchtlichen praktischen Handlungsspielraum besitzt. Damit liegt der Bereich der praktischen Möglichkeiten der demokratischen Wirtschaftspolitik zwischen dem der despotischen und dem der anarchischen (vgl. *Fig. IV-10*). Die Überschneidung mit dem mittleren Bereich der theoretischen Möglichkeiten kennzeichnet die Mittellage des gesamten wirtschaftspolitischen Handlungsspielraums einer demokratischen Wirtschaftspolitik auf gesamtgesellschaftlicher Ebene.

Der Bereich der praktischen Möglichkeiten des wirtschaftlichen Handelns innerhalb des demokratischen Gesellschaftssystems **auf der individuellen Ebene verhält sich proportional sowohl zur Mehrheitsstärke als auch zur Wechselfrequenz** des Trägers der gesamtgesellschaftlichen Politik. Eine schwache Mehrheit mit geringer Wechselfrequenz führt zu der stärksten Beeinträchtigung der praktischen individuellen Handlungsmöglichkeiten, während eine starke Mehrheit und eine hohe Wechselfrequenz den Bereich der wirtschaftlichen Möglichkeiten auf individueller Ebene ausweiten. Im Falle der starken Beeinträchtigung nähert sich das demokratische System dem despotischen. Die schwache Mehrheit kann relativ lange eine Wirtschaftspolitik betreiben, die jeden einzelnen in gleicher Weise betrifft und damit den individuellen Handlungsspielraum eines Großteils der Gesellschaftsmitglieder - wenn auch nicht der Mehrheit - stark einengt. Das der Minderheit angehörende Individuum besitzt für sich allein kaum Möglichkeiten, seinen durch die demokratischen Festlegungen auf der gesellschaftlichen Ebene begrenzten Handlungsspielraum auf legale Weise auszuweiten. Lediglich im Verbund mit anderen in der Opposition stehenden Individuen kann ein Legitimationsentzug der amtierenden wirtschaftspolitischen Träger über eine Änderung der schwachen Mehrheit in eine Minderheit angestrebt werden. Eine längere Dauer der Wahlperioden engt den individuellen Freiraum des Minderheitsindividuums entsprechend ein. Andererseits ist der Freiraum des Mehrheitsindividuums durch die wirtschaftspolitische Gestaltung der amtierenden Mehrheit weitgehend abgedeckt. Die engen individuellen Einschränkungen der despotischen Gesellschaft treffen somit auch im Extremfall für den individuellen Durchschnitt nicht zu. Im Falle starker Mehrheiten oder hoher Wechselfrequenzen, die jeweils zu einer schwachen Einschränkung individueller Handlungsmöglichkeiten führen, nähert sich der Bereich der praktischen Möglichkeiten auf individueller Ebene im demokratischen System dem Bereich des anarchischen Systems - und zwar auf zwei unterschiedliche Arten. Bei einer Legitimation des gesellschaftspolitischen Trägers mit großer Mehrheit konvergiert das meropragmatische Personifikationssystem gegen ein koinopragmatisches, so daß im Grenzfall ein vollständiges föderativ-anarchisches System vorliegen würde. In der Regel verbleibt jedoch eine Restminderheit, deren individueller Handlungsspielraum entsprechend eingeengt ist, so daß die extreme Ausweitung des individuellen Möglichkeitenbereichs wie im anarchischen System nicht erreichbar ist. Im Falle der häufig wechselnden Mehrheiten nähert sich das demokratische System ebenfalls dem anarchischen, wobei es jedoch die Züge einer individual-anarchischen Gesellschaft annimmt und die meropragmatische Trägerschaft faktisch in eine idiopragmatische überwechselt. Bei hoher Wechselfrequenz wird nämlich der Bereich der theoretischen und praktischen Möglichkeiten der demokratischen Wirtschaftspolitik auf der gesamtgesellschaftlichen Ebene zunehmend reduziert, so daß immer größerer Freiraum für die individuelle Gestaltung des Wirtschaftens verbleibt. Gleichwohl werden die extremen Formen des anarchischen Wirtschaftens auf der individuellen Ebene nicht erreicht, da immer noch - wenn auch kurze - Fristen für eine gesamtgesellschaftliche Wirtschaftspolitik verbleiben, die den individuellen Handlungsspielraum - wenn auch nur vorübergehend - einschränken. Insgesamt gesehen schwankt daher auch der Bereich der praktischen Handlungsmöglichkeiten auf der individuellen Ebene innerhalb der demokratischen Wirtschaftspolitik zwischen den beiden im anarchischen und despotischen System gegebenen Extremen (vgl. *Fig. IV-10*).

5. Wirtschaftspolitische Systemveränderungen

Die auf bestimmten gesellschaftlichen Grundpositionen beruhenden allgemeinpolitischen Systeme sind ebenso, wie die Grundpositionen selbst, selten in starren Formen verhaftet, sondern **unterliegen** - wie historische, aber auch zeitgemäße Beispiele verdeutlichen - **einer mehr oder minder ausgeprägten Dynamik der gesellschaftlichen Entwicklung**. Ihr angepaßt sind die jeweils sich neu eröffnenden oder sich verschließenden wirtschaftspolitischen Möglichkeiten. Dabei können sich die Veränderungen aus allgemeinpolitischen oder aus wirtschaftspolitischen Problemen heraus entwickeln oder zunächst im allgemeinpolitischen oder im wirtschaftspolitischen Bereich niederschlagen. Prinzipiell ist dies unerheblich, wenn bedacht wird, daß beide Bereiche - insofern sie überhaupt trennbar sind - langfristig keine Systemdivergenzen überdauern können. Es ist somit möglich, daß der Wunsch nach einer bestimmten Erweiterung oder Einengung wirtschaftspolitischer Möglichkeiten auf individueller oder gesellschaftlicher Ebene zu einer gesellschaftlichen Systemveränderung führt, wie auch eine gesellschaftliche Systemveränderung eine Wandlung der theoretischen und praktischen Möglichkeiten der Wirtschaftspolitik nach sich ziehen kann.

Systemveränderungen können sich mit unterschiedlichen Geschwindigkeiten vollziehen. Einerseits kann der gesellschaftliche Systemübergang - und damit die Wandlung der wirtschaftspolitischen Möglichkeiten - über kleine Modifikationsschritte vollzogen werden, die sich permanent in eine bestimmte Richtung bewegen, andererseits besteht die Möglichkeit einer plötzlichen revolutionären Umwälzung. Während die rasche Systemveränderung spektakulär und für alle erkennbar ist, besteht bei dem schleichenden Systemübergang - insbesondere innerhalb des demokratischen Systems bei einem Wechsel zu despotisch organisierten Gesellschaften - die Möglichkeit, über einen mehr oder weniger kurzen Zeitraum hinweg eine Beständigkeit des Systems vorzutäuschen und die faktische Systemänderung zu verdecken. Langfristig offenbaren sich jedoch auch diese Veränderungen der gesellschaftlichen Grundpositionen und finden ihren Niederschlag in dem Gesamtbereich der wirtschaftspolitischen Möglichkeiten. Schwer zu klären sind die volkswirtschaftlichen Kosten von Systemänderungen mit unterschiedlichen Veränderungsgeschwindigkeiten. Eine revolutionäre Entwicklung kann, muß aber nicht zu höheren Übergangsverlusten führen, als die schleichende Veränderung. Evidenter sind dagegen im allgemeinen die unterschiedlichen Verteilungseffekte, wenngleich auch revolutionäre Vorgänge häufig keine Umverteilung des wirtschaftlichen Vermögens nach sich ziehen. Letztlich entscheidend für Systemänderungen sind jedoch weniger die Kosten, sondern vielmehr die gesellschaftlichen Präferenzen für das eine oder andere Gesellschaftssystem, wenngleich das Problem der korrekten Offenbarung gesellschaftlicher Systempräferenzen stets bestehen bleibt.

Die Entwicklungsrichtungen der gesellschaftlichen Systemänderungen und ihre Auswirkungen auf den Überschneidungsbereich der theoretischen und praktischen Möglichkeiten der Wirtschaftspolitik **lassen sich anhand der drei Grundtypen gesellschaftlicher Systeme darstellen**. Die drei Grundtypen gesellschaftlicher Systeme bieten insgesamt sechs Übergangsvarianten: Vom despotischen zum anarchischen oder zum demokratischen, vom anarchischen zum demokratischen oder despotischen und vom demokratischen zum despotischen oder anarchischen System. Die beiden letztgenannten Systemübergänge, die von der demokratischen Gesellschaft ausgehen, verdienen eine besondere Beachtung, nicht nur weil die meisten existierenden Gesellschaften eine demokratische - zumindest demokratisch orientierte - Ordnung besitzen oder zu besitzen vorgeben. Durch den Einschluß anarchischer und despotischer Elemente innerhalb des demokratischen Systems besteht auch die Möglichkeit einer nur graduell ausgeprägten Entwicklung des Systems in despotischer oder anarchischer Richtung, so daß die Systemübergänge nur schwer erkennbar werden. Historisch sind fast alle Formen der Systemveränderungen belegt. Ausgehend von einer anarchischen Urgesellschaft bestanden - soweit bekannt - direkte Übergänge zu den despotischen Systemen der antiken Gentilordnung, von diesen zu archaisch-demokratischen Systemen und Rückentwicklungen zu despotischen Gesellschaften in Form von Diktaturen und Monarchien, die in der Neuzeit durch repräsentative Demokratien abgelöst wurden. Insgesamt überwiegen in der Vergangenheit zum einen die Übergänge zu despotischen Systemen, wobei die Entwicklung dorthin häufig schleichend und unblutig erfolgte, und zum anderen die Veränderungen hin zu demokratischen Systemen, die nicht selten durch revolutionären Umsturz oder gewaltsamen Druck von außen mit unfriedlichen Mitteln errichtet wurden. Die Entwicklung zu anarchischen Gesellschaftssystemen ist dagegen allenfalls vorübergehend in neu erschlossenen Ländern oder auf Kleingruppen beschränkt zu verzeichnen.

Jede systemverändernde gesellschaftliche Entwicklung wirkt sich in einer Umstrukturierung des Bereichs der wirtschaftspolitischen Möglichkeiten aus. Grundsätzlich steht fest, daß mit dem gesellschaftlichen Systemwandel die theoretischen und praktischen Grenzen der Wirtschaftspolitik in eindeutiger Weise entweder gleichlaufend oder entgegengesetzt eingeengt oder erweitert werden. Dieser Prozeß ist nicht nur eindeutig, sondern auch reversibel. Wirtschaftspolitische Möglichkeiten, die beim Verlassen eines bestimmten Gesellschaftssystems aufgegeben und durch den Eintritt in das neue hinzugewonnen werden, eröffnen sich bei einer Rückkehr in das alte System wieder, bzw. gehen verloren. Eine explizite Darstellung der entgegengesetzten Entwicklungen erübrigt sich daher. Wegen der großen Seltenheit eines direkten Wechsels zwischen einem anarchischen und despotischen Gesellschaftssystem werden hauptsächlich die Systemübergänge von demokratischen zu despotischen und anarchischen Gesellschaften zu betrachten sein. Zur näheren Erläuterung der Umstrukturierung der wirtschaftspolitischen Möglichkeiten bei sämtlichen Systemveränderungen kann auf eine kombinierte Darstellung der theoretischen und praktischen Grenzen der drei gesellschaftlichen Grundsysteme zurückgegriffen werden (vgl. *Fig. IV-11*). Aus der jeweils dreifachen Abstufung des theoretischen und praktischen Möglichkeitenbereichs ergeben sich außerhalb des stets erfaßten Kernbereichs (0) acht unterschiedliche Teile des gesamten Überschneidungsbereichs, die zur Vereinfachung der Kennzeichnung durchnummeriert sind.

Auf der gesellschaftlichen Ebene führt die Systemveränderung zu einer Verlagerung der wirtschaftspolitischen Möglichkeiten. Im Falle der despotischen Wirtschaftspolitik (vgl. *Fig. IV-4*) ist der Überschneidungsbereich der theoretischen und praktischen Möglichkeiten durch die Teile 0, 3 und 8 gegeben, im Falle der anarchischen (vgl. *Fig. IV-8*) durch die Teile 0, 1 und 4, im Falle der demokratischen (vgl. *Fig. IV-10*) durch die Teile 0, 1, 2 und 3. Für die wirtschaftspolitischen Möglichkeiten auf der gesellschaftlichen Ebene ergibt sich somit bei einem Übergang von einem Gesellschaftssystem auf das andere eine Verschiebung des mehr oder weniger gleichgroßen Überschneidungsbereichs mit unterschiedlicher Akzentuierung der theoretischen und praktischen

Grenzen. Beim Übergang vom demokratischen zum anarchischen Gesellschaftssystem wird einerseits der Bereich der praktischen Möglichkeiten reduziert, andererseits der Bereich der theoretischen Möglichkeiten erweitert. Dadurch werden die Teilbereiche 2 und 3 aufgegeben, dafür aber der Teilbereich 4 der wirtschaftspolitischen Möglichkeiten erschlossen. In die entgegengesetzte Richtung zielt der Übergang vom demokratischen zum despotischen System der Wirtschaftspolitik. Der praktische Bereich wird zusätzlich vergrößert und der theoretische weiter verkleinert, die Überschneidungsbereiche 1 und 2 aufgegeben und dafür der Teil 8 hinzugewonnen. Bei allen Systemübergängen bleibt ein Kernbereich an wirtschaftspolitischen Möglichkeiten, der Überschneidungskern 0, bestehen, der die systemneutralen wirtschaftspolitischen Aktionen auf der gesellschaftlichen Ebene widerspiegelt. Ein Vergleich der konkreten Inhalte der sich ändernden Teile des Überschneidungsbereichs ergibt sich aus den Einzeldarstellungen der verschiedenen Gesellschaftssysteme. Eine quantitative Beschreibung der verschiedenen Überschneidungsteile, die bei einem Systemübergang verloren gehen oder hinzukommen, ist dabei von sekundärer Bedeutung. Ausschlaggebend ist die normative Bewertung der gewonnenen und verlorenen wirtschaftspolitischen Möglichkeiten durch die Gesellschaft, die den Systemübergang verursacht oder geduldet hat. So kann beispielsweise der Wechsel vom demokratischen zum despotischen Gesellschaftssystem den Verlust einer Vielzahl bestimmter wirtschaftspolitischer Möglichkeiten auf der gesellschaftlichen Ebene bedeuten, während nur einige wenige neue Möglichkeiten sich eröffnen. Werden diese neuen Möglichkeiten von der Gesellschaft - vielleicht auch nur von einem entscheidend einflußreichen Teil - höher eingeschätzt als die dafür zu opfernden Bereiche, wird die Systemveränderung vollzogen.

Auf der individuellen Ebene verursacht die Systemveränderung eine Expansion oder Kontraktion der Möglichkeiten. Innerhalb der despotischen Wirtschaftspolitik (vgl. *Fig. IV-5*) umfaßt der Überschneidungsbereich der theoretischen und praktischen Möglichkeiten allein den Kernbereich 0, während innerhalb der demokratischen (vgl. *Fig. IV-10*) die Überschneidungsteile 0, 1, 2 und 3 gegeben sind und innerhalb der anarchischen Wirtschaftspolitik (vgl. *Fig. IV-7*) die größtmögliche Überschneidungsfläche mit den Teilen 0 bis 8 vorliegt. Im Gegensatz zu den gesamtwirtschaftlichen Möglichkeiten ist daher auf der individuellen Ebene eine

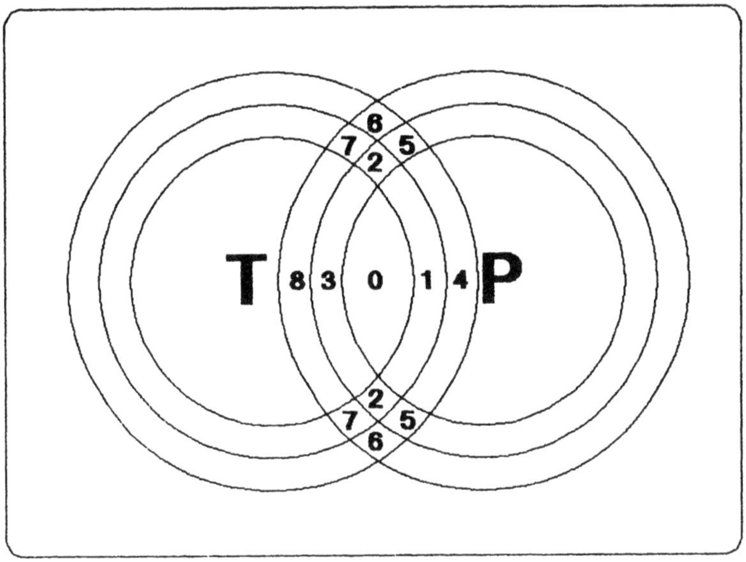

Fig. IV-11: Teile des Überschneidungsbereichs der theoretischen und praktischen Möglichkeiten der Wirtschaftspolitik

eindeutige Aussage über die quantitative Veränderung des Möglichkeitenraums bei einem Übergang von einem Gesellschaftssystem auf das andere möglich. Der Übergang vom demokratischen zum despotischen System der Wirtschaftspolitik kostet den Verzicht auf individuelle Handlungsmöglichkeiten im theoretischen und praktischen Bereich durch den Wegfall der Überschneidungsteile 1, 2 und 3. In diesem Falle verbleibt nur der systemneutrale Bereich des minimalen Freiraums für individuelles Wirtschaften. Dagegen bewirkt ein Übergang vom demokratischen zum anarchischen Wirtschaftssystem eine theoretische und praktische Ausweitung der individuellen Möglichkeiten, da die Überschneidungsteile 4 bis 8 hinzugewonnen werden. Eine detaillierte quantitative Aufzählung der Systemgewinne oder -verluste ist nur schwer möglich, aber auch nur von sekundärer Bedeutung. Wichtig ist zunächst allein die Feststellung, daß das anarchische System keinesfalls weniger Möglichkeiten eröffnet als das demokratische, und dieses wiederum mehr individuellen Handlungsspielraum als das despotische Wirtschaftssystem bietet. Die entscheidende normative Bewertung der Teilbereiche ist von der Einschätzung der gesamten Gesellschaft abhängig. Wird eine Ausweitung des individuellen Handlungsspielraums als etwas Negatives empfunden, etwa weil dies zu einer größeren Varianz bei der Einkommensverteilung führen könnte, ist der Übergang zum despotischen Gesellschaftssystem wahrscheinlicher als der zum anarchischen System.

Welches Gesellschaftssystem letztlich angestrebt wird und welche Wirtschaftspolitik damit effektiv ermöglicht wird, ist von einem wertenden Gesamtvergleich der individuellen und gesellschaftlichen Möglichkeiten abhängig. Die mit einem gesellschaftlichen Systemwechsel verbundenen Verschiebungen der wirtschaftspolitischen Möglichkeiten auf der gesellschaftlichen Ebene sind subjektiv zu gewichten und mit den Ausweitungen oder Einschränkungen der individuellen Handlungsspielräume zu vergleichen. Rein "mengentheoretisch" ist - wie die entsprechenden Abbildungen verdeutlichen - ein Vorteil der anarchischen Wirtschaftspolitik unverkennbar. Der - wenn auch einseitig theoretisch verzerrte, so doch mit denen der anderen Systeme vergleichbar große - Bereich der wirtschaftspolitischen Möglichkeiten auf der gesellschaftlichen Ebene, der insbesondere den minimalen Kernbereich der gesellschaftlichen Wirtschaftspolitik umfaßt,[1] ist mit einem Maximum an individuellen Entfaltungsmöglichkeiten verbunden. Hinzu kommen die wenig begrenzten Variationsmöglichkeiten der partitionierten Wirtschaftspolitik auf der Gruppenebene, die im Rahmen von Kontrakten zwischen den Individuen innerhalb der Gesellschaft auf der föderativen Grundlage möglich sind. Diese Vorzüge der anarchischen Wirtschaftspolitik kommen jedoch nur insoweit zum Tragen, als die gesellschaftlichen Individuen nicht die auf demokratischer oder despotischer Basis sich eröffnenden Möglichkeiten der Wirtschaftspolitik auf der gesamtgesellschaftlichen Ebene höher bewerten. Solange die gesellschaftlichen Präferenzen offensichtlich - wenn nicht nur angeblich - mehr zu den demokratischen oder despotischen Systemen neigen, muß der wirtschaftliche Handlungsspielraum auf der individuellen Ebene in den entsprechenden Systemgrenzen verhaftet bleiben. Auf der gesamtgesellschaftlichen Ebene bedeutet dies jedoch nicht, daß dadurch den wirtschaftspo-

---

[1] Vergleichbar mit dem "Minimalstaat" bei: R. NOZICK, Anarchie, Staat, Utopia, a.a.O..

litischen Möglichkeiten automatisch weniger Grenzen gesetzt sind. Es bedeutet allein eine Verlagerung des wirtschaftspolitischen Versuchsfeldes.

Literatur zum IV. Teil

R. BECK, Sachwörterbuch der Politik, Stuttgart 1977.

S. BRITTAN, The Economic Consequences of Democracy, London 1977.

M. BRONFENBRENNER, Radical Economics in America: A 1970 Survey, Journal of Economic Literature, 8(1970), 747-66.

J. M. BUCHANAN, The Limits of Liberty, Between Anarchy and Leviathan, Chicago-London 1975.

J. M. BUCHANAN, Freedom in Constitutional Contracts, Perspectives of a Political Economist, College Station 1977.

J. M. BUCHANAN - W. C. BUSH, Political Constraints on Contractual Redistribution, American Economic Review, 64(1974), 153-5, discussion 158-61.

J. M. BUCHANAN - G. TULLOCK, The Calculus of Consent, Logical Foundations of Constitutional Democracy, 5.e., Michigan 1974.

W. C. BUSH - L. S. MAYER, Some Implications of Anarchy for the Distribution of Property, Journal of Economic Theory, 8(1974), 401-12.

A. CARTER, Die politische Theorie des Anarchismus, Berlin 1979.

B. CRICK, Grundformen politischer Systeme, München 1975.

A. DOWNS, Ökonomische Theorie der Demokratie, Tübingen 1968.

B. S. FREY, Ökonomie als Verhaltenswissenschaft, Jahrbuch für Sozialwissenschaft, 31(1980), 21-35.

B. S. FREY, Theorie demokratischer Wirtschaftspolitik, München 1981.

M. FRIEDMAN, Kapitalismus und Freiheit, München 1976.

A. GÖRLITZ(Hrsg.), Handlexikon zur Politikwissenschaft, 2 Bde., Reinbeck 1973.

S. GORDON, The New Contractarians, Journal of Political Economy, 84(1976), 573-90.

F. A. HAYEK, Die Verfassung der Freiheit, Tübingen 1971.

F. A. HAYEK, Der Weg zur Knechtschaft, München 1976.

F. A. HAYEK, Entnationalisierung des Geldes, Eine Analyse der Theorie und Praxis konkurrierender Umlaufsmittel, Tübingen 1977.

K. P. HENSEL, Grundformen der Wirtschaftsordnung, 3.A., München 1978.

T. HOBBES, Leviathan, Glasgow 1978.

M. IMBODEN, Politische Systeme - Staatsformen, 2.A., Basel-Stuttgart 1974.

J.JOLL, Die Anarchisten, Frankfurt 1969.

G.LEVAL, Das libertäre Spanien, Hamburg 1976.

C.E.LINDBLOM, Politics and Markets, The World's Political-Economic Systems, New York 1977.

J.LOCKE, Über die Regierung, Stuttgart 1974.

G.LÖWE - H.A.STOLL, Die Antike in Stichworten, 4.A., Wiesbaden 1976.

F.NEUMANN(Hrsg.), Handbuch Politischer Theorien und Ideologien, Reinbeck 1977.

F.NEUMANN, Gleichheit, Baden-Baden 1980.

R.NOZICK, Anarchie, Staat, Utopia, München 1974.

E.OBERLÄNDER(Hrsg.), Der Anarchismus, Olten-Freiburg 1972.

K.R.POPPER, Die offene Gesellschaft und ihre Feinde, 2 Bde., 4.A., München 1975.

P.-J.PROUDHON, Bekenntnisse eines Revolutionärs, G.HILLMANN (Hrsg.), Reinbeck 1969.

J.RAWLS, Eine Theorie der Gerechtigkeit, Frankfurt 1979.

J.-J.ROUSSEAU, Der Gesellschaftsvertrag, Frankfurt 1978.

J.A.SCHUMPETER, Kapitalismus, Sozialismus und Demokratie, 4.A., München 1950.

M.STIRNER, Der Einzige und sein Eigentum, Stuttgart 1972.

A.DE TOCQUEVILLE, Über die Demokratie in Amerika, München 1976.

B.WARD, Die Idealwelten der Ökonomen, Liberale, Radikale und Konservative, Frankfurt 1981.

CH.WATRIN, Eine liberale Interpretation der Idee der sozialen Gerechtigkeit, Bemerkungen zum Buch von John Rawls "Eine Theorie der Gerechtigkeit", Hamburger Jahrbuch für Wirtschafts- und Gesellschaftspolitik, 21(1976), 45-61.

G.WOODCOCK(ed.), The Anarchist Reader, Glasgow 1977.

S.WURM, Das Leben in historischen Kommunen, Köln 1977.

Personenregister

Sachregister

www.ingramcontent.com/pod-product-compliance
Lightning Source LLC
LaVergne TN
LVHW081333011026
849161LV00013BB/2915